普通高等教育"十三五"规划教材

U0296934

C 程序设计教程

（第二版）

胡桂珍　王　萱　杨华莉　易庆萍　编著

西南交通大学出版社

·成都·

内 容 简 介

本书围绕 C 语言核心内容展开，在介绍核心语法的基础上，以培养动手编程能力为首要目标，注重基础知识，强调实践能力的培养。内容包括：C 语言概述、基本数据类型、运算符、表达式、基本数据类型的输入输出、流程控制、函数、数组、指针、结构体、共用体、位运算和文件等。通过大量的典型程序，详尽地阐述了相关编程思想、方法、语法、算法、技巧和调试技术，激发学习者的兴趣，加深对相关知识的理解和掌握。重点和难点突出，力求讲清讲透，目的是让学习者能够学以致用，编写出自己满意的程序。在每章后精心设计了习题和同步实验，让学习者多多接触实际开发过程，提高编程能力和上机调试的能力，为进一步学习程序设计打下良好的基础。

本书可作为高等学校各专业学习 C 语言的教材，也适合作为程序设计的初学者或者有一定基础的学习者的自学教材。另外，本书配有教学所需的电子教案，提供所有例题的程序源代码、教学大纲等。您可以到西南交通大学出版社的网站免费下载。

图书在版编目（CIP）数据

C 程序设计教程 / 胡桂珍等编著. —2 版. —成都：
西南交通大学出版社，2015.2
普通高等教育"十三五"规划教材
ISBN 978-7-5643-3796-4

Ⅰ. ①C… Ⅱ. ①胡… Ⅲ. ①C 语言－程序设计－高等
学校－教材 Ⅳ. ①TP312

中国版本图书馆 CIP 数据核字（2015）第 037505 号

普通高等教育"十三五"规划教材

C 程序设计教程

（第二版）

胡桂珍 王 萱 杨华莉 易庆萍 编著

*

责任编辑 孟苏成
特邀编辑 黄庆斌
封面设计 何东琳设计工作室
西南交通大学出版社出版发行
（四川省成都市金牛区交大路 146 号 邮政编码：610031 发行部电话：028-87600564）
http://www.xnjdcbs.com

四川森林印务有限责任公司印刷
*
成品尺寸：185 mm×260 mm 印张：20.75
字数：520 千
2015 年 2 月第 2 版 2015 年 2 月第 3 次
ISBN 978-7-5643-3796-4
定价：36.00 元

课件咨询电话：028-87600533

第一版前言

C 语言诞生已有几十年，一直保持着旺盛的生命力。C 语言标准也历经多次修改，从传统 C 发展为目前最新的标准 C99。C 语言在进一步完善，进一步发展壮大。C 语言的生命力不可能在未来 10 年、20 年内枯竭，虽然有 C++、Java 这样的后继者，但是到目前为止，它们依然没有取代 C 语言的迹象，精通 C 语言的精英们依然是各大软件企业高薪猎取的对象。

C 语言是一种短小精悍的计算机高级程序设计语言，它既具有高级语言的功能，又具有低级语言的功能，是一种可以用于开发系统软件和应用软件的程序设计语言，根据结构化程序设计原则设计并实现。C 语言具有丰富的数据类型，为结构化程序设计提供了各种数据结构和控制结构，能够实现汇编语言中的大部分功能。同时，用 C 语言编写的程序具有良好的可移植性。C 语言作为一种基础语言，从实用性和现实性两方面来看，学习和掌握它都是十分有必要的。

本书作者都是大学教师，一直工作在高等学校教学一线，承担"C 语言程序设计"课程的教学任务，有着丰富的教学经验，并长期从事 C 语言编程工作，并有着将自己认识、理解的"C 语言程序设计"介绍给大家的强烈愿望。在长期的教学实践中，作者认为弄懂基本的、主要的、核心的内容才是学习的重点，教材也应该围绕核心内容组织。本书就是采取了围绕核心内容展开的组织形式，在介绍核心语法的基础上，以培养动手编程能力为首要目标，把那些烦琐复杂的内容留待以后慢慢研究。另外，本书特别强调实践能力的培养，学习者首先应该学会用适当的开发工具编写、调试哪怕是最基本的程序，这是最主要的。"能够动手编写程序、调试程序"，就能激发学习者的信心和热情。学习者在编程实践中不断遇到问题、不断解决问题，自然就会明白许多细节，编写出自己满意的程序。

另外，C 语言标准是一种通用的行业标准，除了基本语法以外，标准库函数也是 C 语言中非常重要的一个组成部分。因此，C 语言教与学的重点还需要放在引导学习者熟悉标准库函数上面。

本书作者根据多年的教学经验和应用 C 语言的体会，将 C 语言的核心内容进行了合理组织，力求做到条理清晰、深入浅出，同时设计和精选了大量的例题和习题。本书的主要特点可归纳如下：

（1）按照循序渐进的原则，逐步引出 C 语言的概念。

（2）在文字叙述上力求条理清晰、简洁，以利于读者阅读。

（3）在讲解 C 语言的基本概念时，除了阐述理论外，还通过典型例题，着重强调了基本概念在程序设计中的应用，以利于读者阅读和理解。

（4）本书的重点是 C 语言的使用，体系结构是针对初学者的特点精心安排的，书中没有深奥的理论和算法，针对在例题中出现的每一种算法，都给出了详细的解释。

（5）本书包含了丰富的程序例题，但所举的例题都是易于理解的，并不涉及太多的硬件知识。通过对例题的阅读和分析，可以使读者更加全面地了解 C 语言的知识。

（6）每章的最后都附有一定量的习题，做这些习题对于读者巩固已学习的内容大有益处。

（7）学习编程离不开实验，在每章后都安排了以基本算法、综合编程为核心内容的实验，共 15 个，与课堂教学同步，提高学习者的实际编程能力。

（8）主张采用实际工程开发环境进行教学，让学习者接触实际开发工具，为今后工作打下良好的基础。

本书介绍标准 C 语言，符合 ANSI/ISO C 标准，所有程序都可以在实际工程环境中调试运行。为了尝试新的开发工具，数组和指针这两章的程序采用了 Visual Studio 2008 开发环境，其他章节的程序仍用 Visual C++ 6.0 开发环境，所提供的例题程序全部调试通过，用截图形式给出程序运行结果。使用的操作系统包括 Windows XP、Windows7。学习本书的特别建议：不要过快陷入语法的细节。作者觉得，告诉学习者程序的主体，引导学习者编程，并在编程中激发自主学习意识、激发自主学习观念才是最重要的。另外，在学习时，除了教材以外，还得多看几本参考书籍，在比较中学习，可以从不同的侧面掌握相关学习内容。

如果在教学中发现与本教材有关的任何问题都可以与作者联系：gshglh@126.com。作者将尽力满足各位教师朋友的要求。本书将提供所有例题程序源代码，以及教学所需的 ppt、教学大纲等。您可以到西南交通大学出版社的网站下载。

全书由靳桅、廖革元两位老师主审，得到了西南交通大学出版社和西南交通大学峨眉校区计算机与通信工程系各位同仁的大力支持和帮助，在此表示衷心感谢。特别感谢肖波老师，正是因为他的热心帮助，本书才得以按时出版。

书末参考文献所列书籍的内容、良好的风格和组织结构思想对作者产生了重要影响，因此本书也引用了这些书籍的部分实例程序。在此衷心感谢这些书籍的作者。在本书的编写过程中还参考了许多同行的著作，有的甚至还不方便列在参考文献目录中，作者在此一并表达感谢之情。

尽管作者尽了最大努力，也有良好且负责任的态度，但是由于学识所限，书中定有不完善之处，竭诚希望得到同行和读者的批评指正。

编　者

2010 年 11 月 20 日

目　　录

第 1 章　C 语言概述

学习目标

◆ 了解 C 语言的发展及主要特点

◆ 掌握 C 程序的基本结构

◆ 掌握算法的概念、特点及描述方法

◆ 掌握使用 Visual C++ 6.0 开发 C 程序的方法

1.1　C 语言简介

1.1.1　程序设计语言的发展

　　C 语言以其良好的可移植性和广泛的应用性深受中外广大用户的欢迎，成为当今使用最为广泛的计算机语言之一。它不但可以编写系统软件，还可以编写应用程序。

　　早期的系统软件主要由汇编语言编写而成。由于汇编语言过分依赖于计算机的硬件，致使程序的可读性和可移植性都很差。如果采用高级语言来编写系统软件，虽然可以提高程序的可读性和可移植性，但是高级语言又无法实现某些汇编的功能，比如对内存地址的操作、位操作等。于是，人们试图开发出一种既具有高级语言的特点，又具有汇编语言特性的语言来，C 语言就是这样一种语言。

　　C 语言的出现是与 UNIX 操作系统联系在一起的，它的雏形是 1963 年由英国剑桥大学研制的一种高级编程语言——CPL（Combined Programming Language）语言。该语言较早期的 ALGOL 60 更接近硬件，但是规模较大，难以开发系统软件。20 世纪 60 年代末期剑桥大学的研究员 Martin Richards 在 CPL 的基础上进行改进，将其简化，研制出了 BCPL（Basic Combined Programming Language）语言。

　　1970 年，美国贝尔实验室的 Ken Thompson 对 BCPL 进一步优化，使该语言更为精炼，并用 BCPL 的第一个字母 B 为其命名，称为 B 语言。它只有一种数据类型，语言的功能也有限。1972 年，贝尔实验室的 Dennis Ritchie 以 B 语言为基础，引入了多种数据类型，研制出一种新的语言。它不但保持了 BCPL 和 B 语言的精练、接近硬件的优点，还克服了它们数据类型较少甚至没有、过于简单的缺点。给这个语言命名时，选用了 BCPL 的第二个字母 C 作为它的名字。C 语言就此诞生，并为 DEC PDP-11 计算机编写了第一个 UNIX 操作系统。

　　在 20 世纪 70 年代中期，C 语言逐渐代替了人们熟悉的其他语言，成为贝尔实验室的"官方"语言，其后声名远播，使用者也日益增多，而 Fortran、PL/1、APL、Pascal 等语言却逐渐被程序员们疏远，这一点就连 Dennis Ritchie 本人也倍感吃惊。1980 年以前已有多种 C 编译程序在市场上出现。不仅是在非 UNIX 系统的机器上，就连单片机这样小的机器上也出现了一些 C 语言编译程序。

1978 年，Brian Kernighan 和 Dennis Ritchie（K&R）合作出版了 *The C Programming Language*，由它产生了 C 语言版本的基础，即标准 C。1983 年，ANSI（美国国家标准化协会）在标准 C 的基础上做了扩充和发展，制定出新的标准，称为 ANSI C。

在经过 ANSI 标准化后，C 语言的标准在相当长一段时间内都保持不变，尽管 C++不断在改进。C 标准在 20 世纪 90 年代才有了改进，这就是 ISO9899:1999（1999 年出版），这个版本就是通常所提及的 C99，它被 ANSI 于 2000 年 3 月采用。

目前，随着计算机技术的日益发展和微型计算机的普及，C 语言得以更为广泛地普及和应用。它广泛应用于系统软件、应用软件、数值计算和数据处理等各个领域，成为世界上应用极为广泛的程序设计语言。

1.1.2　C 语言的主要特点

C 语言具有传统程序设计语言的可靠性、简洁性和易使用性等优点，是一种结构化程序设计语言。其主要特点有：

（1）程序结构简洁、紧凑、灵活。只需使用一些简单、规整的方法，就可以构造出复杂的数据类型或是功能很强的语句、程序。

（2）表达能力强，有丰富的数据类型和运算符。C 语言不仅可以直接处理字符、数字、地址，还可以完成通常要由硬件才能实现的操作。另外，C 语言还允许用户自己定义数据类型。

（3）生成的目标代码质量高。它将高级语言的基本结构和汇编语言的高效率结合起来，既具有高级语言易编程、易维护、可读性强、面向用户等特点，又具有汇编语言面向硬件的功能，可以编写系统软件。生成的目标代码的效率仅比汇编语言低 10～20%。

（4）结构化的程序设计。C 语言具备编写结构化程序所需要的基本流程控制语句。程序设计的基本单元是函数，函数之间相互独立，从而实现了模块化的程序设计，提高了程序的可靠性。

（5）良好的可移植性。用 C 语言编写的程序，其输入、输出功能通过调用函数实现，不依赖于硬件，因此，程序基本上不做修改就可用于不同型号的计算机和各种操作系统。

1.2　简单的 C 语言程序设计

下面以例 1.1 为例介绍 C 语言程序的基本结构和特点。

【例 1.1】 将两个从键盘上输入的整数相加，并把结果输出在计算机屏幕上。

```
#include <stdio.h>
int main(void)
{
    int x,y,sum;                    /* 定义三个整型变量 x,y,sum */
```

```
    scanf("%d %d",&x,&y);        /* 输入两个整数，并将其值赋给变量 x, y */
    sum=x+y;                     /* 计算两数之和*/
    printf("x+y=%d\n",sum);      /* 输出结果*/
    return 0;
}
```

该程序一共有 9 行，每行的作用如下所述。

1. #include 命令

程序的第 1 行#include <stdio.h>就是 include 命令，也叫做文件包含。一个程序可以有一条或多条 include 命令，也可以一条也没有。它的作用是告诉编译器，本程序中所用到的标准函数的函数原型是定义在哪个头文件中的。在编程时，对程序中用到的标准函数要使用#include 命令把相应的头文件包含到本文件中来，否则在编译时将出现所用函数未定义的错误。

stdio.h 是头文件的名字，大多数的 C 语言程序都要用到它，后缀.h 表明它是头文件（head），当然不同的程序还可能使用其他的头文件。stdio.h 是标准输入输出头文件，使用它可以省去很多事，同时也能避免不必要的错误。因为它已经把要做的工作都"包含"进去了。

关于文件包含的具体使用，在以后的章节中将做详细的介绍。

2. main 函数

如第 2 行所示，对于一个 C 语言程序而言，无论大小，都是由一个或多个"函数"组成的。"函数"可以决定要完成的实际操作。但是，一个程序能运行出结果来，main 函数（也叫"主函数"）是必不可少的，并且一个程序只能有一个 main 函数。程序总是由 main 函数开始执行，并在 main 函数中结束，其他函数是由 main 函数直接或间接调用的。ANSI C 标准要求 main 函数的写法为 int main(void)，这将大大提高 C 程序的可移植性。一个最简单的 C 程序可以仅有主函数，如：

```
    int main(void) { }
```

可见，花括号{ }也是 main 函数的组成部分。一个程序要完成的操作就放在里面，通常把花括号内的内容叫做函数体。上面主函数的函数体没有内容，因此它就什么也不做。在 main 后面有一对括号()，以后的程序中可能会看到在括号里面可以添加一些内容，但现在不用。尽管如此，括号也不能省略不写。函数详见第 5 章。

3. 变量定义

如第 4 行所示，程序中的 int x,y,sum;称为变量定义。和数学中的变量不同，C 程序中的变量必须在使用之前进行"定义"。定义的作用是：给不同的变量取不同的名字以示区别，为不同的变量分配不同的存储空间。

例 1.1 用 int x,y,sum;定义了三个变量，名字分别为：x，y，sum，变量的值是整数类型（用 int 来指定）。其中 x，y 分别存放加数和被加数，sum 存放两个数的和。

4. 输　入

C 语言有多种输入方式：可以从一个文件输入，也可以从键盘等设备输入。C 语言本身没有输入语句，通常采用系统提供的库函数 scanf 来完成输入。

程序中的第 5 行 scanf("%d %d",&x,&y);可以接收从键盘上任意输入两个整数。例如，输入：

　　13　　7✓

此时，就将 13 赋值给变量 x，7 赋值给 y。输入时要注意两个数字之间必须要用空格分开。如果把语句改成：scanf("%d,%d",&x,&y);当再输入两个数时，数字之间则必须用逗号分隔。

除了 scanf 函数外，还有其他的库函数也能实现输入的功能。另外，不一定每个程序都要用到输入函数，编程时可以根据自己的需要来选择。

5. 程序语句

如第 6 行所示，程序是由一系列语句所组成的，这些语句描述了该程序要做的工作。每个语句都要完成一定的功能，每个语句都必须用分号;结束。比如，上面介绍的变量定义语句、输入语句等。

例 1.1 中的 sum=x+y;叫做赋值语句。它将 x 与 y 的值相加后赋值给变量 sum，这样就完成了求和的运算。

6. 输　出

如第 7 行所示，输入可以根据程序的需要用或是不用，但是一个程序如果没有输出信息，这个程序就不会有多大的使用价值。输出一般是指将一定形式的信息（文字或图形）写到屏幕、存储设备（软盘或硬盘）或输入/输出端口（串行口、打印机端口）等。

输出函数 printf 的功能是将输出信息显示在屏幕上，和前面的 scanf 一样，它也是由系统提供的标准函数之一。

如果 x，y 的值在输入时是 13 和 7，那么 printf("x+y=%d\n",sum);语句执行后，会在屏幕上显示：

　　x+y=20

7. main 函数的返回值

如第 8 行所示，表示 main 函数的返回值为 0。ANSI C 标准要求 main 函数必须返回一个 int 值给程序的激活者（通常是操作系统），其中 0 表示正常退出，非 0 表示出现异常。

8. 程序注释

如果在程序中对一些语句给出相应的解释，这可以提高程序的可读性和可维护性，这些解释称为注释。C 程序在进行编译的时候，注释部分会被忽略，因此，注释的内容可根据编程人员的需要任意书写，并不会带来任何使程序运行效率降低之类的问题。

C 程序中的注释内容用/*开头，用*/结束，在*和/之间不能有空格。程序在编译时，只要一遇到/*，就将以后的所有内容当做是注释，直到*/为止，也可用 "//" 注释从遇到 "//" 开始的一行。注释可以有一行，也可以有多行。在程序中加入适当的注释是一个良好的习惯，在大型程序中更有必要。

9. 编程风格

C 语言的书写非常自由，例 1.1 给出的程序也可以写成如下格式：

```
#include <stdio.h>
int main(void)
```

```
{ int x,y,sum; scanf("%d %d",&x,&y); sum=x+y;  printf("x+y=%d\n",sum); return 0;}
```

这种书写方式并不会影响程序的运行。也就是说，程序中的多条语句可以写在一行上，也可分成几行书写。显然，分行书写要清晰得多。

因此建议：每行写一条语句；主函数的一对花括号上下对齐；函数体内部采用缩进格式。当选定一种编程风格之后，一直用下去，从开始就养成一个良好的书写习惯。

1.3　算　法

1.3.1　算法的概念

一个程序通常包括数据结构和算法，数据结构是对数据的描述（如数据的类型及其组织形式），算法是对指定数据的操作方法和步骤，数据结构是程序的核心，而算法是程序的灵魂。

【例 1.2】从键盘输入三个数，按从大到小的顺序输出这三个数。请给出解决这个问题的算法。

分析：程序对于从键盘输入的三个数必须用三个变量保存，设这三个变量分别为 a，b，c。先将 a 和 b 的值比较，若 a 小于 b，则将 a，b 值交换；再将 a 和 c 的值比较，若 a 小于 c，则将 a，c 值交换；最后将 b 和 c 的值比较，若 b 小于 c，则将 b，c 值交换。这样经过三次两两比较和交换，a 为最大值，c 为最小值，b 为中间一个数，最后将 a，b，c 顺序输出，即是按从大到小的顺序输出了这三个数（在将两个数进行交换时，还需要一个中间变量）。

算法步骤：

S1：输入三个数并将其值分别赋给三个变量 a，b，c；

S2：将 a 和 b 比较，若 a 小于 b，则将 a，b 值交换；

S3：将 a 和 c 比较，若 a 小于 c，则将 a，c 值交换；

S4：将 b 和 c 比较，若 b 小于 c，则将 b，c 值交换；

S5：输出 a，b，c 的值。

在上面的算法步骤中，第 2 步到第 4 步可详细描述，改进后的算法步骤为：

S1：输入三个数，其值分别赋给三个变量 a，b，c；

S2：将 a 和 b 比较，若 a<b，则 t=a, a=b, b=t；

S3：将 a 和 c 比较，若 a<c，则 t=a, a=c, c=t；

S4：将 b 和 c 比较，若 b<c，则 t=b, b=c, c=t；

S5：输出 a，b，c 的值。

这样，通过算法语言的描述，可以很方便地用程序语言来实现。注意：S1，S2…表示步骤 1、步骤 2……，S 为 Step 的简写。

1.3.2　算法的特性

算法一般具有以下特点：

（1）有穷性：任何算法必须在合理的时间内执行有限条指令后结束，也即一个算法的操作步骤必须是有限的。

（2）**有效性**：算法的每一个步骤都应是可执行的，正确的算法原则上都能精确地运行，并能得到正确的结果。

（3）**确定性**：算法中的每一个步骤都必须是确定的，不能有歧义。

（4）**输入**：算法一般都有一些输入的数据或初始条件，因此每个算法可能有零个或多个输入，如例 1.2 中输入的数据 a，b，c。

（5）**输出**：每个算法都有一个或多个输出，如例 1.2 中输出的数据 a，b，c，没有输出的算法是无意义的。

1.3.3　算法的描述

算法的描述有多种方法。常用的描述方法有自然语言、流程图、伪代码等。

1. 自然语言

自然语言是指人们日常使用的语言，可以是汉语、英语或其他语言。用自然语言描述的算法通俗易懂，简单明了，如例 1.2，但如果算法中含有多种分支或循环操作时，自然语言就很难表述清楚，且冗长、容易产生歧义。

【例 1.3】 判断从 1900—2000 年中的每一年是否为闰年，并将结果输出。

闰年的条件：① 能被 4 整除，但不能被 100 整除的年份；② 既能被 100 整除，又能被 400 整除的年份。

假设 y 为年份，算法描述如下：

S1：将 1900 赋值给 y；

S2：若 y 不能被 4 整除，则输出 y "不是闰年"，然后转到 S6；

S3：若 y 能被 4 整除，不能被 100 整除，则输出 y "是闰年"，然后转到 S6；

S4：若 y 能被 100 整除，又能被 400 整除，则输出 y "是闰年"，然后转到 S6；

S5：输出 y "不是闰年"；

S6：将 y 的值加上 1 后重新赋值给 y；

S7：当 y 的值小于或等于 2000 时，转到 S2 继续执行，否则算法结束。

这个算法中采用了循环与多次判断，与例 1.2 相比，根据这个算法编写程序难度会有所增加，因此，除了那些很简单的算法外，程序的算法一般不用自然语言描述。

2. 流程图

流程图是用带箭头的线条将一些图框连接而成，用流程图来描述算法直观形象，易于理解。流程图的符号采用 ANSI 规定的一些常用的流程图符号，符号及其具体含义见表 1.1。

表 1.1　常用算法的流程图符号及其含义

流程图符号	名　称	含　　义
□	起止框	算法的开始或结束，每一个独立的算法只有一对起止框
□	处理框	算法中的指令或指令序列，即对数据进行处理

续表 1.1

流程图符号	名　称	含　义
◇	判断框	对给定条件进行判断，若条件满足转向一个出口，否则转向另一出口
▱	输入输出框	算法中数据的输入或输出
○	连接点	用于将画在不同地方的流程线连接起来，避免流程线的交叉或过长，如当一流程图在一页不能画完时，用它表示对应的连接处，用中间带数字的小圆圈表示，如①
↓　→	流程线	算法中流程的走向，连接上面的各种图形框
······▭	注释框	不是流程图的必要部分，不反映流程和操作，只是对流程图中某些框的操作进行补充说明，帮助理解流程图

　　一般来说，流程图完全可用表 1.1 中的符号表示，流程线将各框图连接起来，它们的有序组合就构成了不同的算法描述。而对于结构化的程序，所有符号构成的流程图只包含 3 种基本结构：顺序结构、分支结构和循环结构，一个完整的算法可由这 3 种基本结构有机构成。

　　（1）顺序结构。

　　顺序结构是最简单的一种基本结构，根据流程线的方向按顺序执行各指定操作。其结构如图 1.1 所示，表示执行完 A 框中的操作后，必然紧接着执行 B 框中的操作，然后再执行 C 框中的操作，其执行顺序为从上到下，即 A→B→C。

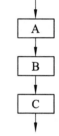

图 1.1　顺序结构的流程图

　　（2）选择/分支结构。

　　选择/分支结构中必须包含一个判断框，根据其给定的条件 P 进行判断，由判断结果来确定执行 A 分支还是 B 分支，其中 A 或 B 中可以有一个为空。流程图的基本形状有两种，如图 1.2 所示。

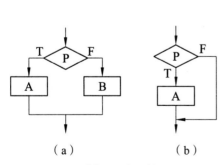

图 1.2　选择/分支结构流程图

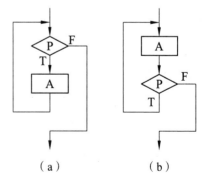

图 1.3　循环结构流程图

　　（3）循环结构。

　　循环结构是在条件为真的情况下，反复执行某一操作，其基本结构有两种：

　　① 当型循环结构。

　　如图 1.3（a）所示，其执行顺序为：先判断条件 P 是否成立，如果条件成立，执行 A，然后再进入条件 P 的判断，若条件为真，继续执行 A，如此反复执行 A，当条件 P 不成立时，跳出循环。

② 直到型循环结构。

如图 1.3（b）所示，其执行顺序为：先执行 A，再判断条件 P 是否成立，若条件成立，则重复执行 A，然后再判断条件 P 是否成立，如此反复执行 A，直到给定的条件 P 不成立为止，即条件 P 一旦为假，则跳出循环。

【例 1.4】　将例 1.3 所描述的问题用流程图来表示，如图 1.4 所示。

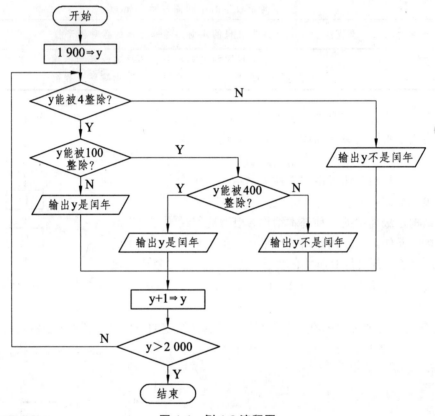

图 1.4　例 1.3 流程图

3. 伪代码

伪代码是一种接近程序语言的算法描述方法，用介于自然语言和计算机语言之间的文字和符号描述算法。伪代码既可用英文，也可以用中文，还可中英文混用，没有固定的语法规则，只要便于书写和阅读，且把意思表述清楚即可。

【例 1.5】　将例 1.3 的算法用伪代码来表示。

```
begin                    /*算法开始*/
1 900⇒y
while（y≤2 000）
{
    if y 能被 4 整除
        if y 不能被 100 整除
```

```
            print y "是闰年"
        else
            if y 能被 400 整除
                print y "是闰年"
            else
                print y "不是闰年"
            end if
        end if
    else
        print y "不是闰年"
    end if
    y+1⇒y
}
end                        /*算法结束*/
```

1.4　小　结

　　本章简要介绍了 C 语言的发展过程和特点，C 程序的基本组成部分。算法是本章的重点，算法可采用自然语言、流程图和伪代码等描述方法等，在具体的操作中可选择其中的任何一种，但应注意的是，以上三种算法描述方法是计算机不能识别的，算法的实现是靠计算机语言程序。

习　　题

1. 选择题

（1）以下叙述正确的是（　　）。

（A）C 语言程序是由过程和函数组成的

（B）C 语言函数可以嵌套调用，例如：fun(fun(x))

（C）C 语言函数不可以单独编译

（D）C 语言中除了 main 函数，其他函数不可作为单独文件形式存在

（2）以下关于 C 语言的叙述中正确的是（　　）。

（A）C 语言中的注释不可以夹在变量名或关键字的中间

（B）C 语言中的变量可以在使用之前的任何位置进行定义

（C）在 C 语言算术表达式的书写中，运算符两侧的运算数类型必须一致

（D）C 语言的数值常量中夹带空格不影响常量值的正确表示

（3）算法中，对执行的每一步操作，必须给出清楚、严格的规定，这属于算法的（　　）。

（A）正当性　　　（B）可行性　　　（C）确定性　　　（D）有穷性

（4）下列叙述中错误的是（　　）。

（A）计算机不能直接执行用 C 语言编写的源程序

（B）C 程序经过 C 编译程序编译后，生成后缀为 .obj 的文件是一个二进制文件

(C) 后缀为.obj 的文件，经过连接程序生成后缀为.exe 的文件是一个二进制文件

(D) 后缀为.obj 和.exe 的二进制文件都可以直接运行

（5）以下叙述中错误的是（　　）。

(A) C 语言是一种结构化程序设计语言

(B) 结构化程序由顺序、分支、循环三种基本结构组成

(C) 使用三种基本结构构成的程序只能解决简单问题

(D) 结构化程序设计提倡模块化的设计方法

（6）对于一个正常运行的 C 程序，以下叙述中正确的是（　　）。

(A) 程序的执行总是从 main 函数开始，在 main 函数结束

(B) 程序的执行总是从程序的第一个函数开始，在 main 函数结束

(C) 程序的执行总是从 main 函数开始，在程序的最后一个函数中结束

(D) 程序的执行总是从程序的第一个函数开始，在程序的最后一个函数中结束

（7）以下叙述中正确的是（　　）。

(A) 程序设计的任务就是编写程序代码并上机调试

(B) 程序设计的任务就是确定所用的数据结构

(C) 程序设计的任务就是确定所用算法

(D) 以上三种说法都不完整

（8）下列关于 C 语言文件的叙述中正确的是（　　）。

(A) 文件由一系列数据依次排列组成，只能构成二进制文件

(B) 文件由结构序列组成，可以构成二进制文件或文本文件

(C) 文件由数据序列组成，可以构成二进制文件或文本文件

(D) 文件由字符序列组成，只能是文本文件

（9）以下叙述中正确的是（　　）。

(A) C 程序的基本组成单位是语句

(B) C 程序中的每一行只能写一条语句

(C) 简单 C 语句必须以分号结束

(D) C 语句必须在一行内写完

（10）计算机能直接执行的程序是（　　）。

(A) 源程序　　　　(B) 目标程序　　　　(C) 汇编程序　　　　(D) 可执行程序

（11）以下叙述中正确的是（　　）。

(A) C 程序中的注释只能出现在程序的开始位置和语句的后面

(B) C 程序书写格式严格，要求一行内只能写一个语句

(C) C 程序书写格式自由，一个语句可以写在多行上

(D) 用 C 语言编写的程序只能放在一个程序文件中

（12）下列叙述中错误的是（　　）。

(A) 一个 C 语言程序只能实现一种算法

(B) C 程序可以由多个程序文件组成

(C) C 程序可以由一个或多个函数组成

(D) 一个 C 函数可以单独作为一个 C 程序文件存在

实验 1　Visual C++ 6.0 开发环境使用

（一）Visual C++ 6.0 介绍

1. Visual C++ 6.0 主窗口

启动 Visual C++ 6.0，进入 Microsoft Developer Studio 开发环境，如图 1.5 和图 1.6 所示。它由标题栏、菜单栏、工具栏、工作区窗口、源代码编辑窗口、输出窗口和状态栏组成。标题栏显示应用程序名和打开的文件名，输出窗口主要用于显示项目建立过程中生成的错误信息。

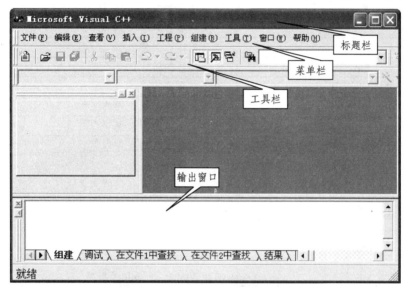

图 1.5　Visual C++ 6.0 主窗口（无打开或新建工程文件）

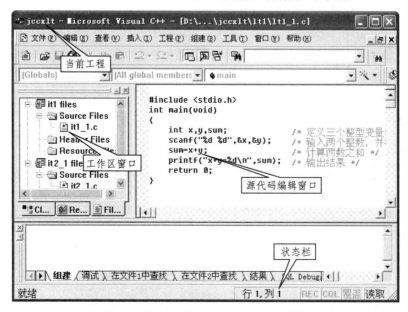

图 1.6　打开或新建 jccxlt 工程后的界面

2. Visual C++ 6.0 菜单栏

Visual C++ 6.0 的菜单栏由多个菜单组成。

（1）文件（File）菜单。

文件菜单包含了对文件和工程的创建、打开、关闭、保存等操作的命令。文件菜单菜单项见表 1.2。

表 1.2　文件菜单菜单项

菜单项	功　能
新建（New）	创建新的文件、工程、工作区及其他文档
打开（Open）	打开已有的文件
关闭（Close）	关闭活动窗口中打开的文件
打开工作空间（Open Workspace）	打开工作区文件
保存工作空间（Save Workspace）	保存打开的工作区
关闭工作空间（Close Workspace）	关闭打开的工作区
保存（Save）	保存当前活动窗口内的文件
另存为（Save As）	改名保存当前活动窗口内的文件
保存全部（Save All）	保存所有窗口的文件内容
页面设置（Page Setup）	设置打印格式
打印（Print）	打印当前活动窗口内的文件或选定内容
最近文件（Recent Files）	选择该菜单项将打开级联菜单，其中包含最近打开的文件名，单击可直接打开相应的工作区
最近工作区间（Recent Workspace）	选择该菜单项将打开级联菜单，其中包含最近打开的工作区名，单击可直接打开相应的工作区
退出（Exit）	退出 Visual C++6.0 开发环境

（2）编辑（Edit）菜单。

编辑菜单主要包含有关编辑和搜索的命令选项。编辑菜单菜单项见表 1.3。

表 1.3　编辑菜单菜单项

菜单项	功　能
取消（Undo）	取消最近一次的编辑修改操作
重做（Redo）	重复 Undo 命令取消的操作
剪切（Cut）	将当前活动窗口内选定的内容复制到剪贴板，并删除选定的内容
复制（Copy）	将当前活动窗口内选定的内容复制到剪贴板
粘贴（Paste）	在光标当前所在位置插入剪贴板中的内容
删除（Delete）	删除选定的内容
选择全部（Select All）	选择当前活动窗口内的所有内容
查找（Find）	在当前活动文件中查找指定的字符串
在文件中查找（Find in Files）	在多个文件中查找指定的字符串
替换（Replace）	替换指定的字符串
转到（Go To）	将光标定位到当前活动窗口的指定位置

续表 1.3

菜单项	功　　能
书签（Bookmarks）	设置或取消书签，书签可以用来在源文件中作标记
高级（Advanced）	选择该选项弹出的级联菜单包含一些用于编辑或修改的高级命令
断点（Breakpoints）	用于设置、删除和查看断点
列出成员（List Members）	启用"列出成员"功能
类型信息（Type Info）	启用"类型信息"显示功能
参数信息（Parameter Info）	启用"参数信息"显示功能
完成字词（Complete Word）	启用"完成字词"功能

（3）查看（View）菜单。

View 菜单包含了用来改变窗口和工具栏的显示方式，以及激活调试时所用的各个窗口的命令。查看菜单菜单项见表 1.4。

表 1.4　查看菜单菜单项

菜单项	功　　能
建立类向导（Class Wizard）	显示类向导对话框
资源符号（Resource Symbols）	打开资源符号浏览器，浏览和编辑资源符号
资源包含（Resource Includes）	修改资源符号文件名和预处理器指令
全屏显示（Full Screen）	全屏方式显示当前活动窗口，按 Esc 键返回
工作空间（Workspace）	显示工作区窗口
输出（Output）	显示输出窗口
调试窗口（Debug Windows）	操作调试窗口
更新（Refresh）	刷新当前选定对象的内容
属性（Properties）	显示属性对话框

（4）插入（Insert）菜单。

Insert 菜单中的命令主要用于项目及资源的创建以及添加。插入菜单的菜单项见表 1.5。

表 1.5　插入菜单菜单项

菜单项	功　　能
类（New Class）	创建一个新类
窗体（New Form）	创建一个新窗体
资源（Resource）	创建新的资源或插入资源到资源文件中
资源副本（Resource Copy）	为选定的资源创建备份
作为文本文件（File As Text）	在当前光标处插入文本文件
ATL 对象（New ATL Object）	插入一个新的 ATL 对象

（5）工程（Project）菜单。

工程菜单中的命令主要用于项目的一些操作，如向项目中添加资源文件等。工程菜单菜单项见表 1.6。

表 1.6　工程菜单菜单项

菜单项	功　能
设置活动工程（Set Active Project）	选择指定的工程为工作区活动的工程
增加到工程（Add To Project）	将组件或外部文件添加到当前工程
从属性（Dependencies）	编辑项目的依赖关系
设置（Settings）	为工程指定不同的设置选项
导出制作文件（Export Makefile）	按外部 Make 文件格式导出可建立的工程
插入工程到工作空间（Insert Project into Workspace）	插入已有的项目到工作区中

（6）组建（Build）菜单。

组建菜单用于应用程序的编译、连接、调试和运行。组建菜单菜单项见表 1.7。

表 1.7　组建菜单菜单项

菜单项	功　能
编译（Compile）	编译当前文件
组建（Build）	对当前文件进行编译和连接，生成可执行文件
全部重建（Rebuild All）	对工程中的所有文件全部重新编译和连接
批组建（Batch Build）	生成多个项目的可执行程序
清除（Clean）	删除项目的中间文件和输出文件
开始调试（Start Debug）	开始调试（有多个调试命令供选择）
远程连接调试程序（Debugger Remote Connection）	远程调试连接的环境设置
执行（Execute）	执行程序
移除工程配置（Set Active Configuration）	选择当前项目及其配置
配置（Configurations）	编辑工程配置
配置文件（Profile）	设定剖析器选项（剖析器是程序分析工具）

（7）工具（Tools）菜单。

工具菜单主要包含浏览程序符号、定制菜单与工具栏、激活常用的工具等菜单项。工具菜单菜单项见表 1.8。

表 1.8　工具菜单菜单项

菜单项	功　能
源浏览器（Source Browser）	查询指定对象或上下文
关闭源浏览器文件（Close Source Browser File）	关闭打开的浏览信息数据库
定制（Customize）	定制菜单、工具栏
选项（Options）	对开发环境设置，如格式、调试器、源代码编辑器等
宏（Macro）	创建和编辑宏
记录宏操作（Record Quick Macro）	录制宏
播放宏操作（Play Quick Macro）	运行录制宏

（8）窗口（Window）菜单。

窗口菜单主要包含有关控制窗口属性的菜单项。窗口菜单菜单项见表 1.9。

表 1.9　窗口菜单菜单项

菜单项	功　能
新建窗口（New Window）	打开当前活动文档的一个新窗口
分割（Split）	拆分当前窗口
组合（Docking View）	打开或关闭窗口的 docking 特征
关闭（Close）	关闭当前活动窗口
全部关闭（Close All）	关闭所有打开的窗口
下一个（Next）	显示下一个窗口
上一个（Previous）	显示上一个窗口
层叠（Cascade）	所有窗口层叠排放
水平平铺（Tile Horizontally）	所有窗口上下横向平铺
垂直平铺（Tile Vertically）	所有窗口左右纵向平铺
窗口（Windows）	管理当前打开的窗口

（9）帮助（Help）菜单。

帮助菜单为 Visual C++ 6.0 用户提供详细帮助。帮助菜单菜单项见表 1.10。

表 1.10　帮助菜单菜单项

菜单项	功　能
内容（Contents）	以目录方式显示帮助信息
搜索（Search）	以搜索方式显示帮助信息
索引（Index）	以索引方式显示帮助信息
使用扩展帮助（Use Extension Help）	使用该命令则按 F1 或其他帮助命令将显示外部帮助，否则启用 MSDN
键盘设置（Keyboard Map）	显示所有键盘命令
每日提示（Tip of the Day）	显示每天一贴
技术支持（Technical Support）	显示微软技术支持的可能方式
网上微软（Microsoft on the Web）	打开微软网站的有关帮助网页
关于 Visual C++ 6（About Visual C++6）	显示 Visual C++的版本、版权、注册等信息

3. Visual C++ 6.0 工具栏

Visual C++ 6.0 工具栏所列出的命令都是较常用的命令，使用工具栏按钮对应的命令比使用菜单项命令更直接和迅速。Visual C++ 6.0 包含十多种工具栏，缺省时屏幕上显示的为标准工具栏（Standard）、向导工具栏（WizarBar）和小型组建工具栏（Build MiniBar），分别如图 1.7～1.9 所示。小型组建工具栏命令按钮及其功能见表 1.11。

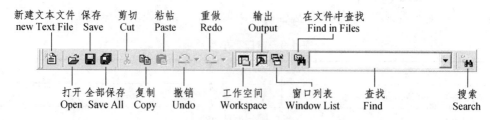

图 1.7　标准工具栏

图 1.8　向导工具栏

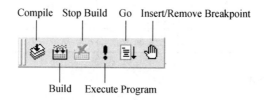

图 1.9　小型组建工具栏

表 1.11　小型组建工具栏命令按钮及其功能

命令按钮	功　　能
Compile	编译文件
Build	组建文件，生成可执行程序
Stop Build	停止组建
Execute Program	执行程序
Go	执行程序到断点
Insert/Remove Breakpoint	插入/撤销断点

4. 用 Visual C++ 6.0 开发 C 语言程序的方法和步骤

（1）选择"文件/新建"命令，弹出"新建"对话框，如图 1.10 所示。选择"工程"选项卡中的 Win32 Console Application，在"工程名称"文本框中输入工程名。若选择"创建新的工作空间"单选按钮，则为新建的工程创建新的工作空间；若选择"添加到当前工作空间"单选按钮，则将新建工程添加到当前工作区。

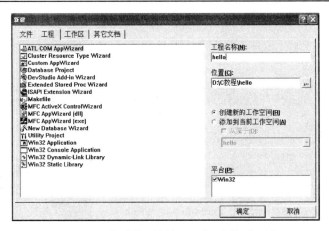

图 1.10　"新建"对话框之"工程"选项卡

（2）在"新建"对话框中，将位置选择好，并输入完工程名后，单击"确定"按钮，弹出"Win32 Console Application"对话框，如图 1.11 所示。

图 1.11　"Win32 Console Application"对话框

（3）在"Win32 Console Application"对话框中，选择"一个空工程"（An empty project）单选按钮，单击"完成"按钮，出现"新建工程信息"（New Project Information）对话框，如图 1.12 所示。

图 1.12　"新建工程信息"对话框

（4）在"新建工程信息"对话框中单击"确定"按钮，即可创建一工程"hello"，如图1.13所示。注意：一个工作区可包含多个工程，一个工程可包含多个文件（但有且只能有一个文件含有 main 函数）

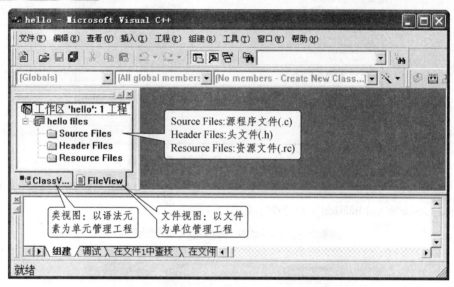

图 1.13 创建工程

（5）创建好工程后，需添加源程序文件。选择"文件/新建"命令，在弹出的"新建"对话框中选择"文件"选项卡，再选择"C++ Source File"，如图1.14所示。在"文件名"文本框中输入源程序文件名"hello.c"，选中"添加到工程"（Add to Project）复选框，单击"确定"按钮，出现源程序编辑窗口，如图1.15所示。注意：由于编写的是标准 C 语言程序，文件的扩展名.c 需要输入，否则系统会自动取扩展名.cpp，即认为是 C++程序。

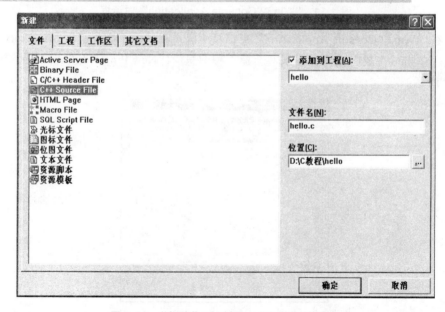

图 1.14 "新建"对话框之"文件"选项卡

图 1.15　创建"hello.c"文件

（6）在编辑窗口中输入源程序，如图 1.16 所示。在编辑窗口中，标识符为黑色，关键字和编译预处理命令为蓝色，注释为绿色，这有助于检查源程序的拼写错误。同时，若源程序输入或修改后未保存，则标题栏源程序名"hello.c"后有一*号。

图 1.16　输入源程序

（7）选择"文件/保存"命令保存源程序，此时文件名"hello.c"后的*消失。

（8）选择"组建/编译"命令，将编译"hello.c"源程序，并生成目标文件"hello.obj"，如图 1.17 所示。

图 1.17　编译"hello.c"

（9）选择"组建/组建"命令，将编译"hello.c"源程序，并将"hello"工程中的所有目标文件链接生成可执行文件"hello.exe"，如图 1.18 所示。

图 1.18　组建 "hello.c"

（10）选择 "组建/运行" 命令，运行 "hello.exe"，如图 1.19 所示。

图 1.19　"hello.c" 运行结果

（11）若使用小型组建工具栏上的命令按钮运行 C 程序，则运行步骤为：先单击 按钮，即编译文件；再单击 按钮，即组建文件；最后单击 按钮，即执行程序。

5. 打开 C 程序

在 Visual C++ 6.0 中，用工程化的管理方法把一个应用程序中的所有文件组织成一个有机的整体，一个工程由多个文件组成。在工程中所有文件以文件夹方式管理，以工程名作为文件夹名，工程文件夹包含了源程序文件（.c/.cpp）、工程文件（.dsp）、工作区文件（.dsw）、目标文件（.obj）和工作区配置文件（.opt）等。但在 Visual C++ 6.0 中，只需编写源程序文件，其他文件由 Visual C++ 6.0 自动生成，因此打开 C 程序就是打开包含 C 程序的工程文件。打开方法有如下两种。

（1）选择 "文件/最近工作空间"，再单击所需的工程文件，如图 1.20 所示。

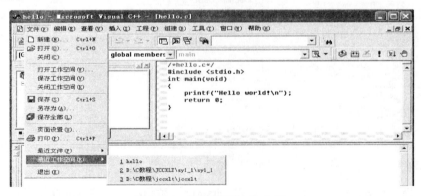

图 1.20　打开最近工作空间

（2）选择"文件/打开工作空间"，从弹出的"打开工作区"对话框中选择所需的工程义件，如图 1.21 所示。

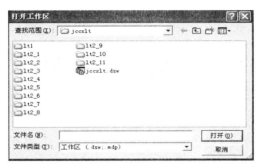

图 1.21　打开工作区

（二）实验内容

1. 上机练习本章例 1.1。

2. 编写程序，在屏幕上显示如下结果。

```
********************************
    This is a c program!
********************************
```

3. 编写程序，在屏幕上显示自己的学号、姓名、班级。

```
学号：20100001
姓名：杨芳芳
班级：信号1班
```

第 2 章　数据类型、运算符和表达式

学习目标
◆掌握 C 语言的标识符和关键字
◆掌握 C 语言的基本数据类型
◆掌握不同数据类型之间的转换
◆掌握各种运算符的使用方法及其优先级和结合性
◆掌握字符数据输入输出函数 getchar 和 putchar 的用法
◆掌握格式输入输出函数 scanf 和 printf 的用法

2.1　C 语言的标识符和关键字

2.1.1　标识符

标识符用于对变量、函数、标号和其他各种用户定义的对象进行命名。标识符由字母、数字、下划线组成，且第 1 个字符必须是字母或下划线。例如，a, score, student_num, _boy, student_1 为合法标识符，而&ab, 3student 为非法标识符。

标识符区分大小写，如 sum, Sum 和 SUM 是三个不同的标识符；标识符的有效长度取决于具体的 C 编译系统，如 Turbo C 规定为 32 个字符，而 Visual C++规定为 247 个字符；标识符的书写一般采用具有一定实际含义的单词，这样就可以提高程序的可读性。标识符不能与 C 语言的关键字同名，也不能与自定义函数或 C 语言库函数同名。

2.1.2　关键字

关键字是一类具有固定名字和特定含义的特殊标识符，也称保留字，不允许程序设计者将它们另作别用。C 语言的关键字有 32 个。

数据类型定义：typedef。

数据类型：char, double, enum, float, int, long, short, struct, union, unsigned, void, signed, volatile, auto, extern, register, static, const。

运算符：sizeof。

语句：break, case, continue, default, do, else, for, goto, if, return, switch, while。

2.2　C 语言的基本数据类型

2.2.1　基本数据类型

C 语言的数据类型通常分为四类：基本类型、构造类型、空类型和指针类型，其中基本类型包括字符型、整型、实型、枚举类型，而构造类型包括数组类型、结构体类型和共用体类型，构造类型和指针类型都属于复杂数据类型。

C 语言中数据有常量与变量之分，分属于以上这些类型。在 C 语言中，最基本的数据类型只有四种，它们分别由如下标识符进行定义：

int 整型　　　　　　　　char 字符型

float 单精度浮点型　　　double 双精度浮点型

C 语言规定：对程序中用到的所有变量，都必须先定义，后使用。在定义变量时，不能把 C 语言中具有固定含义的保留字（如 int, char 等）作为变量名；同时，同一个函数内所定义的变量不能同名。

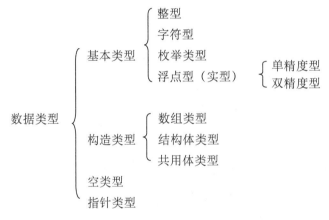

2.2.2　常量与变量

1. 常　量

在程序运行过程中不能改变的量称为常量，可分为直接常量和符号常量。直接常量即为直接可以看到数据的常量，如 −3，2，1.25，'a'；而符号常量是用一个标识符代表一个常量。

【例 2.1】　常量使用。

```
#define PRICE 30              /*宏定义语句,PRICE 代表 30*/
#include <stdio.h>
int main(void)
{
    int sum,num;              /*定义变量 sum 和 num 为 int 类型*/
    num=5;                    /*使 num 的值为 5*/
    sum=num*PRICE;            /*计算 sum 的值为 num 与 PRICE 的乘积*/
    printf("sum=%d\n",sum);   /*输出 sum=150*/
```

```
    return 0;
}
```

程序中用#define命令行定义PRICE代表常量30，在后面的程序中凡出现的PRICE都代表30，与常量的用法完全相同，上例中的5为直接常量。

程序运行结果为：

```
sum=150
```

2. 变 量

在程序运行过程中其值可改变的量称为变量，它的作用是存放数据，因此必须在内存中占据一定的存储单元。一个变量必须有一个名字，以便引用，可以通过变量名修改变量中存放的数据，C语言要求变量名必须是合法的标识符。变量名实际上是一个符号地址，它指出了变量在内存中存放的位置，而在相应内存中存放数据的值就是变量的值。

在C语言中，要求对所有用到的变量作强制定义，变量要"先定义，后使用"，这样在编译时可为每个变量按其定义的类型分配相应的存储单元，并检查该变量的运算是否合法。

【例2.2】 变量的定义。

```
#include <stdio.h>
int main(void)
{
    int a=5, b=6, total=0;
    tatal=a+b;
    printf("total=%d\n", total);
    return 0;
}
```

在例2.2中，第5行错把total写成tatal，程序编译时，会报告tatal未定义。

2.2.3 整型数据

1. 整型常量

整型常量就是整常数，在C语言中有3种表示形式：

（1）十进制整型常量：如250，−12等，其每个数字位可以是0～9。

（2）八进制整型常量：如果整型常量的最高位为0，那么它就是以八进制形式表示的整型常量。如十进制的128，用八进制表示为0200。八进制数中的每个数字位必须是0～7。

（3）十六进制整型常量：如果整型常量以0x或0X开头，那就是用十六进制形式表示整型常量。如，十进制的128，用十六进制表示为0x80或0X80。十六进制的每个数字位可以是0～9，A～F。

2. 整型变量

（1）整型变量的分类。

根据整型变量的取值范围将整型变量分为：

① 基本型：int。

② 短整型：short int 或 short。

③ 长整型：long int　或　long。

④ 无符号型（在内存单元中最高位也用作存放数本身，即不包括符号位）（unsigned int，unsigned short，unsigned long）。

对于整型变量的取值范围，在 C 语言中由系统确定各类型数据所占内存字节数。一般以一个机器字（word）存放一个 int 型数据，而 long int 型数据的字节数应不小于 int 型，short 型应不大于 int 型。给整型变量赋值时应注意到变量的存储范围。表 2.1 列出了 IBM PC 机上各类整型变量的字节长度和取值范围。

表 2.1　IBM PC 机上各类整型变量的字节长度和取值范围

数据类型	所占位数（bit）	数的取值范围
int	16	$-2^{15} \sim 2^{15}\ (-32\,768 \sim 32\,767)$
short	16	$-2^{15} \sim 2^{15}-1$
long	32	$-2^{31} \sim 2^{31}-1$
unsigned int	16	$0 \sim 2^{16}-1(0 \sim 65\,535)$
unsigned short	16	$0 \sim 2^{16}-1(0 \sim 65\,535)$
unsigned long	32	$0 \sim 2^{32}-1$

（2）整型变量的定义及初始化。

定义变量及初始化（在定义变量的同时给变量赋初值的方法）的一般形式为：

类型说明符　变量 1[=值 1],变量 2[=值 2],……;

说明：

① 类型说明符可以是表 2.1 所列的任何一种类型，类型说明符与变量名之间至少要有一个空格间隔。

② 在一个类型说明符后，可定义多个相同类型的变量，但变量间要用逗号间隔。

③ 最后一个变量名后必须用"；"结束。

④ [ ]内的为可选项，即为变量的初始化。

例如：

```
int a,b,c;                /*定义 a,b,c 为整型变量*/
short x=8;                /*定义 x 为短整型变量，且赋初值为 8*/
unsigned long m=65538,n;  /*定义 m,n 为无符号长整型变量,并为 m 赋初值为 65538*/
```

（3）整型数据的溢出。

每一种数据类型都有其各自的有效范围。若超过该类型的范围就会溢出，即显示的数据是错误的，但运行时并不报错。

【例 2.3】 整型数据的溢出。

```
#include <stdio.h>
int main(void)
{
    int x,y;
    x=32767;
```

```
    y=x+2;
    printf("x=%d,y=%d\n",x,y);
    return 0;
}
```

若用 Turbo C2.0 编译器，其结果为：

`x=32767,y=-32767`

若用 Visual C++6.0 编译器，其结果为：

`x=32767,y=32769`

这是由于 Turbo C2.0 的整型数据占 2 个字节，其表示数的范围为−32 768～32 767，即 y 的值超过了其范围。而 Visual C++ 6.0 的整型数据占 4 个字节，其表示数的范围为−2 147 483 648～2 147 483 647，即 y 的值未超过其范围。因此，在实际使用中要选择合适的数据类型。

2.2.4 实型数据

1. 实型常量

实型也叫浮点型，实型常量也叫实数或浮点数，在 C 语言中，实数只用十进制表示。实数有两种表示形式：

（1）十进制数表示：它是由数字和小数点组成的，如 3.141 59，−7.2，9.9 等都是用十进制数的形式表示的浮点数。

（2）指数法形式：指数法又称为科学记数法，它是为方便计算机对浮点数进行处理而提出来的。如，十进制的 180 000.0，用指数法可表示为 1.8e5。其中 1.8 称为尾数，5 称为指数，字母 e 也可以用 E 表示。又如 0.001 23 可表示为 1.23E−3。需要注意的是，用指数法表示浮点数时，字母 e 或 E 之前（即尾数部分）必须有数字，且 e 后面的指数部分必须是整数，如，e−3，9.8e2.1，e5 等都是不合法的指数表示形式。

实型常量一般不分 float 型和 double 型，任何一个实型常量，既可以赋给 float 型变量，又可以赋给 double 型变量。但由于 float 型变量和 double 型变量所能表示数的精度不同，因此，在赋值时，将根据变量的类型来截取相应的有效位数。

2. 实型变量

（1）实型变量分类。

实型变量分为单精度（float 型）、双精度（double 型）、长双精度（long double 型）三类。表 2.2 列出了在 IBM PC 及其兼容机上浮点型变量的字节长度和取值范围。

表 2.2 实型变量字节长度和取值范围

数据类型	字节长度	取值范围	有效位
float	4	$-3.4 \times 10^{-38} \sim 3.4 \times 10^{38}$	6～7
double	8	$-1.7 \times 10^{-308} \sim 1.7 \times 10^{308}$	15～16
long double	16	$-1.2 \times 10^{-4932} \sim 1.2 \times 10^{4932}$	18～19

　　单精度实型变量和双精度实型变量之间的差异，仅仅体现在所能表示的数的精度上。如果单精度实型变量所提供的精度不能满足要求时，则可以考虑使用双精度实型变量。也就是说，两种类型的实型变量都可用于存放同一个实型变量，只是截取的有效位位数不同。double型比 float 型精度要高。

　　（2）实型变量的定义及初始化。

　　例如：

　　　　float x=123456.789;

　　　　double y=123456.789;

x 为单精度型变量，被赋值为 9 位，但只接收前 7 位有效位，因此最后两位小数不起作用。而 y 为双精度型变量，它能接收全部 9 位数字并存储起来。

　　（3）实型数据的舍入误差。

　　实型变量由有限的存储单元组成，能提供的有效数字有限，这样就存在舍入误差。

　　【例 2.4】　实型数据的舍入误差。

```
#include <stdio.h>
int main(void)
{
    float x=4.56789e10,y;
    y=x+11;
    printf("%e\n",y);
    return 0;
}
```

　　程序运行结果为：

4.567890e+010

　　显然 y 的值是有问题的，这是由于 float 型的变量只能保留 6～7 位有效数字，变量 y 加的 11 被舍弃了。因此，要避免将一个很大的数和一个很小的数直接加减，否则会丢失小数。

2.2.5　字符型数据

1. 字符型常量

　　字符型常量是由单引号括起来的一个字符。如'A', '*'和'8'等都是合法的字符型常量。除此之外，在 C 语言中还允许使用一些特殊的字符常量，即以反斜杠字符"\"开头的字符序列，称为"转义字符"见表 2.3。

表 2.3　转义字符及功能

字符形式	功　　　能	字符形式	功　　　能
\n	换行	\\	反斜杠字符"\"
\t	横向跳格（即跳到下一个输出区）	\'	单撇号字符
\v	竖向跳格	\"	双撇号字符
\b	退格	\a	报警，相当于"\007"
\r	回车	\ddd	1～3 位 8 进制数所代表的字符
\f	走纸换页	\xhh	1～2 位 16 进制数所代表的字符

注意:

(1) 字符常量是用单引号,而非双引号,且只包括一个字符。

(2) C 语言允许在字符 "\" 后面紧跟 1~3 位八进制数,或在 "\x" 后面紧跟 1~2 位十六进制数来表示相应系统中所使用的字符的编码值。使用这种表示方法,可以表示字符集中的任一字符,包括某些难以输入和显示的"控制字符",ASCII 码表中编码值小于 0x20 的字符就属于这一类字符。如响铃字符(bell),在 ASCII 码表中的编码值为 7。在程序处理过程中,为了发出响铃声音,可通过显示'\7'('\07'或'\007')码获得响铃效果。

(3) 由 "\" 开头的转义字符,将 "\" 后的字符转换为另外的字符,不同于字符原有的意义,仅代表一个单个字符,而不代表多个字符,它仅代表相应系统中的一个编码值。在表 2.3 中列出了 C 语言中常用的转义字符。

【例 2.5】 转义字符的使用。

```c
#include <stdio.h>
int main(void)
{
    printf("ab\'E\'  \t\bcd\n");
    printf("efg\n");
    return 0;
}
```

用 printf 函数直接输出双引号的各个字符。其中,第一个输出语句中的 "\'",作用是输出一个单引号," " 的作用是输出一个空格(注意,在显示屏和打印机上,空格是不会显示出来的,只是留空一格),"\t" 的作用是跳到下一个输出区(注: IBM PC 及其兼容机的一个输出区为 8 个字符位,即下一个输出位为第 9 列),"\b" 的作用是向后退一格,"\n" 的作用是换到第 2 行。

程序的运行结果如下:

```
ab'E'   cd
efg
```

2. 字符变量

一个字符型变量用于存放一个字符(不是一个字符串),在内存中占一个字节。将一个字符放到一个字符变量中,不是存放字符的本身,而是将该字符的 ASCII 码值放到存储单元中。由于字符型数据与整数的存储形式相同,因此,C 语言规定,字符型数据和整型数据之间在字符数据的范围内可以通用(即在 0~255 之间可以通用)。字符型数据可以像整型数据那样使用,可以用来表示特定范围内的整数。字符型数据在 IBM PC 及其兼容机上的字节长度和取值范围见表 2.4。

表 2.4 字符型数据及取值范围

数据类型	字节长度	取值范围
char	1	0~255 的整数或所对应字符

字符型变量定义形式如下:

```c
    char c1,c2;          /* 定义 c1, c2 为字符型变量 */
```

字符数据既可以用字符形式输出，也可以用整数形式输出。以字符形式输出时，首先将存储单元中的 ASCII 码转换成相应字符，然后输出。以整数形式输出时，直接将 ASCII 码作为整数输出。

【例 2.6】　字符型与整型数据的相互赋值。

```c
#include <stdio.h>
int main(void)
{
    int m;
    char c;
    m='A';                  /*字符赋值给整型变量*/
    c=65;                   /*整数赋值给字符变量*/
    printf("%c,%d\n",m,m);
    printf("%c,%d\n",c,c);
    return 0;
}
```

程序的运行结果如下：

```
A,65
A,65
```

在 C 语言中，允许对字符变量赋整型值，输出时，允许把字符变量按整型量输出；也允许对整型变量赋字符值，把整型量按字符量输出，但由于字符量存放的是单字节，因此当整型量按字符量处理时，只有低八位参与处理。

3. 字符串常量

字符串常量是由一对双引号括起来的字符序列，如"string"、"Happy! "、"1234"就是合法的字符串常量。

C 规定，每一个字符串的结尾，系统都会自动加一个字符串结束标志'\0'，以便系统据此判断字符串是否结束。'\0'代表空操作字符，它不引起任何操作，也不会显示到屏幕上。例如，字符串"I am a student"在内存中存储的形式如图 2.1 所示。

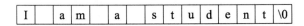

图 2.1　字符串在内存中的存储形式

它的长度不是 14 个，而是 15 个，最后一个字符为'\0'，但输出时不输出，系统在遇到它后就会停止输出。注意，在写字符串时不能加上'\0'。

因此，字符串"a"与字符'a'是不同的两个常量。前者是由字符'a'和'\0'构成，而后者仅由字符'a'构成。

需要注意的是，不能将一个字符串常量赋给一个字符变量。在 C 语言中没有专门的字符串变量，如果需要保存字符串常量，则要用一个字符数组来存放，字符数组将在第 6 章中学习。

2.2.6　数据类型的转换

除了字符型数据和整型数据之间可以通用之外，其他不同类型的数据在同一表达式中进行混合运算时需要进行类型转换。这种类型转换方式有两种：一种是自动类型转换，另一种是强制类型转换。

1. 自动类型转换

自动类型转换又称隐式转换，是在运算时由系统自动进行转换。C 语言允许整型、单精度实型和双精度实型数据之间进行混合运算。由于字符型数据可以和整型数据通用，因此，下列表达式是合法的：

    100+'A'−3.6*27

显然，在进行混合运算时，不同类型的数据首先要转换成同一类型，然后才能进行运算。而这种转换最终都要归结为整数和实数之间的转换。转换规则为：低类型转换到高类型，赋值号右边类型转换到赋值号左边类型。具体规则如图 2.2 所示。

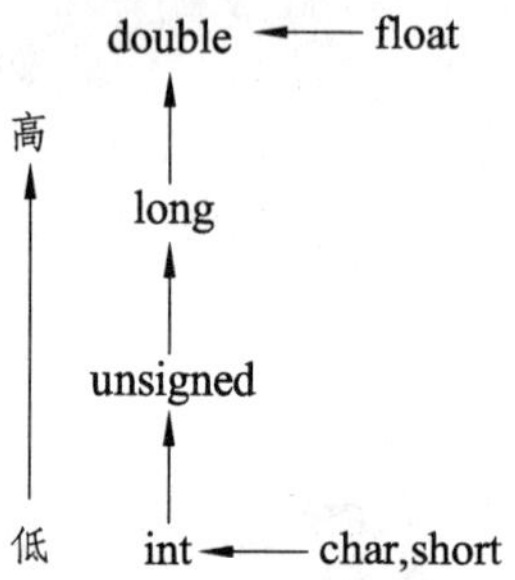

图中横向箭头表示必定的转换，如字符数据必须先转换为整型，short 型转换为 int 型，float 型数据在运算时一律先转换成双精度型，以提高运算精度（即使两个 float 型数据相加，也先都转换成 double 型，然后再相加）。

纵向箭头表示当运算对象为不同类型时转换的方向。例如，int 型与 double 型数据进行运算时，先将 int 型的数据转换成 double 型，然后在两个同类型（double）数据间进行运算，结果为 double 型。注意：箭头方向只表示数据类型级别的高低，由低向高转换。不能理解为 int 型要先转换为 unsigned 型，再转换为 long 型，最后转换为 double 型。如果一个 int 型数据与一个 double 型数据进行运算，是直接将 int 型转换成 double 型。同理，一个 int 型数据与一个 long 型数据进行运算，先将 int 型转换成 long 型数据，再进行运算。

也就是说，如果有两个数参加运算。其中一个数据是 float 型或 double 型，则另一个数据要先转换成 double 型，结果为 double 型。如果两个数据中最高级别为 long 型，则另一数据先转换为 long 型，结果为 long 型，其他依此类推。

假设已指定 i 为整型变量，f 为 float 型变量，d 为 double 型变量，e 为 long 型变量，有如下表达式：

    10+'a'+i*f−d/e

运算次序：① 进行 i*f 的运算。先将 i 与 f 都转换成 double 型，运算结果为 double 型。
② 将变量 e 转换成 double 型，d/e 结果为 double 型。
③ 进行 10+'a'的运算，先将'a'转换成整数 97，运算结果为 107。
④ 整数 107 与 i*f 的积相加。先将整数 107 转换成双精度数（小数点后加若干个 0，即 107.00000…00），结果为 double 型。
⑤ 将 10+'a'+i*f 的结果与 d/e 的商相减，结果为 double 型。

另外，必须注意的是，在一个赋值表达式中，赋值号右边的类型要先转换成赋值号左边的类型，结果为赋值号左边的类型。若右边的类型是浮点型，而左边变量是整型，则转换成整型时，去掉小数部分。例如：

    int a;

图 2.2 的内容（右侧）：

double ← float

long

unsigned

int ← char,short

高／低（表示由低向高）

图 2.2 数据类型的转换

　　　　a=2.5+3;

变量 a 的类型为整型，而赋值号右边的表达式结果为实型，此时将赋值号右边的表达式结果强制转换为与 a 相同的类型（即整型），再赋值给变量 a，这样 a 的值为 5，相当于：

　　　　a=(int)(2.5+3);

2. 强制类型转换

　　当自动类型转换达不到目的时，可以利用强制类型转换。例如，当除法运算符"/"的两个运算对象都是整型数据时，其运算将按照整型运算规则进行，即舍去结果的小数部分。如果希望按照浮点型运算规则运算，就必须首先把其中某个运算对象的数据类型强制转换为浮点型，然后再进行运算。

　　强制类型转换的一般形式为：

　　(类型名)(表达式)

　　例如：

　　double)a　　　　　　　　将变量 a 强制转换为 double 类型

　　(int)(x+y)　　　　　　　　将 x+y 的值强制转换为 int 类型

　　(float)(5%3)　　　　　　　将 5%3 的值强制转换为 float 类型

　　(float)x/y　　　　　　　　将 x 强制转换成 float 类型后，再与 y 进行除法运算

　　注意：

　　（1）表达式应该用括号括起来。如：表达式(int)x+y，则只将 x 转换成整型，然后再与 y 相加。

　　（2）进行强制类型转换时，得到的是一个所需类型的中间变量，原来变量的类型并未发生改变。如：(int)x，如果 x 原来指定为 float 类型，强制转换运算后得到一个 int 型的中间变量，它的值等于 x 的整数部分，而 x 的类型不变（仍为 float 类型）。

2.3　运算符和表达式

2.3.1　算术运算符和算术表达式

1. 基本算术运算符

+　　　　（加法运算符，或正值运算符。如 2+9=11，+6）

－　　　　（减法运算符，或负值运算符。如 9－5=4，－5）

*　　　　（乘法运算符。如 4*8=32）

/　　　　（除法运算符。如 7/2=3，两个整数相除结果为整数，舍去小数）

%　　　　（求模运算符，或称求余运算符，要求两侧均为整型数。如 9%2=1）

　　以上运算符的优先关系：*、/、%的优先级高于+和－的优先级，在表达式中它们从左向右结合（开始运算）。C 规定了各种运算符的结合方向（结合性），算术运算符为自左至右。关于"结合性"的概念是其他高级语言中没有的。使用算术运算符时需要注意：

　　（1）算术运算符为双目运算符，即运算对象为两个。

（2）两整数相除，结果仍为整数。若不为整数，则采用"向零靠拢取整"的方法。即取整后向零靠拢。

　　　　7/2 值为 3，而非 4；　　　7/－2 的值为－3，而非－4。

（3）参加运算的两数中若有一个为 float 或 double 型，则结果为 double 型。

（4）"%"为求模运算符或求余运算符，要求参加运算的两数必须为整数，且结果的符号与被除数的符号相同。

　　　　7%2=1　　　　　　　　7%4=3　　　　　　　　7%(－4)=3
　　　　－7%2=－1　　　　　　－7%4=－3　　　　　　－7%(－4)=－3

由算术运算符和圆括号将运算对象连接起来的有意义的式子称为算术表达式。在表达式中，使用左、右圆括号可以改变运算的处理顺序。

2. 自增和自减运算符（++、－－）

自增和自减运算符（++、－－）也称为增 1 和减 1 运算符，它们都是单目运算符（只有一个运算对象），作用是使变量的值增 1 或减 1。自增和自减运算符既可作为前缀运算符（位于运算对象的前面），如++i，－－i，也可作为后缀运算符（位于运算对象的后面），如 i++，i－－。尽管++i 和 i++都是使 i 的值自增 1，－－i 和 i－－都是使 i 的值自减 1，但是有区别的：

　　　　++i　　　　　　表示在用该表达式的值之前先使 i 的值增 1
　　　　i++　　　　　　表示在用该表达式的值之后再使 i 的值增 1
　　　　－－i　　　　　表示在用该表达式的值之前先使 i 的值减 1
　　　　i－－　　　　　表示在用该表达式的值之后再使 i 的值减 1

也就是说：

"i++，i－－"的作用是先使用 i 的原值参与运算，之后再让 i 的值增 1 或减 1（相当于 i=i+1 和 i=i－1）。即先使用，后加减。

"++i，－－i"的作用是先让 i 的值增 1 或减 1（相当于 i=i+1 和 i=i－1），再使用 i。即先加减，后使用。

因此，在使用增 1 和减 1 运算符时，必须注意变量的值和表达式的值在程序上下文中的效果。例如，若在以下每个语句中 i 初值为 3，则

　　　　j=i++;　　　　　　　　　j 的值为 3，然后 i 为 4
　　　　printf("%d",i++);　　　　打印出 3，然后 i 为 4
　　　　j=++i;　　　　　　　　　j 的值为 4，i 也为 4
　　　　printf("%d",++i);　　　　打印出 4，i 也为 4
　　　　j=－－i;　　　　　　　　j 的值为 2，i 也为 2
　　　　j=i－－;　　　　　　　　j 的值为 3，然后 i 为 2

对于语句

　　　　x=i－－;

相当于下面两个语句的运算结果：

　　　　x=i;
　　　　i=i－1;

而语句

　　　　x=－－i;

相当于下面两个语句的运算结果:

　　　　i=i－1;

　　　　x=i;

　　显然，对于变量 i 来讲，上面两个语句的结果是一样的，都使 i 的值减 1，而对于 x 的值来讲就不同了，这一点必须引起注意。

　　注意:

　　(1) ++和－－运算符只能用于变量，而不能用于常量或表达式。如: (i+j)++或 5－－是不合法的。

　　(2) ++和－－的结合方向是"自右至左"。如: i=4，则－i－－相当于－(i－－)结果为－4，而 i 的值为 3。

　　(3) 在较复杂的表达式中，运算符的组合原则是尽可能多地自左而右将若干个字符组成一个运算符。如: a+++b 等价于(a++)+b，而不是 a+(++b)。

　　(4) 在只需对变量本身进行增 1 或减 1，而表达式的值无关紧要的情况下，前缀运算和后缀运算的效果完全相同。

　　【例 2.7】 算术运算程序举例。

```c
#include <stdio.h>
int main(void)
{
    int a;
    a=－3+4*5－6;      printf("%d\n",a);
    a=3+4*6－5;       printf("%d\n",a);
    a=－3*4%6/5;      printf("%d\n",a);
    a=(7+6)%5/2;      printf("%d\n",a);
    a=3*4%－6/5;      printf("%d\n",a);
    return 0;
}
```

程序的运行结果为:

```
11
22
0
1
0
```

　　【例 2.8】 增 1 和减 1 运算符举例。

```c
#include <stdio.h>
int main(void)
{
    int a=1000;
    printf("%d\n",a++);
    printf("%d\n",++a);
    printf("%d\n",a－－);
    printf("%d\n",－－a);
    return 0;
```

```
}
```
程序的运行结果为：

```
1000
1002
1002
1000
```

合理地使用增 1、减 1 运算符，对于编写高质量的 C 语言程序是非常有用的，它的简洁表示形式，对于以后要介绍的流程控制语句及指针运算等将带来很大的方便。

2.3.2 赋值运算符和赋值表达式

1. 赋值运算符

C 语言的赋值运算符是 "="，它的作用是将赋值运算符右边表达式的值赋给其左边的变量。如：

    x=12;   作用是执行一次赋值操作（运算），将 12 赋给变量 x

    a=5+x;   作用是将表达式 5+x 的值赋给变量 a

在赋值号 "=" 的左边只能是变量，而不能是常量或表达式，如不能写成：

    2=x;   或   x+y=a+b;

2. 复合赋值运算符

C 语言规定，凡是双目运算符都可以与赋值符 "=" 一起组成复合赋值运算符。一共有 10 种，即：

    +=   −=   *=   /=   %=   <<=   >>=   &= |=   ^=

其中后五种是有关位运算的。

例如：a+=5   等价于 a=a+5

      x*=y+8   等价于 x=x*(y+8)

      a%=2   等价于 a=a%2

      x%=y+8   等价于 x=x%(y+8)

C 语言采用这种复合赋值运算符有两个优点：一是可以简化程序，使程序精练；二是提高编译效果，产生质量较高的目标代码。

3. 赋值表达式

由赋值运算符将一个变量和一个表达式连接起来的式子称为赋值表达式。赋值表达式的一般形式为：

    变量=表达式

赋值表达式的作用是：将赋值运算符右侧的 "表达式" 的值赋给左侧的变量。同时，整个赋值表达式的值也就是被赋值变量的值。

例如：x=5   赋值表达式 "x=5" 的值为 5，x 的值也为 5

      x=7%2+(y=5)   赋值表达式的值为 6，x 的值也为 6，y 的值为 5

      a=(b=6)或 a=b=6   赋值表达式的值为 6，a、b 的值均为 6

      a+=a*(a=5)相当于 a=5+5*5，赋值表达式的值为 30，a 的值最终也是 30

由上可见，赋值表达式中可以又包含另一个赋值表达式，赋值运算符也可以是复合的赋值运算符。同时赋值运算符采用自右至左的顺序执行运算（右结合性）。

赋值表达式加上一个分号则可构成赋值语句，即

　　　变量=表达式；

C 语言规定：可以在定义变量的同时给变量赋值，也叫给变量初始化。

例如：int a=4,b,c;　　　（定义的同时对 a 初始化，值为 4）

注意：赋值语句不是赋值表达式，表达式可以用在其他语句或表达式中，而语句只能作为一个单独的语句使用。

例如：if((x=a%b)>0)　t=a;　（作用是先将 a%b 的值赋予 x，然后判断 x 是否大于 0，若大于 0，则执行 t=a。在 if 语句中"x=a%b"是赋值表达式而不是赋值语句。如果写成

　　　if((x=a%b;)>0)　t=a;

就错了。在 if 语句中不能有赋值语句。

由此可见，将赋值表达式作为表达式的一种，使赋值操作不仅可以出现在赋值语句中，而且可以以表达式的形式出现在其他语句中，这样可以提高编程的灵活性。

2.3.3　关系运算符、逻辑运算符及其表达式

关系运算主要用于比较运算，即对两个运算对象进行比较。而对于比较复杂的条件，需要将若干个关系表达式组合起来判断，C 语言提供的逻辑运算就是用于实现这一目的的。

1. 关系运算符

C 语言中的关系运算符共有 6 种：

　　　>　<　>=　<=　==　!=

关系运算符属于双目运算符，其结合方向是自左至右。

2. 逻辑运算符

C 语言提供了三种逻辑运算符：

　　　!（逻辑非）　　　　　　&&（逻辑与）　　　　　　||（逻辑或）

"&&"和"||"是双目运算符，其结合方向是自左至右。"!"是单目运算符，其结合方向是自右至左。

算术运算符、逻辑运算符和关系运算符三者间的优先级关系为：

　　　!→ 算术运算符→关系运算符→&&，　||→ 赋值运算符

　　　（高）━━━━━━━━━━━━━━━━━━━━━━━━▶（低）

具体的关系运算与逻辑运算见第 3 章。

2.3.4　逗号运算符和逗号表达式

在 C 语言中，逗号","的用法可分为两种：一种是作为分隔符使用；另一种是作为运算符使用。

在变量说明语句中，逗号是作为变量之间的分隔符使用，如：

float f1,f2,f3;

在函数调用时，逗号是作为参数之间的分隔符使用。如：

scanf("%f%f%f",&f1,&f2,&f3);

除了作为分隔符使用之外，逗号还可作为运算符使用。将逗号作为运算符使用的情况，通常是将若干个表达式用逗号运算符连接成一个逗号表达式。逗号表达式的一般形式为：

表达式 1,表达式 2,…,表达式 n

求解过程是：先求解表达式 1，再求解表达式 2，……，最后求解表达式 n，此逗号表达式的值就是最右边"表达式 n"的值。如：

5+5,10+10,15+15

就是一个逗号表达式，其值为 15+15，即 30。

逗号表达式的结合方向是自左至右，它起到了把若干个表达式"串联"起来的作用，因此逗号运算符又被称为"顺序求值运算符"。

可以将逗号表达式的值赋给一个变量。如语句

x=(y=10,y+12);

是将 22 赋给变量 x。

注意：

（1）逗号运算符的优先级是所有运算符的优先级中最低的。因此，下面两个表达式的作用是不同的：

① x=5+5,10+10

② x=(5+5,10+10)

第①个表达式是逗号表达式，x 的值为 10；而第②个表达式为赋值表达式，它是将一个逗号表达式(5+5,10+10)的值赋给变量 x，由于此逗号表达式的值是 10+10，所以 x 的值为 20。

（2）并不是任何地方出现的逗号都是逗号运算符，有时必须加上括号以示区别。

例如：

printf("%d,%d,%d\n",x,y,z);   /* 逗号不是运算符，而是分隔符 */
printf("%d,%d,%d\n",(x,y,z),y,z);   /* (x,y,z)中的逗号是运算符，其余不是 */

（3）在许多情况下，使用逗号表达式的目的仅仅是为了得到各个表达式的值，而不是一定要得到和使用整个逗号表达式的值。如可用如下逗号表达式语句交换 a 和 b 两个变量中的数值：

t=a,a=b,b=t;

2.3.5 条件运算符

在 C 语言中，条件运算符是"?:"，它是 C 语言中唯一的三目运算符，由它形成的条件表达式是：

表达式 1 ?表达式 2:表达式 3

常常用条件表达式构成一个赋值语句。如：

x=表达式 1?表达式 2:表达式 3;

意义是，当表达式 1 的值为"真"时，将表达式 2 的值赋给变量 x；当表达式 1 的值为"假"

时，将表达式 3 的值赋给变量 x。条件运算符的详细使用见第 3 章。

【例 2.9】　输入两个整数，并将其中的较大者显示出来。

```c
#include <stdio.h>
int main(void)
{
    int a,b,max;
    scanf("%d,%d",&a,&b);
    max=(a>b)?a:b;
    printf("MAX=%d\n",max);
    return 0;
}
```

程序的运行结果为：

```
4,5
MAX=5
```

条件运算符也可以嵌套使用。如：

　　　　grade = (score>=90) ? 'A' : (score<=70) ? 'C' :' B' ;

表示当 score>=90 时，将字符'A'赋给变量 grade；当 score<=70 时，将字符'C'赋给变量 grade；否则，将字符'B'赋给变量 grade。

2.3.6　sizeof 运算符

在程序设计过程中，有时需要了解一个变量或某种类型的量在内存中所占的字节数，sizeof 运算符就是用于这一目的的。

sizeof 运算符有两种用法：

1. sizeof(表达式)

运算结果是得到表达式计算结果所占用的字节数。

例如，当 x 是整型变量时，sizeof (x)的值是 2。

2. sizeof(类型名)

运算结果是得到某种类型的量所占用的字节数。

例如，sizeof(float)的值是 4。

sizeof 运算符可以出现在表达式中，如：

　　　　x=sizeof(float)−2;

　　　　printf("%d\n",sizeof(double));

2.4　数据的输入输出

2.4.1　C 语言的输入输出

从计算机向外部输出设备（如显示器、打印机）输出数据为输出，从输入设备（如键盘、扫描仪）向计算机输入数据为输入。输入输出（I/O）是程序的基本组成，程序运行所需的数据通常从外部设备输入，而程序运行结果通常也要输出到外部设备保存。

C 语言没有专门的输入输出语句，其输入输出操作都是由 C 语言标准库 stdio.h 中的函数来实现的。stdio 是 standard input & output 的缩写，包含了与标准 I/O 库有关的变量定义和宏定义以及对函数的声明。字符输入输出主要使用 putchar 和 getchar 实现，基本类型数据的输入主要通过 scanf 实现，基本类型数据的输出主要通过 printf 实现。

使用上述的输入输出函数前，必须在程序的开头加上下列代码：

　　　# include <stdio.h>

意思为包含 C 语言标准库 stdio.h。

2.4.2　字符数据的输入输出

1. getchar 函数

getchar 函数的功能是从终端输入一个字符，若函数调用成功，返回输入的字符，否则返回 EOF（−1）。如：

　　　c=getchar( );

程序执行时，变量 c 从终端获得一个读入的字符。

2. putchar 函数

putchar 函数的功能是向终端输出一个字符，若函数调用成功，返回输出的字符，否则返回 EOF（−1）。

【例 2.10】 从键盘输入一个字符，并输出该字符及其后续字符。

```
#include "stdio.h"
int main(void )
{
    char c;
    c=getchar( );      /*从键盘读入字符*/
    putchar(c);        /*在屏幕上输出读入的字符*/
    putchar(c+1);      /*在屏幕上输出读入字符的后续字符*/
    putchar('\n');     /*输出换行*/
    return 0;
}
```

程序的运行结果为：

```
A
AB
```

注意：putchar 函数不仅可以输出能在屏幕上显示的字符，也能输出转义字符，如 putchar('\n')输出一个换行符。

2.4.3　格式输入与输出

1. printf 函数

（1）printf 函数概述。

printf 函数的功能是向终端输出若干个任意类型的数据，其一般格式为：

printf("格式控制串",输出项表列);

"格式控制串"是用双引号括起来的字符串，也称"转换控制字符串"，它包括格式说明和普通字符。格式说明由"%"和格式字符组成，可有 0 个或多个，且要和"输出项表列"中的数据项一一对应。格式控制串中的普通字符在输出时原样输出，而格式说明在输出时由输出项表列中的数据替换。输出项表列中的多个数据项用逗号分隔，每个数据项都为表达式。若格式控制串中没有格式说明，则输出项表列可省略。

下面是 printf 函数的例子。

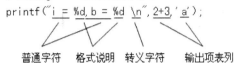

普通字符"i="原样输出；第一个"%d"是格式说明，其含义是将输出项表列中的第一个表达式"2+3"转换成十进制数"5"，也即在输出时用十进制字符"5"代替第一个"%d"。同样的，普通字符", b="原样输出；第二个格式说明"%d"，是将输出项表列中的第二个表达式（也即字符'a'）转换成十进制数"97"，输出时用十进制字符序列"97"替换第二个"%d"。最后输出转义字符'\n'。printf 函数的输出结果为"i = 5, b= 97"，并换行。

（2）printf 函数的格式说明。

printf 函数的格式说明非常丰富，用于转换并输出 C 语言的基本数据类型，格式控制串的每个格式说明都是由%开始，依次由标志符、宽度指示符、精度指示符、格式修饰符和格式字符组成，分别见表 2.5～2.9。其一般格式为：

%[flags][width][.prec][h|I|L]格式字符

表 2.5　printf 标志符

标志符	说　　明	举例	输出结果
无	输出结果右对齐，左边填空格	printf("%5d",32);	□□□32
−	输出结果左对齐，右边填空格	printf("%−5d",32);	32□□□
+	带符号的转换，结果为非负以正号（+）开头，否则以负号（−）开头	printf("%+5d",32); printf("%−+5d",−32);	□□+32 −32□□
空格	结果为非负数，输出用空格代替正号，否则以负号开头	printf("%⊔5d",32); printf("%⊔5d",−32);	□□□32 □□−32

表 2.6　printf 宽度指示符

宽度指示符	说　　明	举例	输出结果
n	输出至少占 n 个字符，若不足 n 个，空位用空格填充（有标志字符'−'，右边填空格，否则左边填空格）	printf("%5d",123); printf("%−5d",123);	□□123 123□□
0n	输出至少占 n 个字符，若不足 n 个，则左边填 0	printf("%05d",123); printf("%−05d",123);	00123 123□□

表 2.7 printf 精度指示符

精度指示符	说　明	举例	输出结果
无	默认精度	参见表 2.5	
.0	对 d、i、o、u、x 格式符为默认精度，对 e、E、f 格式符则不输出小数点	printf("%.0d",10); printf("%.0f",10.5)	10 11
.n	对实数，表示输出 n 位小数；对字符串，表示截取的字符个数	printf("%.2f",1.234); printf("%.2s","hello");	1.23 he
.*	在待转换数据前的数据中指定待转换数据的精度。右例中意思为待转换数据 1.5 的转换精度为 3 位小数	printf("%.*f",3,1.5);	1.500

表 2.8 printf 格式修饰符

格式修饰符	说　明	举例	输出结果
h	表示 short。输出 short int 和 short unsigned int 型数据	short int i=100; printf("hd",i);	100
l	表示 long，用于输出 long int 和 double 型数据	long i=32768; printf("%ld",i);	32768
L	用于输出 long double 型数据		

表 2.9 printf 格式字符

格式字符	说　明	举例	输出结果
d 或 i	以带符号的十进制形式输出整数（正数不输出符号）	printf("%d",32); printf("%i",32);	32 32
u	以无符号十进制形式输出整数	printf("%u",32);	32
o	以八进制无符号形式输出整数	printf("%o",32);	40
x 或 X	以十六进制无符号形式输出整数，用 x 时字母用（a~f），用 X 时字母用（A~F）	printf("%x",255); printf("%X",255);	ff FF
c	以字符形式输出一个字符	printf("%c",'A');	A
s	输出字符串	printf("%s","hello");	hello
e 或 E	以指数形式输出实数。默认精度 6 位小数。指数部分占 5 位（如 e+005），其中 e 占 1 位，指数符号占 1 位，指数占 3 位。数值规范化（小数点前有且仅有 1 位非零数字）	printf("%e",123.4567); printf("%E",123.4567);	1.234567e+002 1.234567E+002
f	以小数形式输出实数，默认精度 6 位小数	printf("%f",123.4567);	123.456700
g 或 G	选用 %f 和 %e 格式中输出宽度较短的一种格式，不输出无意义的 0	printf("%g",123.4567);	123.4567
p	以无符号十六进制整数表示变量的指针值	int a=10; printf("%p",&a);	0012FF7C
%	输出符号 % 本身	printf("%%");	%

（3）printf 函数的使用。

① 有符号数和无符号数的输出。

```
int a=-1;
printf("%d,%u,%x,%o",a,a,a,a);
```

由于-1 在内存中以补码形式存放，且最高位为符号位，即为：

11111111 11111111 11111111 11111111

d 格式字符输出有符号十进制数，u 格式字符输出无符号十进制数，x 和 o 格式字符分别输出无符号十六进制数和无符号八进制数，因此输出结果为：

1,4294967295，ffffffff，37777777777

② 输出数据宽度。

```
int a=123,b=12345;
printf("%d,%4d,%4d",a,a,b);
```

输出结果：

123,□123,12345

③ 浮点数的输出。

```
float x=111111.111,y=222222.222;
printf("%f,%10f,%10.2f,%-10.2f,%.2f",x+y,x,x,x,x);
```

第一个格式说明%f 为默认精度，第一个数据项 x+y 的整数部分全部输出，并输出 6 位小数，由于单精度数据的有效位数一般为 7 位（双精度数据一般为 16 位），因此，输出数据的后 5 位是无意义的；第二个格式说明%10f，输出宽度至少 10 个字符位，为默认精度 6，因此，第二个数据项 x 的整数部分全部输出，并输出 6 位小数，实际输出为占 13 个字符位；第三个格式说明%10.2f，输出宽度至少 10 个字符，用指定精度 2，因此第三个数据项 x 的整数部分全部输出，并输出 2 位小数，实际输出为 9 个字符，不足 10 个，故左补一个空格；第四个格式说明为%-10.2f，输出左对齐，宽度至少占 10 个字符位，用指定精度 2，因此第四个数据项 x 的整数部分全部输出，并输出 2 位小数，实际输出为 9 个字符，不足 10 个，故右补一个空格；第五个格式说明%.2f，没有指定宽度，用指定精度 2，因此第五个数据项 x 的整数部分全部输出，输出 2 位小数，实际输出为 9 个字符位。输出结果：

333333.328125,111111.109375,□111111.11,111111.11□,111111.11

④ 字符数据的输出。

```
char c='a';
printf("%c,%d",c,c);
```

输出结果：

a,97

⑤ 字符串的输出。

```
printf("%3s,%6.3s,%-6.3s,%.3s\n","hello", "hello","hello","hello");
```

第一个格式说明%3s，指定输出字符串占 3 列，由于字符串本身长度大于 3，因此将字符串全部输出（若串长小于 3，则左补空格）；第二个格式说明%6.3s，指定输出字符串占 6 列，但只取字符串中左边的 3 个字符，输出字符串右对齐，左补空格；第三个格式说明%-6.3s，指定输出串占 6 列，但只取字符串中左边的 3 个字符，输出字符串左对齐，右补空格；第四个格式说明%.3s，取字符串左边 3 个字符，并输出字符串也只占 3 列。输出结果：

hello, □□□hel,hel□□□,hel

⑥ 浮点数规范化输出。

    float x=123.456;

    printf("%e,%10e,%10.2e,%−10.2e,%.2e\n",x,x,x,x,x);

第一个格式说明%e，默认精度 6，第一个数据项 x 的尾数部分输出 1 位整数、1 个小数点和 6 位小数，指数部分输出 1 个 e、1 位指数符号和 3 位指数，输出共占 13 个字符位；第二个格式说明%10e，输出宽度至少 10 个字符位，默认精度 6，输出结果与第一个数据项相同；第三个格式说明为%10.2e，输出右对齐，宽度至少占 10 个字符，用指定精度 2，第三个数据项 x 的尾数部分输出 1 位整数、1 个小数点和 2 位小数，指数部分输出 1 个 e、1 位指数符号和 3 位指数，实际输出为 9 个字符，不足 10 个，故左补一个空格；第四个格式说明%−10.2e，输出左对齐，宽度至少占 10 个字符，用指定精度 2，第四个数据项 x 的尾数部分输出 1 位整数、1 个小数点和 2 位小数，指数部分输出 1 个 e、1 位指数符号和 3 位指数，实际输出为 9 个字符，不足 10 个，故右补一个空格；第五个格式说明%.2e，没有指定宽度，用指定精度 2，因此第五个数据项 x 的尾数部分输出 1 位整数、1 个小数点和 2 位小数，指数部分输出 1 个 e、1 位指数符号和 3 位指数，实际输出为 9 个字符。输出结果：

    1.234560e+002,1.234560e+002,□1.23e+002,1.23e+002□,1.23e+002

2. scanf 函数

（1）scanf 函数概述。

scanf 函数的功能是从键盘上按指定的格式输入数据，并将输入数据的值赋给相应的变量。其一般格式为：

    scanf("格式控制字符串",输入项表列);

其中"格式控制字符串"规定了数据的输入格式，内容包括普通字符和格式说明。格式控制字符串中的普通字符在输入时要原样输入，格式说明要与输入项表列中的数据项依次一一对应。"输入项表列"由一个或多个变量地址组成，有多个时，各变量地址之间用逗号 "," 分隔。例如：

    int a,b;

    scanf("%d%d",&a,&b);

&a 和&b 为变量 a 和 b 在内存中的位置，"%d%d"表示要按十进制整数形式输入两个数据。运行时从键盘输入下列字符序列：

    2□3✓

则将 2 赋给 a 变量，3 赋给 b 变量。若在格式控制字符串中输入数据间无字符分隔，则在输入数据时，在数据之间用一个或多个空格，也可用回车键或跳格键（Tab 键）分隔，如下面的输入均为合法：

    ① 2□□□□3✓

    ② 2✓

      3✓

    ③ 2（按 Tab 键）3✓

以下的输入为不合法：

    2,3

若要使上述的输入为合法，则 scanf 函数要改写为：

scanf("%d,%d",&a,&b);

即在 scanf 函数的格式控制字符串中用所需字符作为数据间的分隔，而一旦在 scanf 函数的格式控制串中用指定的字符作为输入数据间的分隔，则在实际输入数据时必须在数据间原样输入指定的分隔字符，否则会出错。

（2）scanf 函数的格式说明。

与 printf 函数中的格式说明相似，scanf 函数的格式说明也以%开始，以一个格式字符结束，中间可插入附加字符，具体见表 2.10，表 2.11。其一般格式为：

%[*][width][h|l]格式字符

其中"*"表示本输入项在输入后不赋给任何变量，"width"表示输入为正整数时，指定其输入数据所占宽度，"h|l"表示修饰其后的格式字符。

表 2.10　scanf 格式字符

格式字符	说　　明
d	输入有符号的十进制整数
i	输入有符号的八、十或十六进制整数
u	输入无符号的十进制整数
o	输入无符号的八进制整数
x	输入无符号的十六进制整数
c	输入单个字符
s	输入字符串，将字符串送到一个字符数组中，输入时以非空白字符开始，以第一个空白字符结束，字符串以串结束标志'\0'作为其最后一个字符
f	输入实数，可以用小数或指数形式输入
e，E，g，G	与 f 作用相同，e 与 f、g 可相互替换（大小写作用相同）

表 2.11　scanf 的格式修饰符

格式修饰符	说　　明
l	输入长整型数据（可用%ld, %lo, %lx, %lu, %li）以及 double 型数据（用%lf 或%le）
L	输入 long double 型数据（用%Lf 或%Le）
h	输入短整型数据（可用%hd, %ho, %hx, %hi）
width	指定输入数据所占宽度（列数），域宽应为正整数
*	表示本输入项在读入后不赋给相应的变量

（3）scanf 函数的使用说明。

① 输入有符号十进制数可以用格式字符 d，对 unsigned 型变量所需的数据，可以用格式字符 u、d、o 或 x。

② 可以指定输入数据所占的列数，系统自动按它截取所需的数据。例如；

scanf("%3d%d",&a,&b);

运行时若输入数据：

　　　　12345↙

系统自动将 123 赋给变量 a，将剩下的 45 赋给变量 b。此方法也适用于字符型，但这种方法输入数据时容易出错，建议少用。

　　③ 输入有符号八进制、十进制、十六进制整数可用格式字符 i。例如：

　　　　scanf("%i",&a);

输入数据按哪种进制转换取决于运行时的输入。若输入为 011，则输入为八进制数；若输入为 11，则为十进制数；若输入为 0x11，则为十六进制数。

　　④ 输入 float 型的数据时，可用格式字符 f 或 e；对于 double 型数据则要用格式字符 lf 或 le。例如：

　　　　float x;

　　　　double y;

　　　　scanf("%f",&x);

　　　　scanf("%lf",&y);

　　⑤ 输入实数时，可以规定输入宽度，但不能规定精度。例如：

　　　　float x;

　　　　scanf("%5f",&x);

若输入为 12.3456，系统自动截取前 5 个字符，即 12.34 赋给变量 x。

　　而以下语句则是不合法的：

　　　　scanf("%5.2f",&x);

若输入为 123456，企图使用上述语句使变量 x 的值为 123.45 是错误的。

　　⑥ 输入字符时，用格式字符 c，而且在输入字符时，空格字符和"转义字符"都作为有效字符输入。例如：

　　　　scanf("%c%c%c",&c1,&c2,&c3);

若运行时输入为：

　　　　a□b□c↙

则字符'a'赋给变量 c1，空格字符'□'赋给变量 c2，字符'b'赋给变量 c3。

　　⑦ 附加说明符"*"表示跳过它指定的列数。例如：

　　　　scanf("%d%*d%d",&a,&b);

若运行时输入为：

　　　　12□34□56↙

则系统将 12 赋给变量 a，%*d 表示读入的整数 34 不赋给任何变量，最后读入的整数 56 赋给变量 b。

　　⑧ 在输入数据时，遇以下情况时表示数据输入结束。

　　遇空格、回车、跳格（Tab）时；按指定的宽度结束，如"%3d"，只取 3 列；遇非法输入，如要输入十进制数，而输入数据中含有字符"a""b"等；遇文件结束符 EOF（DOS、Windows 操作系统为 Ctrl+Z，Unix 操作系统为 Return+Ctrl+D）。

2.5　小　结

本章主要介绍了 C 语言中的常量、变量、基本的数据类型以及变量的定义。C 语言的运算符号和表达式也是本章的重要内容，同时还介绍了表达式中数据类型的自动转换和强制转换。数据的输入输出是本章的重点也是难点，C 语言的输入输出是通过调用系统函数来完成的，其中要特别注意 printf 函数和 scanf 函数的使用，这需要不断地实践才能熟练掌握。

习　题

1. 选择题

(1) 若有定义：double a=22；int i=0,k=18;，则不符合 C 语言规定的赋值语句是（　）。

(A) a=a++,i++;　　　　(B) i=(a+k)<=(i+k);　　(C) i=a%11;　　　　(D) i=!a;

(2) 有以下程序

```c
#include<stdio.h>
int main(void)
{   char a,b,c,d;
    scanf("%c%c",&a,&b);
    c=getchar();d=getchar();
    printf("%c%c%c%c\n",a,b,c,d);
    return 0;
}
```

当执行程序时，按下列方式输入数据·（从第 1 列开始，<CR>代表回车，注意：回车也是一个字符）

12<CR>

34<CR>

则输出结果是（　）。

(A) 1234　　　　　　(B) 12　　　　　　　(C) 12　　　　　　　(D) 12

　　　　　　　　　　　　3　　　　　　　　34

(3) 按照 C 语言规定的用户标识符命名规则，不能出现在标识符中的是（　）。

(A) 大写字母　　　　(B) 连接符　　　　　(C) 数字字符　　　　(D) 下划线

(4) 设变量均已正确定义，若要通过 scanf("%d%c%d%c",&a1,&c1,&a2,&c2);语句为变量 a1 和 a2 赋数值 10 和 20,为变量 c1 和 c2 赋字符 X 和 Y。以下所示的输入形式中正确的是（　）。（注：□代表空格字符）

(A) 10□X□20□Y<回车>　　　　　　　　(B) 10□X20□Y<回车>

(C) 10□X<回车>　　　　　　　　　　　(D) 10X<回车>

　　　20□Y<回车>　　　　　　　　　　　　20Y<回车>

(5) 若有代数式 $\sqrt{|n^x+e^x|}$ （其中 e 仅代表自然对数的底数，不是变量），则以下能够正确表示该代数式的 C 语言表达式是（　）。

(A) sqrt(abs(n^x+e^x))　　　　　　　(B) sqrt(fabs(pow(n,x)+pow(x,e)))

(C) sqrt(fabs(pow(n,x)+exp(x)))　　　(D) sqrt(fabs(pow(x,n)+exp(x)))

（6）设有定义：int k=0;，以下选项的四个表达式中与其他三个表达式的值不相同的是（　　）。

（A）k++　　　（B）k+=1　　　（C）++k　　　（D）k+1

（7）有以下程序

```
int main(void)
{
    unsigned int x=0Xffff;    /*x 的初值为十六进制数*/
    printf("%u\n", x);
    return 0;
}
```

其中%u 表示按无符号整数输出，程序运行后的输出结果是（　　）。

（A）−1　　　　　　（B）65535　　　　　　（C）32767　　　　　　（D）0xFFFF

（8）以下选项中，当 x 为大于 1 的奇数时，值为 0 的表达式（　　）。

（A）x%2==1　　　　（B）x/2　　　　　　（C）x%2!=0　　　　　（D）x%2==0

（9）已知大写字母 A 的 ASCII 码是 65，小写字母 a 的 ASCII 码是 97，以下不能将变量 c 中大写字母转换为对应小写字母的语句是（　　）。

（A）c=(c−'A')%26+'a';　　　　　　　（B）c=c+32;

（C）c=c−'A'+'a';　　　　　　　　　　（D）c=('A'+c)%26−'a';

（10）若 a 是数值类型，则逻辑表达式(a==1)||(a!=1)的值是（　　）。

（A）1　　　　　　　　　　　　　　　（B）0

（C）2　　　　　　　　　　　　　　　（D）不知道 a 的值，不能确定

（11）有以下程序：

```
#include<stdio.h>
int main(void)
{
    int k=011;
    printf("%d\n", k++);
    return 0;
}
```

其中 k 的初值为八进制数程序运行后的输出结果是（　　）。

（A）12　　　　　　（B）11　　　　　　（C）10　　　　　　（D）9

（12）阅读以下程序

```
#include
int main(void)
{
    int  case;  float  printF;
    printf("请输入 2 个数:");
    scanf("%d  %f", &case, &printF);
    printf("%d  %f\n", case, printF);
    return 0;
}
```

该程序在编译时产生错误，其出错原因是（　　）。

（A）定义语句出错，case 是关键字，不能用作用户自定义标识符

（B）定义语句出错，printF 不能用作用户自定义标识符

（C）定义语句无错，scanf 不能作为输入函数使用

（D）定义语句无措，printf 不能输出 case 的值

（13）表达式：(int)((double)9/2)−(9)%2 的值是（　　）。

（A）0　　　　　　　（B）3　　　　　　　（C）4　　　　　　　（D）5

（14）若有定义语句：int x=10;，则表达式 x−=x+x 的值为（　　）。

（A）−20　　　　　　（B）−10　　　　　　（C）0　　　　　　　（D）10

（15）有以下程序

```
#include
int main(void)
{
    int a=1,b=0;
    printf("%d,",b=a+b);
    printf("%d",a=2*b);
    return 0;
}
```

程序运行后的输出结果是（　　）。

（A）0,0　　　　　　（B）1,0　　　　　　（C）3,2　　　　　　（D）1,2

（16）有以下定义语句，编译时会出现编译错误的是（　　）。

（A）char a='a';　　（B）char a='\n';　　（C）char a='aa';　　（D）char a='\x2d';

（17）有以下程序

```
#include
int main(void)
{
    char c1,c2;
    c1='A'+'8'−'4';
    c2='A'+'8'−'5';
    printf("%c,%d\n",c1,c2);
    return 0;
}
```

已知字母 A 的 ASCII 码为 65，程序运行后的输出结果是（　　）。

（A）E,68　　　　　（B）D,69　　　　　（C）E,D　　　　　（D）输出无定值

（18）若函数中有定义语句：int k;，则（　　）。

（A）系统将自动给 k 赋初值 0

（B）这时 k 中的值无定义

（C）系统将自动给 k 赋初值−1

（D）这时 k 中无任何值

（19）设有定义：int x=2;，以下表达式中，值不为 6 的是（　　）。

（A）x*=x+1　　　　（B）x++,2*x　　　　（C）x*=(1+x)　　　　（D）2*x,x+=2

（20）有程序段

```
int x=12;
double y=3.141593;
printf("%d%8.6f",x,y);
```

输出结果是（　　）。（注：□代表空格字符）

(A) □123.141593　　　　　　　　　　　　(B) 12□3.141593

(C) 12,3.141593　　　　　　　　　　　　(D) 123.141593

（21）以下选项中不能作为 C 语言合法常量的是（　　）。

(A) 'cd'　　　　　(B) 0.1e+6　　　　　(C) "\a"　　　　　(D) '\011'

（22）以下选项中正确的定义语句是（　　）。

(A) double a; b;　　　　　　　　　　　(B) double a=b=7;

(C) double a=7, b=7;　　　　　　　　　(D) double a, b;

（23）以下不能正确表示代数式 2ab/(cd)的 C 语言表达式是（　　）。

(A) 2*a*b/c/d　　　　　　　　　　　　(B) a*b/c/d*2

(C) a/c/d*b*2　　　　　　　　　　　　(D) 2*a*b/c*d

（24）若有表达式(w)?(－－x):(++y)，则其中与 w 等价的表达式是（　　）。

(A) w==1　　　　　(B) w==0　　　　　(C) w!=1　　　　　(D) w!=0

（25）执行以下程序段后，w 的值为（　　）。

```
int w='A', x=14, y=15;
w=((x || y)&&(w<'a'));
```

(A) －1　　　　　(B) NULL　　　　　(C) 1　　　　　(D) 0

（26）若变量已正确定义为 int 型，要通过语句 scanf("%d,%d,%d",&a,&b,&c);给 a 赋值 1、给 b 赋值 2、给 c 赋值 3，以下输入形式中错误的是（　　）。（□代表一个空格符）

(A) □□□ 1,2,3<回车>　　　　　　　　(B) 1 □ 2 □3<回车>

(C) 1, □□□ 2, □□□ 3<回车>　　　　　(D) 1,2,3<回车>

（27）以下选项中不属于字符常量的是（　　）。

(A) 'C'　　　　　(B) "C"　　　　　(C) '\xCC'　　　　　(D) '\072'

（28）设变量已正确定义并赋值，以下正确的表达式是（　　）。

(A) x=y*5=x+z　　　(B) int(15.8%5)　　　(C) x=y+z+5,++y　　　(D) x=25%5.0

（29）有以下程序段

```
char ch; int k;
ch='a'; k=12;
printf("%c,%d,",ch,ch,k);
printf("k=%d\n",k);
```

已知字符 a 的 ASCII 十进制代码为 97，则执行上述程序段后输出结果是（　　）。

(A) 因变量类型与格式描述符的类型不匹配输出无定值

(B) 输出项与格式描述符个数不符，输出为零值或不定值

(C) a,97,12k=12

(D) a,97,k=12

2. 填空题

（1）执行以下程序后的输出结果是_____。

```
int main(void)
{ int a=10;
  a=(3*5,a+4); printf("a=%d\n",a);
  return 0;
}
```

（2）设 x 为 int 型变量，请写出一个关系表达式_____，用以判断 x 同时为 3 和 7 的倍数时，关系表达式的值为真。

（3）若有定义语句：int a=5;，则表达式 a++的值是_____。

（4）若有语句 double x=17;int y;，当执行 y=(int)(x/5)%2;之后 y 的值是_____。

（5）表达式(int)((double)(5/2)+2.5)的值是_____。

（6）若变量 x、y 已定义为 int 类型且 x 的值为 99，y 的值为 9，请将输出语句 printf(_____,x/y);补充完整，使其输出的计算结果形式为：x/y=11。

（7）设变量 a 和 b 已正确定义并赋初值。请写出与 a－=a+b 等价的赋值表达式_____。

（8）若整型变量 a 和 b 中的值分别为 7 和 9，要求按以下格式输出 a 和 b 的值：

a=7

b=9

请完成输出语句：printf ("_____",a,b);。

（9）设变量已正确定义为整型，则表达式 n=i=2,++i,i++的值为_____。

（10）若有定义：int k;，以下程序段的输出结果是_____。

```
for(k=2;k<6;k++,k++) printf("##%d",k);
```

实验 2 简单的 C 程序

1. 从键盘上输入圆的半径，输出圆的周长和面积，结果保留 2 位小数。运行程序时屏幕上显示结果如下：

请输入圆半径：5
圆的周长是：31.42，圆的面积是：78.54

2. 从键盘上输入一个整数，一个单精度实数，一个双精度实数，一个数字字符，然后在屏幕上依次输出，最后输出它们的和。运行程序时屏幕上显示结果如下：

请从键盘上依次输入整数、单精度实数、双精度实数、数字字符（用逗号隔开）：
2,2.5,3.1415926,8
整数为：2,单精度实数：2.500000，双精度实数为：3.141593,数字字符为：8
和为63.641593

3. 从键盘上输入一个 4 位正整数，然后逆序输出。如输入 1234，则输出为 4321。

4. 从键盘上输入华氏温度值，然后输出摄氏温度值。

摄氏温度与华氏温度转换公式为：

$$C = \frac{5(F-32)}{9}$$

5. 输出字母 A 的图案。运行程序时屏幕上显示结果如下：

6. 编一程序，定义两个整型变量并为其初始化，同时将其相除的结果输出。

7. 有一双精度浮点数 12.3456789，请编一程序，输出该浮点数。运行程序时屏幕显示结果如下。

12.345679,12.34568, 12.346,12.346

8. 假设一人以 20 km/h 的速度骑自行车先行 30 min 后，另一人以 25 km/h 的速度追赶，试编程输出后一个人追上前一个人需要的时间。

第 3 章　选择结构

学习目标

◆理解结构化程序设计的思想

◆掌握 C 语言关系运算符、逻辑运算符的应用

◆掌握条件运算符

◆掌握 if 语句的多种使用方法

◆掌握 switch 语句的用法

3.1　结构化程序设计概述

结构化程序设计（structured programming）是为了使程序具有合理的结构，以保证程序的正确性而规定的一套程序设计方法，是人们多年来研究与实践的结晶，其概念最早是由 E.W.Dijikstra 在 1965 年提出的。结构化程序设计是软件发展的一个重要里程碑，主要观点是采用自顶向下、逐步求精的程序设计方法；使用三种基本控制结构构造程序，任何程序都可由顺序、选择、循环三种基本控制结构组成。

描述结构化程序设计的处理过程常用三种工具：图形、表格和语言。图形有程序流程图、N-S 图、PAD 图；表格有判定表；语言是指所有支持过程化的设计语言（PDL），包括 C 语言。

1. 结构化程序设计原则和方法的应用

结构化程序设计的具体实施中，要注意把握以下要素：

（1）使用程序设计语言中的顺序、选择、循环等有限的控制结构表示程序的控制逻辑。

（2）选用的控制结构只准有一个入口和一个出口。

（3）程序语句组成容易识别的块，每块只有一个入口和一个出口。

（4）复杂结构应该用嵌套的基本控制结构进行组合嵌套来实现。

（5）语言中没有的控制结构，应该采用前后一致的方法来模拟。

（6）严格控制 GOTO 语句的使用。

2. 结构化程序设计目的

通过设计结构良好的程序，以程序的静态良好结构保证程序动态执行的正确，使程序易理解、易调试、易维护，以提高软件开发的效率，减少出错率。

3. 结构化程序设计的三个基本步骤

（1）分析问题。

在这一步中，确定要产生的数据，定义表示输入、输出的变量。

（2）画出程序的基本轮廓。

研制一种算法，画出程序的基本流程。对一个简单的程序来说，可直接写出代码；然而，对复杂一些的程序来说，要把程序分割成几段来完成，列出每段要实现的任务，程序的轮廓也就有了，这称之为主模块。

（3）编写源码程序。

在这一步，把模块的功能用语句实现。编写过程中可反复调试程序段，以测试程序的运行情况，查找错误。

4. 结构化程序设计的三种基本结构

任何程序都可由顺序、选择、循环三种基本控制结构来组成。三种基本控制结构共有的特点都是单入口、单出口，如图 3.1 所示。

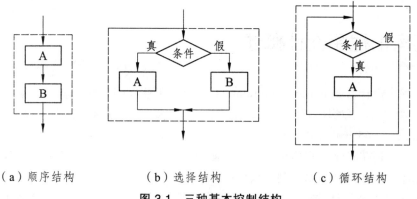

（a）顺序结构   （b）选择结构   （c）循环结构

图 3.1　三种基本控制结构

选择结构也叫分支结构，是三种基本结构之一，它的作用是根据给定的条件是"真"还是"假"，决定后面的操作或作进一步的判断。比如有下面的要求：

任意输入一个整数，判断这个数是不是位于 30 到 100 之间的一个奇数。如果是，则在屏幕上输出"通过验证"；如果不是，则在屏幕上输出"该数不合法"。

这是个典型的用选择结构来处理的问题，那么其中的条件"30 到 100 之间的一个奇数"如何用语句来描述？在 C 语言中要借助关系表达式和逻辑表达式来实现。假设这个数是 x，这个条件写出来是：x>=30&&x<=100&&x%2==1。如果 x 满足条件，整个表达式的结果就为真；如果不满足条件，整个表达式的结果就为假。

下面详细介绍关系运算符、逻辑运算符和条件运算符的应用。

3.2　关系运算符与关系表达式

在程序中经常需要比较两个量的大小关系，以决定程序下一步的工作。比较两个量的运算符称为关系运算符。C 语言提供了<、>、<=、>=、==、!=六种关系运算符。用关系运算符将两个操作数或表达式连接起来的式子，称为关系表达式。

3.2.1　关系表达式的值

（1）关系表达式的结果为逻辑值，即"真"或"假"。

（2）在 C 语言中没有逻辑型数据，它用 0 表示"假"，1 表示"真"。因此关系运算和逻辑运算的结果只可能是 0 或 1。

3.2.2　关系运算符的优先级与结合性

1. 6 种关系运算符的优先级

6 种关系运算符的优先级见表 3.1。

表 3.1　关系运算符的优先级

运 算 符	含　义	优先级	
<	小　于	优先级相同	高
<=	小于或等于		
>	大　于		
>=	大于或等于		
==	等　于	优先级相同	低
!=	不等于		

2. 与其他运算符的优先级关系

算术运算符→关系运算符→赋值运算符（→表示高于）

例如：

（1）算术运算符优先级高于关系运算符，如：c<a+b 等效于 c<(a+b)。

（2）关系运算符优先级高于赋值运算符，如：a=b<c 等效于 a=(b<c)。

3. 关系运算符的结合性

优先级相同时，从左往右计算，即左结合性。例如：

　　a>b>c==d 等效于((a>b)>c)==d

注意这个式子不是 a 大于 b 大于 c，而是从左到右依次判断两个操作数的关系是否成立。

3.2.3　举　例

若 int a=3,b=2,c=1,f ;，则各表达式及运算结果见表 3.2。

表 3.2 关系运算结果

表达式	结果	说明
a>b	结果为 1，表示真	a 大于 b，关系成立，即为真
a>b==c	结果为 1，表示真	先判断 a>b，结果为真，即为 1； 再判断 1==c，关系成立，结果为真
f=a>b>c	f=0	先判断 a>b，结果为真，即为 1； 再判断 1>c，关系不成立，结果为假，即为 0； 最后将 0 赋给 f
printf("%d", 1>2);	输出结果为：0	1>2 关系不成立，结果为假

3.3 逻辑运算符与逻辑表达式

逻辑运算又称布尔运算，逻辑运算符常和关系运算符结合使用，用于描述各种复杂条件。C 语言提供了 !、&&、|| 三种逻辑运算符，分别称为：逻辑非、逻辑与、逻辑或。用逻辑运算符连接起来的式子称为逻辑表达式。

3.3.1 逻辑表达式的值

（1）逻辑表达式计算的结果为逻辑值，即"真"或"假"。表 3.3 为三种逻辑表达式的结果。

（2）在 C 语言中表示逻辑运算结果，1 代表"真"，0 代表"假"。

（3）判断一个量是否为"真"时，非 0 为"真"，0 为"假"。

表 3.3 逻辑表达式的值

表达式	结果
!a	当 a 为假时，结果为真；当 a 为真时，结果为假
a&&b	当 a 和 b 都为真时，结果为真；其他情况都为假
a||b	当 a 和 b 都为假时，结果为假；其他情况都为真

3.3.2 逻辑运算符的优先级和结合性

1. 三种逻辑运算符优先级

逻辑非!→逻辑与&&→逻辑或||（→表示高于）。

2. 与其他运算符优先级关系

!→算术运算符→关系运算符→&&→||→赋值运算符（→表示高于）。

例如，设 b=3,c=1，以下表达式

a=!b+2>=3||c+1<3 　　等效于 　　a=((((!b)+2)>=3) || ((c+1)<3))

运算后 a=1。

3. 逻辑运算符的结合性

优先级相同时，&&和||结合方向为从左向右算，即左结合性；!为单目运算符，是右结合性。

3.3.3　举　例

用 C 语言表达式表示下列条件：

（1）x 的取值区间为[a,b]。

　　　表达式：(x>=a&&x<=b)==1　　　或　　　　x>=a&&x<=b

说明：因为关系运算符优先级高于逻辑运算符，所以先算 x>=a 和 x<=b；&&运算要求 x>=a 和 x<=b 同时成立时，结果才为真，也就是 1，因此该表达式可以理解为 ——x 大于等于 a，并且 x 小于等于 b。

（2）变量 c 不是数字字符。

　　　表达式：(c<'0'||c>'9')==1　　　或　　　　c<'0'||c>'9'

说明：数字字符的范围在数字'0'到数字'9'之间，字符常量表示时，要求写在一对单引号之间，或者用对应的 ASCII 码表示，此题还可写成(c<48||c>57)==1。||运算，只要 c<'0'和 c>'9'其中任意一个为真，结果即为真，也就是 1。因此该表达式可理解为，c 小于字符 0（即 c 的 ASCII 码小于 48），或者 c 大于字符 9（即 c 的 ASCII 码大于 57）。

（3）a 是大于 30，且不大于 100 的奇数。

　　　表达式：(a>30&&a<=100&&a%2!=0)==1　　　或　　　a>30&&a<=100&&a%2!=0

说明：a 大于 30 且不大于 100，即为 a>30&&a<=100；a 为奇数，即 a 不能被 2 整除，即 a 除以 2 的余数不为 0，即 a%2!=0；&&运算，优先级相同时从左往右算，上述式子相当于 ((a>30&&a<=100) && a%2!=0)==1，相当于三个条件都为真时，结果才为真。

（4）year 为闰年。

　　　表达式：((year%4==0&&year%100!=0)||(year%400==0))==1 或
　　　　　　 (year%4==0&&year%100!=0)||(year%400==0)

说明：闰年的条件或是该年份"能被 4 整除，但不能被 100 整除"，或者"能被 400 整除"，如 2012 年、2000 年。该表达式的运算顺序是：有括号先算括号内的；括号内先做算术运算，即%；再做关系运算，即==和!=；最后做逻辑运算，即&&。

3.3.4　逻辑表达式计算优化

"逻辑表达式计算优化"指的是在逻辑表达式求值过程中，一旦能确定整个逻辑表达式的结果，就不再计算后续表达式的值，将其称为短路与、短路或。

例如，设 int a=0,b=2,c=1; 求下列表达式的值及各变量的值：

（1）a&&b++&&－－c。

结果：表达式的值为 0，a=0，b=2，c=1。

说明：&&运算，只要有一个操作数为 0，则结果为 0。所以本题中因 a 的值为 0，可直接确定整个表达式的值为 0。此时不再做 b++和 c－－的计算，从而 b 和 c 的值不变。

（2）a||b－－||c++。

结果：表达式的值为 1，a=0，b=1，c=1；

说明：||运算，只要有一个操作数为 1，则结果为 1。本题中先算 a||b－－，a 值为 0，b－－值为 2，则表达式结果为 1。此时不再做 c++计算，从而 c 的值不变。

（3）x=a<b||c++。

结果：x=1，a=0，b=2，c=1；

说明：先算 a<b，其值为 1，则 x=1，c 不变。

3.4　条件运算符和条件表达式

3.4.1　条件表达式

条件运算符 **? :** 是 C 语言中唯一的三目运算符，它要求有三个操作对象。它所构成的条件表达式形式为：

表达式 1? 表达式 2: 表达式 3

该表达式的求解顺序为：

（1）先求解表达式 1。

（2）若其值为真（非 0），则将表达式 2 的值作为整个表达式的值；若其值为假（0），则将表达式 3 的值作为整个表达式取值。

例如：求两个数 a，b 的最大值，将较大的数赋给 max。

表达式为：max=(a>b)? a:b

3.4.2　条件运算符的优先级和结合性

1. 优先级

条件运算符优先级高于赋值、逗号运算符，低于其他运算符。

例如：

（1）m<n ? x : a+3　　等效于：(m<n) ?(x) :(a+3)

（2）a++>=10 && b－－>20 ? a : b　　等效于：(a++>=10 && b－－>20) ? a : b

（3）x=3+a>5 ? 100 : 200　　等效于：x=((3+a>5) ? 100 : 200)

2. 结合性

当一个表达式中出现多个条件运算符时，结合方向为自右至左，即应该将位于最右边的问号与离它最近的冒号配对，并按这一原则正确区分各条件运算符的运算对象。

例如：

w<x ? x+w : x<y ? x : y

等效于

(w<x)?(x+w):(x<y?x:y)

3.5　if 语句

if 语句也称为条件语句，是用来判定所给的条件是真还是假，然后决定执行给出的两种操作之一。

C 语言提供了三种基本形式的 if 语句：单分支、双分支和多分支，这三种形式可单独使用；如果 if 语句（基本型）中又包含一个或多个 if 语句（基本型），则称为 if 语句的嵌套。

3.5.1　单分支 if 语句

1. 语法格式

if(条件)　语句

2. 说　明

（1）执行过程。

当条件为"真"时，执行语句；为"假"时，跳过语句，而直接执行整个 if 语句后的其他语句，如图 3.2 所示。

（2）条件表达式的结果为逻辑值。

（3）语句如果有多条语句，要用一对花括号"{　}"将其括起来，成为一个复合语句。

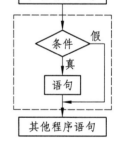

图 3.2　单分支 if 语句

3. 举　例

【例 3.1】　比较 a，b 两个数的大小，将较大数赋给 max。

法一：

该法思路较明确，接近我们平时的思维模式，用自然语言描述就是：如果 a 大于 b，将 a 赋给 max；如果 a 小于或等于 b，将 b 赋给 max。

```c
#include <stdio.h>
int main(void)
{
    int a,b,max;
    a=1;b=2;
    if(a>b)  max=a;
    if(a<=b)  max=b;
    printf("%d",max);
    return 0;
}
```

法二：

基本思路：假设 max=a，判断 if 后的条件，如果 a<=b，则执行 max=b，输出的 max 为 b 的值；如果 a>b，则跳过 max=b，直接执行 printf，输出 max 为 a 的值。

```c
#include <stdio.h>
int main(void)
{
```

```
    int a,b,max;
    a=1;b=2;
    max=a;
    if(a<=b) max=b;
    printf("%d",max);
    return 0;
}
```

【例 3.2】 输入一个三位数，求其各位上数字能组成最大的三位数。如输入 263，则输出为 632。

基本思路：① 输入一个三位数，存入变量 x；② 将这个三位数的各位数字分离出来，个位赋给 x0，十位赋给 x10，百位赋给 x100；③ 用 if 语句比较分离出来的三个数的大小，三条 if 语句执行完后，最大的放在 x100 中，次大的放在 x10 中，最小的放在 x0 中；④ 重新组合 x100、x10 和 x0，然后将结果赋给 max，最后输出 max 的值。

```
#include <stdio.h>
int main(void)
{
    int x0,x10,x100,x,t,max;
    printf("请输入一个三位数：");
    scanf("%d",&x);
    x0=x%10, x10=x%100/10, x100=x/100;
    if(x100<x10)  t=x100, x100=x10, x10=t;
    if(x100<x0)   t=x100, x100=x0, x0=t;
    if(x10<x0)    t=x10, x10=x0, x0=t;
    max=100*x100+10*x10+x0;
    printf("%d\n",max);
    return 0;
}
```

程序的运行结果如下：

```
请输入一个三位数：263
632
Press any key to continue
```

3.5.2　if 语句双分支

1. 语法格式

if(条件) 语句 1　　else 语句 2

2. 说　明

（1）执行过程。

当条件结果为"真"时，执行语句 1；为"假"时，执行语句 2，如图 3.3 所示。

（2）语句 1 和语句 2 都可以是复合语句。

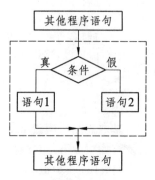

图 3.3　双分支 if 语句

3. 举　例

【例 3.3】 比较 a，b 两个数的大小，将较大数赋给 max。

```c
#include <stdio.h>
int main(void)
{
    int a,b,max;
    a=1;b=2;
    if(a>b)
        max=a;
    else
        max=b;
    printf("%d",max);
    return 0;
}
```

注意：用 C 语言书写时，形式比较自由，可将多条语句写在一行，也可将一条语句写成多行。一般为了认读方便，特别是语句较多时，会分多行书写，还会做些缩进，以体现语句的层次结构。如上面的双分支 if 语句可写成下面 3 种形式，见表 3.4。

表 3.4　单行多行写法比较

写法 1（单行书写）	写法 2（多行书写）	写法 3（多行书写，有缩进，使语句更容易识别）

if(a>b) max=a; else max=b;	if(a>b) max=a;
	else max=b;
		if(a>b)
		　　max=a;
		else
		　　max=b;

程序说明：

该题可用"条件运算""单分支 if""双分支 if"三种方法来做，下面列出这几种语句的部分程序（见表 3.5），请读者比较其语法结构上的区别。

表 3.5　三种做法

用条件运算符	用 if 单分支	用 if 双分支
max=(a>b)? a:b	max=a; if(a<=b) max=b;	if(a>b) max=a; else max=b;

【例 3.4】 判断用变量 year 表示的某年是否为闰年。

```c
#include <stdio.h>
int main(void)
{
    int year;
    printf("请输入年份：");
    scanf("%d",&year);
    if((year%4==0&&year%100!=0||year%400==0)==1)
        printf("是闰年\n");
    else
        printf("不是闰年\n");
    return 0;
```

```
}
```

程序的运行结果为：

```
请输入年份：2008
是闰年
Press any key to continue
```

程序说明：

if 后的条件可以不用写==1，直接写成：if(year%4==0&&year%100!=0||year%400==0)。

3.5.3 多分支 if 语句

1. 语法格式

```
if(条件 1) 语句 1
else if(条件 2) 语句 2
else if(条件 3) 语句 3
    ⋮
else if(条件 n) 语句 n
else 语句 n+1
```

2. 说　明

（1）执行过程。

当条件 1 成立时，执行语句 1；当条件 1 不成立时，判断条件 2；当条件 2 成立时，执行语句 2；当条件 2 不成立时判断条件 3；以此类推，如果一直到条件 n 都不成立时就执行语句 n+1，如图 3.4 所示。

注意：条件的判断具有层级关系，是在前面条件不成立的情况下才会判断后面的条件，比如当条件 1 成立后，执行语句 1，然后就直接跳出 if 语句，执行后面的其他程序语句了，条件 2、3 等根本就不会被执行到。

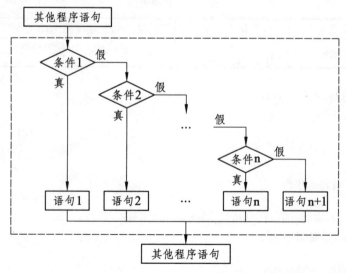

图 3.4　多分支 if 语句

（2）语句 1，…，语句 n+1 都可为复合语句。

3. 举　例

【例 3.5】　比较 a，b，c 三个数的大小，将最大值赋给 max。

基本思路：① 如果 a>b 并且 a>c，那么 a 就是最大的，将它赋给 max；② 在前一个条件不成立的情况下，如果 b>a 并且 b>c，那么最大的就是 b，将它赋给 max；③ 如果上述 2 个条件都不成立则执行最后一个 else 后的语句 max=c。

```c
#include<stdio.h>
int main(void)
{
    int   a,b,c,max;
    printf("输入三个整数:");
    scanf("%d%d%d",&a,&b,&c);
    if(a>b && a>c) max=a;
    else if(b>a && b>c) max=b;
    else max=c;
    printf("最大数是：%d\n",max);
    return 0;
}
```

程序说明：

多分支 if 语句，只执行某个条件成立后的语句，其他语句都不执行。

设 a=3,b=2,c=1，那么在执行完 max=a 后就直接执行 printf 那一句，中间的 else 语句跳过不执行。程序的运行结果如下：

```
输入三个整数:3 2 1
最大数是：3
Press any key to continue_
```

设 a=2,b=3,c=1，那么因为第一个条件（a>b&&a>c）不成立，所以才判断第二个条件（b>a&&b>c），执行完 max=b 后直接执行 printf 那一句，跳过最后一个 else 语句。程序的运行结果如下：

```
输入三个整数:2 3 1
最大数是：3
Press any key to continue
```

【例 3.6】　百分制成绩转换成五级计分制成绩。即用 A、B、C、D、E 分别表示 100～90，89～80，79～70，69～60，59～0 分。

```c
#include<stdio.h>
int main(void)
{
    int score;                      /*保存输入的百分制成绩*/
    char grade;                     /*保存五级计分制成绩*/
    printf("输入一个成绩: ");
    scanf("%d",&score);
    if(score>100 || score<0)        /*对输入的成绩有效性进行判断*/
```

```
    {
        printf("输入百分制成绩无效\n");
        return 1;
    }
    if(score>=90) grade='A';                /*L1*/
    else if(score>=80) grade='B';
    else if(score>=70) grade='C';
    else if(score>=60) grade='D';
    else grade='E';                         /*L2*/
    printf("%d 分, 等级为%c\n", score,grade);
    return 0;
}
```

程序的运行结果为:

```
输入一个成绩: 89
89分, 等级为B
Press any key to continue
```

程序说明:

(1) 程序首先判断输入的数据是否有效 (即是否在 0~100), 若无效则用 return 语句结束程序 (return 语句的用法详见 5.6 小节), 输入有效再做后面的转换。

(2) 程序/*L1*/~/*L2*/还可写成下面两种形式:

```
if(score<=100&&score>=90) grade='A';
else if(score<=89&&score>=80) grade='B';
else if(score<=79&&score>=70) grade='C';
else if(score<=69&&score>=60) grade='D';
else grade='E';
```

```
if(score<60) grade='E';
else if(score<70) grade='D';
else if(score<80) grade='C';
else if(score<90) grade='B';
else grade='A';
```

(3) 程序/*L1*/~/*L2*/如果写成下面形式, 就错了。因为这是 5 条单分支语句, 每一条都会执行, 所以不管输入多少分, 都会执行最后一句, 结果都为 E。

```
if(score>=90) grade='A';
if(score>=80) grade='B';
if(score>=70) grade='C';
if(score>=60) grade='D';
if(score>=0) grade='E';
```

(4) 请读者考虑, 如果把语句写成下面的形式, 是否正确呢?

```
if(score>=0) grade='E';
if(score>=60) grade='D';
```

```
if(score>=70) grade='C';
if(score>=80) grade='B';
if(score>=90) grade='A';
```

3.5.4 if 语句嵌套

在 if 语句中又包含一条或多条 if 语句称为 if 语句的嵌套。

1. 语法格式

```
if（条件）
    内嵌 if 语句
else
    内嵌 if 语句
```

2. 说　明

（1）内嵌形式。

"内嵌 if 语句"可以为前面讲的三种基本形式（单分支、双分支、多分支）中的任意一种。

（2）配对关系。

if 语句的嵌套形式中，可能会出现多个 if 和多个 else 重叠的情况，这时要特别注意 if 和 else 的配对问题。C 语言规定，else 总是与它前面最近的还没有配对的 if 配对。注意表 3.6 中，如果没有任何缩进，我们应准确判断出 if 和 else 的配对关系。在该表中同时给出了正确地嵌套形式和错误的嵌套形式，两种理解的结果是不同的。

表 3.6　嵌套形式比较

原　型	嵌套：正确理解	嵌套：错误理解

m=0;
if(a<b)
if(a<c)
m=10;
else
m=20;
printf("m=%d",m);
	m=0;
	if(a<b)
	　　{ if(a<c)
	　　　　m=10;
	　　else
	　　　　m=20;
	　　}
	printf("m=%d",m);
		m=0;
		if(a<b)
		　　{ if(a<c)
		　　　　m=10;
		　　}
		else
		　　m=20;
		printf("m=%d",m);

当 a=2;b=1;c=3;时，结果：m=0	当 a=2;b=1;c=3;时，结果：m=0	当 a=2;b=1;c=3;时，结果：m=20
当 a=2;b=3;c=1;时，结果：m=20	当 a=2;b=3;c=1;时，结果：m=20	当 a=2;b=3;c=1;时，结果：m=0
当 a=1;b=2;c=3;时，结果：m=10	当 a=1;b=2;c=3;时，结果：m=10	当 a=1;b=2;c=3;时，结果：m=10

平时在书写程序语句时，如果有嵌套形式，最好用"{ }"限定内嵌语句的范围，以免出错。

3. 举　例

【例 3.7】　比较 a，b，c 三个数的大小，将最大值赋给 max，最小值赋给 min。

法一：

用"if 语句的嵌套"形式实现。该题用这种方法做并不是最好的，但希望读者从这个例子看出嵌套的结构特点。

```c
#include <stdio.h>
int main(void)
{
    int a, b, c, min, max;
    scanf("%d%d%d", &a, &b, &c);
    if(a<b)
    {
        if(b<c)
            max=c, min=a;
        else
            {
                max=b;
                if(a<c) min=a;else min=c;
            }
    }
    else
    {
        if(a<c)
            max=c, min=b;
        else
            {
                max=a;
                if(b<c) min=b;else min=c;
            }
    }
    printf("max=%d, min=%d\n", max, min);
    return 0;
}
```

程序的运行结果如下：

```
7 6 9
max=9,min=6
Press any key to continue
```

法二：

本题也可以用"if 语句单分支"形式来做，参考例 3.2。

3.6   switch 语句

1. 语法格式

switch(表达式)

```
{    case 常量表达式 1: [语句序列 1]; [break;]
     case 常量表达式 2: [语句序列 2]; [break;]
       ⋮
     case 常量表达式 n: [语句序列 n]; [break;]
     [default:语句序列]
}
```

2. 要　点

（1）执行顺序。

当表达式的值与某一个 case 后面的常量表达式的值相等时，就执行此 case 后面的语句；如果遇到 break 语句，就结束整个 switch 语句；若所有的 case 中的常量表达式的值都没有与表达式的值匹配的，就执行 default 后面的语句。

（2）switch 后括号内的表达式，为任意符合 C 语言语法规则的表达式，但其值只能是整型或字符型。

（3）每个 case 只能列举一个整型常量或一个字符常量。

（4）每个 case 后的常量表达式的值必须互不相同，否则就会出现互相矛盾的现象。

（5）语句执行时碰到 break 才会停止，否则从执行处接着往后执行，不会再判断条件。

（6）"default" 和各个 "case" 出现的次序不影响执行结果；如果不需要，default 可省略不写。

3. 举　例

【例 3.8】 输入年份，判断该年的生肖。

基本思路：假设已经知道 2008 年为鼠年，那么可以以该年为基准，以 12 为周期进行推算。

```c
#include <stdio.h>
int main(void)
{
    int year;
    scanf("%d",&year);
    if(year>=2008)
        year=(year-2008)%12;
    else
        year=(12-(2008-year)%12)%12;
    switch(year)
    {
        case 0:printf("鼠");break;
        case 1:printf("牛");break;
        case 2:printf("虎");break;
        case 3:printf("兔");break;
        case 4:printf("龙");break;
        case 5:printf("蛇");break;
        case 6:printf("马");break;
```

```
        case 7:printf("羊");break;
        case 8:printf("猴");break;
        case 9:printf("鸡");break;
        case 10:printf("狗");break;
        case 11:printf("猪");break;
    }
    return 0;
}
```

程序说明：

如果去掉 case 8 和 case 9 后的 break; 语句，那么当变量 year 的值为 8 时，程序将会输出猴鸡狗。因为 case 后如果没有 break 语句，程序就不停止，一直执行到 break 才会停止，若没有 break 语句，则一直执行到整个 switch 语句结束。

【例 3.9】 判断一个输入字符是元音字符、空白字符还是其他字符。

```
#include<stdio.h>
int main(void)
{
    char c;
    printf("输入一个字符：");
    scanf("%c",&c);
    switch(c)
    {
      default: printf("这是其他字符\n");break;
      case 'a': case 'A':
      case 'e': case 'E':
      case 'i': case 'I':
      case 'o': case 'O':
      case 'u': case 'U':
      printf("这是元音字母\n");break;
      case ' ':
      case '\n':
      case '\t':
      printf("这是空白符\n");break;

    }
    return 0;
}
```

程序说明：

（1）注意 case 后的常量的写法。每个 case 后只能写一个常量，每种情况都要单独用一个 case 写出来。

（2）case 'a'到 case 'u'都共用 printf("这是元音字母");

（3）case ' '到 case '\t'都共用 printf("这是空白符");

（4）当变量 c 的值与所有 case 后列出的常量值都不相符的话，就执行 default 后的语句。

（5）default 位置不影响程序，放在所有 case 后面更符合我们平时的思维方式。

3.7 小 结

本章介绍了结构化程序的基本概念和基本结构，详细介绍了关系运算、逻辑运算以及 C 语言的选择结构。

根据某种条件的成立与否而采用不同的程序段进行处理的程序结构称为选择结构。选择结构又可分为简单分支（两个分支）和多分支两种情况。一般情况下，采用 if 语句实现简单分支结构程序，用 switch 和 break 语句实现多分支结构程序。虽然用嵌套 if 语句也能实现多分支结构程序，但用 switch 和 break 语句实现的多分支结构程序更简洁明了。

if 语句的控制条件通常用关系表达式或逻辑表达式构造，也可以用一般表达式来表示。因为表达式的值非零为"真"，零为"假"。因此能计算出值的表达式均可作 if 语句的控制条件。

if 语句有简单 if 和 if-else 两种形式，它们可以实现简单分支结构程序。采用嵌套 if 语句还可以实现较为复杂的多分支结构程序。在嵌套 if 语句中，一定要搞清楚 else 与哪个 if 结合的问题。C 语言规定，else 总是与其前面最近的同一复合语句中还未配对的 if 结合。书写嵌套 if 语句往往采用缩进的阶梯式写法，目的是便于看清 else 与 if 结合的逻辑关系，但这种写法并不能改变 if 语句的逻辑关系。

switch 语句只有与 break 语句相结合，才能设计出正确的多分支结构程序。break 语句通常出现在 switch 语句或循环语句中，它能轻而易举地终止执行它所在的 switch 语句或循环语句。虽然用 switch 语句和 break 语句实现的多分支结构程序可读性好，逻辑关系一目了然。然而，使用 switch(k)的困难在于其中的 k 表达式的构造。

习　题

1. 选择题

（1）以下关于 C 语言数据类型使用的叙述中错误的是（　　）。

（A）若要准确无误差的表示自然数，应使用整数类型

（B）若要保存带有多位小数的数据，应使用双精度类型

（C）若要处理如"人员信息"等含有不同类型的相关数据，应自定义结构体类型

（D）若只处理"真"和"假"两种逻辑值，应使用逻辑类型

（2）若 a 是数值类型，则逻辑表达式(a==1)||(a!=1)的值是（　　）。

（A）1　　　　　　　（B）0　　　　　　　（C）2　　　　　　　（D）a 值未定，不能确定

（3）以下选项中与 if(a==1)a=b;else a++;语句功能不同的 switch 语句是（　　）。

（A）switch(a)　　　　　　　　　　　　　（B）switch(a==1)

{　case1:a=b;break;　　　　　　　　　　{　case 0:a=b;break;

　　default:a++;　　　　　　　　　　　　　　case 1:a++;

}　　　　　　　　　　　　　　　　　　　}

（C）switch(a)　　　　　　　　　　　　　（D）switch(a==1)

```
{  default:a++;break;              {  case1:a=b;break;
   case1:a=b;                         case0:a++;
}                                  }
```

（4）有如下嵌套的 if 语句

```
if(a<b)
    if(a<c) k=a;
    else k=c;
else if(b<c)  k=b;
    else k=c;
```

以下选项中与上述 if 语句等价的语句是（　）。

（A）k=(a<b)?a:b;k=(b<c)?b:c;

（B）k=(a<b)?((b<c)?a:b):((b>c)?b:c);

（C）k=((a<b)?((a<c)?a:c)):((b<c)?b:c);

（D）k=(a<b)?a:b;k=(a<c)?a:c;

（5）有以下程序

```
#include<stdio.h>
int main(void)
{  int a=2,b=a,c=2;
   printf("%d\n",a/b&&c);
   return 0;
}
```

程序运行后的输出结果是（　）。

（A）0　　　　　　　（B）1　　　　　　　　（C）2　　　　　　　　（D）3

（6）设有定义：int a=1,b=2,c=3;，以下语句中执行效果与其他三个不同的是（　）。

（A）if(a>b)　c=a,a=b,b=c;　　　　　　（B）if(a>b){c=a,a=b,b=c;}

（C）if(a>b)　c=a;a=b;b=c;　　　　　　（D）if(a>b){c=a;a=b;b=c;}

（7）以下程序段中，与语句：k=a>b?(b>c?1:0):0;功能相同的是（　）。

（A）if((a>b)&&(b>c))　k=1;

　　　else　k=0;

（B）if((a>b)||(b>c))　k=1;

　　　else　k=0;

（C）if(a<=b)k=0;

　　　else　if(b<=c)　k=1;

（D）if(a>b)　k=1;

　　　　else　if(b>c)　k=1;

　　　　else　k=0;

（8）以下是 if 语句的基本形式：

　　　if(表达式)语句

其中"表达式"（　）。

（A）必须是逻辑表达式　　　　　　　　（B）必须是关系表达式

（C）必须是逻辑表达式或关系表达式 　　（D）可以是任意合法的表达式

（9）有以下程序

```
#include <stdio.h>
int main(void)
{   int x;
    scanf("%d",&x);
    if(x<=3);
     else    if(x!=10)
                printf("%d\n",x);
    return 0;
}
```

程序运行时，输入的值在哪个范围才会有输出结果（　　）。

（A）不等于 10 的整数 　　　　　　（B）大于 3 且不等于 10 的整数

（C）大于 3 或等于 10 的整数 　　　　（D）小于 3 的整数

（10）有以下程序

```
#include<stdio.h>
int main(void)
{
    int a=1,b=2,c=3,d=0;
    if(a= =1 &&b++= =2)
      if(b!=2 || c－－!=3)
        printf("%d,%d,%d\n",a,b,c);
      else printf("%d,%d,%d\n",a,b,c);
    else printf("%d,%d,%d\n",a,b,c);
    return 0;
}
```

程序运行后的输出结果是（　　）。

（A）1,2,3 　　　　　（B）1,3,2 　　　　　（C）1,3,3 　　　　　（D）3,2,1

（11）有以下程序段

```
int a, b, c;
a=10; b=50; c=30;
if (a>b) a=b, b=c; c=a;
printf("a=%d b=%d c=%d\n", a, b, c);
```

程序的输出结果是（　　）。

（A）a=10 b=50 c=10 　　　　　　（B）a=10 b=50 c=30

（C）a=10 b=30 c=10 　　　　　　（D）a=50 b=30 c=50

（12）有以下程序

```
#include <stdio.h>
int main(void)
{   int x=1, y=2, z=3;
    if(x>y)
       if(y<z) printf("%d", ++z);
```

```
            else printf("%d", ++y);
        printf("%d\n", x++);
        return 0;
    }
```

程序的运行结果是（　　）。

(A) 331　　　　　　　(B) 41　　　　　　　(C) 2　　　　　　　(D) 1

2. 填空题

（1）设 x 为 int 型变量，请写出一个关系表达式_____，用以判断 x 同时为 3 和 7 的倍数时，关系表达式的值为真。

（2）有以下程序

```
#include<stdio.h>
int main(void)
{   int a=1,b=2,c=3,d=0;
    if(a==1)
        if(b!=2)
            if(c==3) d=1;
            else d=2;
        else if(c!=3) d=3;
                else d=4;
    else d=5;
    printf("%d\n",d);
    return 0;
}
```

程序远行后的输出结果是_____。

实验 3　选择结构程序设计 1

1. 编程计算下面各个表达式的值。设 a=3,b=4,c=5。

① a+b>c&&b==c

② a||b+c&&b−c

③ !(a>b)&&!c||1

④ !(x=a)&&(y=b)&&0

⑤ !(a+b)+c−1&&b+c/2

2. 找出两个数 a，b 中较大数，将较大数赋给 max。

要求：关上课本，分别用"单分支 if 语句"和"双分支 if 语句"来做。主要熟悉语句的语法格式，如不会再参照书中例 3.1 和例 3.3。

3. 找出三个数 a，b，c 中最大的数，将最大值赋给 max。

要求：关上课本，用"多分支 if 语句"来做。主要熟悉语句的语法格式，如不会再参照书中例 3.5。

4. 求二次方程 $ax^2+bx+c=0$ 的根。其中，系数 a、b、c 从键盘上输入。

要求：本题建议用"多分支 if 语句"来实现。

提示：首先判断 a，若 a 为 0，则不是二次方程；若 $b^2-4ac<0$，则方程无实根；若 $b^2-4ac=0$，则方程有两个相等实根；若 $b^2-4ac>0$，则方程有两个不相等实根。

5. 编程求下面分段函数 y 的值，并输出。

要求：本题建议用"多分支 if 语句"来实现，这样结构较清晰。也可尝试用"单分支 if 语句"或"if 语句嵌套"来实现。

$$y=\begin{cases} x & (x<1) \\ 2x-1 & (1<=x<10) \\ 3x-11 & (x>=10) \end{cases}$$

6. 输入一个不多于 5 位的正整数，求出它是几位数。

7. 利用条件运算符的嵌套来完成此题：学习成绩>=90 分的同学用 A 表示，60～89 分的用 B 表示，60 分以下的用 C 表示。

实验 4　选择结构程序设计 2

1. 百分制成绩转换成五级计分制成绩。即用 A，B，C，D，E 分别表示 100～90，89～80，79～70，69～60，59～0。

要求：用 switch 语句实现，与书中例 3.10 用"多分支 if 语句"的做法相比较。

提示：switch 语句用于处理多分支的语句。注意，case 后的表达式必须是一个常量表达式，因此在用 switch 语句之前，必须把 0～100 的成绩分别转化成相关的常量。

2. 计算器程序。用户输入运算数和四则运算符，计算后输出计算结果。

要求：用 switch 语句实现。

3. 输入某年某月某日，判断这一天是这一年的第几天？

要求：用 switch 语句实现。

提示：以 3 月 5 日为例，应该先把前两个月的天数加起来，然后再加上 5 天即本年的第几天。

4. 企业发放的奖金根据利润提成。利润低于或等于 10 万元时，奖金可提 10%；利润高于 10 万元，低于 20 万元时，低于 10 万元的部分按 10%提成，高于 10 万元的部分，可提成 7.5%；20 万到 40 万之间时，高于 20 万元的部分。可提成 5%；40 万到 60 万之间时，高于 40 万元的部分，可提成 3%；60 万到 100 万之间时，高于 60 万元的部分，可提成 1.5%，高于 100 万元时，超过 100 万元的部分按 1%提成，从键盘输入当月利润，求应发放奖金总数。

提示：注意定义时需把奖金定义成长整型。可用 if 语句实现。

5. 给定一个不多于 5 位的正整数，要求：求它是几位数，并且逆序打印出各位数字。

6. 一个 5 位数，判断它是不是回文数。如 12321 是回文数，个位与万位相同，十位与千位相同。

7. 请输入英文星期的第一个字母来判断是星期几，如果第一个字母一样，则判断第二个字母。例如输入'M'就输出"Monday"。

第 4 章 循环结构

学习目标
◆掌握 for 循环
◆掌握 while 和 do while 循环
◆掌握 continue 语句和 break 语句
◆了解 goto 语句和语句标号的使用
◆掌握循环的嵌套

4.1 引 言

在不少实际问题中有许多具有规律性的重复操作，在程序中就需要重复执行某些语句。一组被重复执行的语句称之为循环体，能否继续重复，取决于循环的终止条件。循环语句是由循环体及循环的终止条件两部分组成的。要使用循环语句时，必须要确定循环体及循环终止条件两个重要因素：要重复执行哪些语句，重复到什么时候为止。

4.2 for 循环

1. 语法格式

for (①循环变量赋初值；②循环条件；③循环变量值的改变)④循环体语句

2. 说 明

(1) 执行顺序
➡先执行①循环变量赋初值；
➡再判断②循环条件；
➡如果条件成立执行④循环体语句；
➡再返回上面执行③循环变量值的改变；
➡后面重复②④③这个顺序；
➡直到条件不成立，跳出整个 for 循环（见图 4.1）。

(2) for 循环中的①循环变量赋初值可省略，但后面的 ；不能省略。如果省略，则要求循环变量在 for 之前已经赋值。另外，该

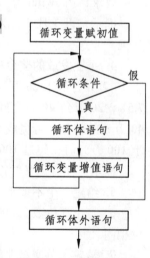

图 4.1 for 循环流程图

处也可写与循环变量无关的其他表达式。

（3）for 循环中的 ②循环条件可省略，但后面的;不能省。

➡如果省略，即无循环结束的条件，循环将无终止地执行下去。

➡如果省略，还可用 break 语句替代其功能（在 4.7 节详细说明）。

➡该处可以是关系、逻辑、数值、字符表达式，只要值不为 0 就执行循环体。

（4）for 循环中的 ③循环变量值的改变可省略。如果省略，应在④循环体语句中设置变量值的改变，否则循环可能无法结束。另外，该处也可写与循环变量无关的其他表达式。

（5）for 循环中的①②③都可省略，如：for(; ;)，表示无限循环。

（6）④循环体语句如果超过一条应加上花括号"{}"构成复合语句。

3. 举　例

【例 4.1】　求和。输入 10 个数，求这 10 个数的和，然后输出结果。

```c
#include<stdio.h>
int main(void)
{
    float count, sum, x;
    printf("输入 10 个数：");
    for(count=0, sum=0;count<10;count++)
    {
        scanf("%f", &x);
        sum+=x;
    }
    printf("结果为%g\n", sum);
    return 0;
}
```

程序的运行结果如下：

```
输入10个数：1 2 3 4 5 6 7 8 9 6
结果为51
Press any key to continue
```

程序说明：

（1）该例中，count=0,sum=0; 还可写为：count=sum=0;

（2）该例中，可省略①循环变量赋初值 和 ③循环变量值的改变，即将①循环变量赋初值放在循环体之前进行，将③循环变量值的改变放在循环体中进行。修改后程序如下：

```c
count=sum=0;
for(;count<10;)
{
    scanf("%f", &x);
    sum+=x;
    count++;
}
```

（3）循环结束时，count 的值为 10。注意循环的执行顺序：count 最后自增为 10 后，再判断 count<10 这个条件不成立，这个时候才跳出循环。

（4）循环体语句执行了 10 次。当 count=0 时，第 1 次执行循环体语句；当 count=9 时，
第 10 次执行循环体语句；当 count=10 时，跳出循环。

【例 4.2】　求阶乘。编程求 10!。

```
#include<stdio.h>
int main(void)
{
    long int i,s;
    for(i=1,s=1;i<=10;i++)
        s*=i;
    printf("10!=%d\n",s);
    return 0;
}
```

程序的运行结果如下：

```
10!=3628800
Press any key to continue_
```

程序说明：

（1）跳出循环时，i=11，循环体共执行了 10 次。

（2）本题中，变量 i 也可从 2 开始。

（3）由于 10! 超过了"整型"范围，因此必须定义为"长整型"。

（4）循环体语句只有一句 s*=i;，因此可以不用加花括号。

【例 4.3】　求阶乘的和。编程求 1!+2!+…+10!。

基本思路：本题把例 4.1 和例 4.2 的要求融合在一起，用循环实现累加和累乘。很多程
序都是在累加和累乘的基础上实现的，请读者在初学时，多练习写相关的程序，以更好地理
解程序设计中循环的解题思想。如：求 100～200 所有的奇数和；求 10～20 所有偶数的乘积
等。

```
#include<stdio.h>
int main(void)
{
    long int i,s,sum;
    for(i=2,s=1,sum=1;i<=10;i++)
    {
        s*=i;
        sum+=s;
    }
    printf("1!+2!+3!+…+10!=%d\n",sum);
    return 0;
}
```

程序的运行结果如下：

```
1!+2!+3!+…+10!=4037913
Press any key to continue
```

【例 4.4】　输出所有水仙花数。水仙花数为一个三位数，该三位数每位数字的立方和等
于该数本身。编程求出所有三位水仙花数。

基本思路：二位数即表示范围为 100～999，这种明确给出了数值范围的题目，用 for 循环来表示，结构上非常清晰。该题也可用 while 循环（见 4.3 节）来实现，读者可以自己尝试写出程序，比较这两种循环在表达上的差异。

```c
#include <stdio.h>
void main()
{
    int  i,a,b,c;
    for(i=100;i<=999;i++)
        {
            a=i%10;           /*a 为个位*/
            c=i/100;          /*c 为百位*/
            b=i%100/10;       /*b 为十位*/
            if(i==a*a*a+b*b*b+c*c*c)
                    printf("%d,",i);
        }
}
```

程序的运行结果如下：

`153,370,371,407,Press any key to continue`

【例 4.5】　输入任意字符，并将刚才输入的字符输出，如果想结束输入，则输入字母 t。

```c
#include <stdio.h>
int main(void)
{
    char c;
    for(;(c=getchar())!='t';)
        printf("%c",c);
    printf("\n");
    return 0;
}
```

程序说明：

（1）该题省略了循环变量赋初值和循环变量值的改变，只保留了中间一部分。

（2）循环体语句只有一句 printf("%c",c);，后面的 printf("\n");是循环外的语句，要在整个循环结束后才会执行。

（3）循环执行时，函数 getchar()获取从键盘上输入的字符，赋给变量 c，然后判断如果变量 c 不等于字母 t，则执行循环体语句。

（4）每输入一个字符，按回车键，结果如下：

```
a
a
s
s
t

Press any key to continue
```

（5）连续输入一串字符，最后一个输入 t，然后按回车键，结果如下：

```
ast
as
Press any key to continue_
```

4.3 while 循环

1. 语法格式

```
while(循环条件)
    循环体语句
```

2. 说　明

（1）执行顺序。

➡当循环条件为"真"，即值为非 0 时，执行循环体语句；

➡当循环条件为"假"，即值为 0 时，跳出循环，如图 4.2 所示。

（2）循环体语句如果有一个以上的语句，应以一对花括号 "{ }"括起来，成为复合语句。

（3）循环体语句中应该有使循环趋于结束的语句。

（4）while 循环，首先就要判断条件，如果条件一开始就为 假，循环体语句可能一次都不执行。

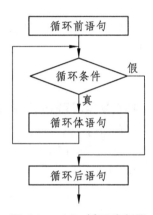

图 4.2　while 循环流程图

3. 举　例

【例 4.6】 求和（与例 4.1 的 for 循环比较）。

```
#include<stdio.h>
int main(void)
{
    float count=0, sum=0, x;      /*变量赋初值*/
    printf("输入 10 个数："）；
    while(count<10)
    {
        scanf("%f", &x);
        count++, sum+=x;
    }
    printf("结果为%g\n", sum);
    return 0;
}
```

程序的运行结果如下：

```
输入10个数：1 2 3 4 5 6 7 8 9 6
结果为51
Press any key to continue
```

程序说明：

将本例和例 4.1 比较，我们发现：① while 循环就是把 for 循环的循环体变量赋初值放到 while 之前；② 把 for 循环的循环体变量值的改变放到 while 的循环体内；③ 条件判断部分是一样的。

通过分析，我们看到 for 循环和 while 循环功能基本相同，那么在使用时该选用哪一种呢？实际编程中一般选择表达方式简洁明确的：例 4.1~例 4.4 用 for 循环更好；而例 4.5 和 4.8（见下）用 while 循环更好。

【例 4.7】 求阶乘（与例 4.2 的 for 循环比较）。

```c
#include<stdio.h>
int main(void)
{
    long int i,s;
    i=1,s=1;
    while(i<=10)
    {
        s*=i; i++;
    }
    printf("10!=%d\n",s);
    return 0;
}
```

程序说明：

注意：while 中一定要有使程序趋于结束的语句。本例中是 i++；如果没有这一句，那么 i 永远都不会超过 10，循环将无终止的执行下去，成为死循环。

【例 4.8】 使用公式 $\pi/4 \approx 1 - 1/3 + 1/5 - 1/7 + \cdots$ 求 π，直到最后一项的绝对值小于 10^{-8} 为止。

```c
#include<stdio.h>
#include<math.h>
int main(void)
{
    double pi=0,        /*π/4 的近似计算公式的前 n 项的和，初值为 0*/
           t=1,         /*π/4 的近似计算公式的当前项的值，初值为 1*/
           n=1;         /*n 表示分母*/
    int s=1;            /*s 表示符号*/
    while(fabs(t)>=1E-8) /*fabs()为求绝对值的函数，可查阅"附录Ⅴ C语言常用库函数"*/
    {
        pi+=t;
        n+=2;
        s=-s;
        t=s/n;
    }
    printf("π≈%.8f\n",pi*4);
    return 0;
}
```

程序的运行结果如下：

```
π ≈3.14159263
Press any key to continue_
```

程序说明：

（1）最后一项的绝对值小于 10^{-8}，即有效位数超过 7 位，已超出 float 型的精度范围，因此应定义为 double 型。

（2）该例中循环次数不明确，循环条件要通过计算才能得到，这种类型的程序，选择 while 循环实现要更清楚明确，读者可以尝试用 for 循环来实现。

4.4   do-while 循环

1. 语法格式

```
do
    循环体语句
while( 循环条件 );
```

2. 说   明

（1）执行顺序。

➡先无条件执行一次 do 后的循环体语句；

➡然后判断循环条件，若值为"真"，返回 do 处，执行循环体语句；

➡如此反复，直到循环条件为"假"，跳出循环，如图 4.3 所示。

（2）无论条件是否成立，do-while 循环的循环体语句至少执行一次；而 while 循环的循环体语句可能一次都不执行。

（3）do-while 循环中，while 后的循环条件 后有一个;书写时不要遗漏了。

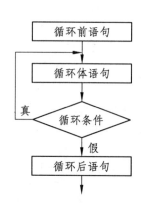

图 4.3   do-while 循环流程图

3. 举   例

【例 4.9】 求和（与例 4.6 的 while 循环比较）。

```c
#include<stdio.h>
int main(void)
{
    float count=0,sum=0,x;
    printf("输入 10 个数：");
    do{
        scanf("%f",&x);
        count++,sum+=x;
    }while(count<10);
    printf("结果为%g\n",sum);
```

```
        return 0;
    }
```

程序说明：

如果 count 初值为 10，那么 do-while 循环的循环体仍然要执行一次，若输入 x 值为 10 则，则 sum 的值为 10；如果是 while 循环，则循环体一次都不执行，最后 sum 值为 0。

【例 4.10】 统计字符个数，输入一串字符，分别统计数字字符、字母和其他字符的个数。

```
#include<stdio.h>
int main(void)
{
    int digit=0,            /*统计数字字符的个数*/
        letter=0,           /*统计字母字符的个数*/
        other=0;            /*统计其他字符的个数*/
    char c;
    printf("输入一行字符串: \n");
    do{
        scanf("%c",&c);      /*或用 c=getchar();*/
        if(c>='0'&&c<='9') digit++;
        else if(c>='a'&&c<='z'||c>='A'&&c<='Z') letter++;
        else other++;
    }while(c!='\n');
    printf("\n 数字=%d, 字母=%d, 其他=%d\n",digit, letter,other);
    return 0;
}
```

程序的运行结果如下：

```
输入一行字符串:
sdf 12,-*/

数字=2, 字母=3, 其他=6
Press any key to continue
```

程序说明：

（1）其他字符有：空格、逗号、减号、乘号、除号、回车 6 种，回车符号在屏幕上看不出来。

（2）本例可用 scanf 函数和 getchar 函数两种方式来接收输入的字符。读者可自行尝试。

【例 4.11】 任意输入两个数，求这两个数的最大公约数。

基本思路：首先，随机输入两个数 m、n（默认 m>n）；其次，将 m 除以 n 的余数赋给 k，如果 m 能被 n 整除，则 k 值为 0，n 即为这两个数的最大公约数；否则，将 n 赋给 m，k 赋给 n，重复以上过程，直到 k 值为 0。这种求最大公约数的算法称为辗转相除法。

```
#include <stdio.h>
int main(void)
{
    int m,n,k,result;
    printf("Enter two numbers:");
```

```
    scanf("%d,%d",&m,&n);
    if(m>0&&n>0)            /*限定 m 和 n 为正数*/
    {
        do
        {
            k=m%n;
            if(k==0)
                result=n;
            else
                m=n,n=k;
        }while(k>0);
        printf("The greatest common divistor is:%d\n",result);
    }
    else
        printf("Nonpositive values not allowed\n");
    return 0;
}
```

程序的运行结果如下：

```
Enter two numbers:72,27
The greatest common divistor is:9
Press any key to continue
```

4.5　goto 语句

1. 语法格式

　　goto 语句标号；

2. 说　明

（1）执行顺序：无条件跳转到语句标号所在行。

（2）语句标号用标识符表示，命名规则和变量名相同。

（3）可与 if 语句一起构成循环。

（4）滥用 goto 语句会使程序流程无规律，一般限制使用，只在需要从多层循环的内层跳到外层时才会用到该语句。

3. 举　例

【例 4.12】 求和。

```
#include <stdio.h>
int main(void)
{
    int i,sum=0;
    i=1;
```

```
loop:if(i<=10)
    { sum=sum+i;i++;
      goto loop;
    }
    printf("%d",sum);
    return 0;
}
```

程序说明：该程序相当于 while 循环，当 i<=10 时，执行花括号内的语句块。

4.6　循环嵌套

一个循环体内又包含另一个完整的循环结构，称为循环的嵌套。内嵌的循环中还可以嵌套循环，这就是多层循环。如表 4.1 中的 4 种形式都是合法的嵌套。

表 4.1　嵌套的多种形式

for()
　{⋮
　　while()
　　{⋮}
　}
	for()
	　{⋮
	　　for()
	　　{⋮}
	　}
		do
		　{⋮
		　　for()
		　　{⋮}
		　}while();
			while()
			　{⋮
			　　for()
			　　{⋮}
			　}

【例 4.13】百钱买百鸡。现有 100 元钱，要买 100 只鸡，公鸡 5 元一只，母鸡 3 元一只，小鸡一元钱 3 只，问如何买法。

```
#include <stdio.h>
int main(void)
{
    int cock,hen,chick;
    for(cock=0;cock<=20;cock++)
        for(hen=0;hen<=33;hen++)
        {
            chick=100-cock-hen;
            if(cock*15+hen*9+chick==300)  printf("%d,%d,%d\n",cock,hen,chick);
        }
    return 0;
}
```

程序的运行结果如下：

```
0,25,75
4,18,78
8,11,81
12,4,84
Press any key to continue
```

程序说明：

（1）100 元钱全部买公鸡，最多买 20 只。因此循环中 cock 最大值取 20；取 100 也可以，但使循环多执行了很多次，程序效率低。

（2）程序执行顺序：

➡cock 从 1 到 20 一一取值；

➡对每一个固定的 cock 值，hen 都要从 1 到 33 依次取一遍值；

➡对每一个固定的 cock 值及每一个固定的 hen 值，按公式 chick=100−cock−hen 算出 chick 值；

➡用 if 判断所取的一组 cock，hen，chick 是否满足条件，若满足，则输出这组解 cock，hen，chick，然后转（2），否则直接转（2）；

➡当 cock 已取到 20，hen 也取到 33 时整个任务就结束。

4.7　break 语句和 continue 语句

break 语句不但可以使程序流程跳出 switch 语句，而且可以从循环体内跳出循环体，提前结束循环，而 continue 语句可以提前结束本次循环。

4.7.1　break 语句

1. 语法格式

```
break ;
```

2. 说　明

（1）作用 1：使流程跳出循环，终止整个循环。

（2）作用 2：使流程跳出 switch 语句。

（3）不能用于循环语句和 switch 语句之外的其他任何语句。

3. 举　例

【例 4.14】 判别所输入的一个大于 1 的正整数是否是素数。

基本思路：判断素数的方法是用这个数分别去除 2 到这个数的平方根，只要有一个数能被整除，则表明此数不是素数，如果没有一个数能被整除，则是素数。

```c
#include<stdio.h>
#include<math.h>
int main(void)
{
    int x,i,j;          /* x 存放所输入的正整数 */
    printf("输入一个大于 1 的正整数？");
    scanf("%d",&x);
    j=(int)sqrt(x);
    for(i=2;i<=j;i++)
        if(x%i==0)    break;
```

```
    if(i>j)
        printf("%d 是素数！\n",x);
    else
        printf("%d 不是素数！\n",x);
    return 0;
}
```

程序的运行结果如下：

输入一个大于1的正整数？**59**
59是素数！
Press any key to continue

程序说明：

（1）for 语句有两个结束条件：一个是当循环变量 i>j 时，因条件 i<=j 不成立，循环结束；还有一个是如果 x%i==0 时，遇到 break 语句提前结束 for 循环。

（2）i>j 时跳出，说明从 2 到 sqrt(x)之间，没有一个能被 x 整除，这种情况判断出 x 是素数。

（2）x%i==0 时跳出，说明 x 有因子，不可能是素数，这时 i 还未取到终止值 j。

（3）如果不用 break 语句，本程序可将 for 语句改成：

```
        for(i=2,j=(int)sqrt(x);i<=j&&x%i!=0;i++);
```

【**例 4.15**】 判断 101～200 有多少个素数，并输出所有素数。并且每输出 5 个数字换一行。

```
#include<stdio.h>
#include<math.h>
int main(void)
{
    int x,i,j,count=0;
    for(x=101;x<=200;x++)
    {
        j=(int)sqrt(x);
        for(i=2;i<=j;i++)
            if(x%i==0) break;
        if(i>j)
        {
            count++;              /*count 用来记录当前素数的个数*/
            printf("%d,",x);
            if(count%5==0)  printf("\n");
        }
    }
    return 0;
}
```

程序的运行结果如下：

```
101,103,107,109,113,
127,131,137,139,149,
151,157,163,167,173,
179,181,191,193,197,
199,Press any key to continue
```

程序说明：

（1）外层的 for 控制 x 的区间为 101～200。

（2）内层的 for 用来判断当前的 x 是否为素数。

（3）当 i>j 时，当前的 x 为素数，这时程序执行 3 个工作：① 用变量 count 记录当前是第几个素数；② 输出这个数；③ 每当 count 为 5 的倍数就输出一个换行符，即'\n'。

4.7.2　continue 语句

1. 语法格式

continue;

2. 要　点

（1）作用：结束本次循环，而不是终止整个循环。

（2）与 break 语句的区别：break 语句不仅仅结束本次循环，而且还终止整个循环。

3. 举　例

【例 4.16】　编程求 10～50 内能被 3 整除的所有整数。

```c
#include<stdio.h>
int main(void)
{
    int x;
    for(x=10;x<=50;x++)
    {
        if(x%3) continue;
        printf("%3d",x);
    }
    printf("\n");
    return 0;
}
```

程序的运行结果如下：

```
 12 15 18 21 24 27 30 33 36 39 42 45 48
Press any key to continue_
```

程序说明：

（1）如果执行到 continue，表示停止本次循环中后面的循环语句，而执行下一次循环。例如：

➡当 x 为 12 时，x%3 的值为 0，表示条件为假，则不执行 continue，那么接着顺序执行条件语句外的输出 x；

➡当 x 为 13 时，x%3 的值为 1，非 0 表示条件为真，执行 continue，从这里开始直接跳到下一次循环，即 x 自增为 14，则 13 是不输出的。

（2）本题也可不用 continue 语句，直接将 if 语句改为：　if(x%3==0)　printf("%3d",x);

4.8　小　结

（1）C 语言提供了三种循环语句。

① for 语句主要用于给定循环变量初值、步长增量以及循环次数的循环结构。

② 循环次数及控制条件要在循环过程中才能确定的循环可用 while 或 do-while 语句。

③ 三种循环语句可以相互嵌套组成多重循环，循环之间可以并列但不能交叉。

④ 可用转移语句把流程转出循环体外，但不能从外面转向循环体内。

⑤ 在循环程序中应避免出现死循环，即应保证循环变量的值在运行过程中可以得到修改，并使循环条件逐步变为假，从而结束循环。

（2）goto 语句可以很方便快速地转到指定的任意位置继续执行（注意，goto 语句与语句标号必须在同一函数中）。正是由于它的任意性破坏了程序的自上而下的流程，因此可读性差，可维护性差，因而结构化程序设计中不提倡使用 goto 语句，甚至有人主张在程序设计语言中完全去掉 goto 语句。然而，在某些场合适当使用 goto 语句能提高程序的效率，但要用 if() goto 构成条件转移。

（3）C 语言语句小结（见表 4.2）。

表 4.2　C 语言语句小结

名　称	一　般　形　式	说　明
简单语句	表达式语句；	如：a+=10;
空语句	；	只有一个分号，不执行任何操作
复合语句	｛ 语句 ｝	用花括号将多条语句括起来，形成整体的语句块。
条件语句	if(条件)语句；	单分支
	if(条件)语句 1; else 语句 2;	双分支
	if(条件 1)语句 1; else if(条件 2) 语句 2…else 语句 n;	多分支
	switch(表达式)｛ case 常量表达式: 语句…default: 语句; ｝	多分支
循环语句	while(条件)语句	
	do｛ 语句｝while(条件) ；	注意该语句条件后有一个分号
	for(表达式 1; 表达式 2; 表达式 3) 循环体语句；	
	goto 语句　goto;	
其　他	break;	只能用于循环语句和 switch 语句
	continue;	只能用于循环语句

习　题

1．选择题

（1）有以下程序

```
#include<stdio.h>
int main(void)
{   int i,j,m=1;
    for(i=1;i<3;i++)
    {   for(j=3;j>0;j——)
        {if(i+j>3) break;
        m*=i*j;}
    }
    printf("m=%d\n",m);
    return 0;
}
```

程序运行后的输出结果是（   ）。

(A) m=6   (B) m=2   (C) m=1   (D) m=5

（2）有以下程序

```
#include<stdio.h>
int main(void)
{   int a=1,b=2;
    for(;a<8;a++)  {  b+=a;a+=2;}
    printf("%d,%d\n",a,b);
    return 0;
}
```

程序运行后的输出结果是（   ）。

(A) 9,18   (B) 8,11   (C) 7,11   (D) 10,14

（3）有以下程序

```
#include<stdio.h>
int main(void)
{   int  c=0,k;
    for(k=1;k<3;k++)
        switch(k)
        {  default:c+=k;
            case  2:c++;break;
            case  4:c+=2;break;
        }
        printf("%d\n",c);
        return 0;
}
```

程序运行后的输出结果是（   ）。

(A) 3   (B) 5   (C) 7   (D) 9

（4）以下程序中的变量已正确定义：

```
for(i=0;i<4;i++,i++)
    for(k=1;k<3;k++);  printf("*");
```

程序段的输出结果是（   ）。

(A) ********　　(B) ****　　　　　(C) **　　　　　(D) *

（5）设变量已正确定义，以下不能统计出一行中输入字符个数（不包含回车符）的程序段是（　）。

(A) n=0;while((ch=getchar())!='\n')n++;

(B) n=0;while(getchar()!='\n')n++;

(C) for(n=0; getchar()!='\n';n++);

(D) n=0;for(ch=getchar();ch!='\n';n++);

（6）有以下程序

```
#include<stdio.h>
int main(void)
{  int i, j;
   for(i=3; i>=1; i--)
   {  for(j=1; j<=2; j++) printf("%d", i+j);
      printf("\n");
   }
   return 0;
}
```

程序的运行结果是（　）。

(A) 2 3 4　　　(B) 4 3 2　　　　(C) 2 3　　　　(D) 4 5

　　 3 4 5　　　　　 5 4 3　　　　　 3 4　　　　　 3 4

　　　　　　　　　　　　　　　　　 4 5　　　　　 2 3

2. 填空题

（1）有以下程序

```
#include<stdio.h>
int main(void)
{
    int m,n;
    scanf("%d%d", &m, &n);
    while(m!=n)
    { while(m>n) m=m-n;
      while(m<n) n=n-m; }
    printf("%d\n", m);
    return 0;
}
```

程序运行后，当输入 14 63<回车>时，输出结果是_____。

（2）以下程序运行后的输出结果是_____。

```
#include<stdio.h>
int main(void)
{
    int a=1,b=7;
    do{
```

```
        b=b/2;a+=b;
      }while  (b>1);
    printf("%d\n",a);
    return 0;
  }
```

（3）有以下程序

```
#include<stdio.h>
int main(void)
{
    int   f,f1,f2,i;
    f1=0;f2=1;
    printf("%d%d",f1,f2);
    for(i=3;i<=5;i++)
    {   f=f1+f2;   printf("%d",f);
        f1=f2;   f2=f;
    }
    printf("\n");
    return 0;
}
```

程序运行后的输出结果是_____ 。（注意答案中间不含空格）

（4）有以下程序

```
#include <stdio.h>
int main(void)
{
    char c1,c2;
    scanf("%c",&c1);
    while(c1<65||c1>90)
    scanf("%c",&c1);
    c2=c1+32;
    printf("%c, %c\n",c1,c2);
    return 0;
}
```

程序运行输入 65 回车后，能否输出结果、结束运行（请回答能或不能）。

（5）以下程序的输出结果是 _____。

```
#include <stdio.h>
int main(void)
{
    int  i,j,sum;
    for(i=3;i>=1;i－－)
    { sum=0;
     for(j=1;j<=i;j++)  sum+=i*j;
    }
    printf("%d\n",sum);
```

```
    return 0;
    }
```

(6) 以下程序运行后的输出结果是_____。

```c
#include <stdio.h>
int main(void)
{
    int k=1, s=0;
    do{
      if((k++%2)!=0) continue;
      s+=k;k++;
      }while(k<10);
    printf("s=%d\n", s);
    return 0;
}
```

(7) 下列程序运行时，若输入 abcd23ef<回车>输出结果为 _____。

```c
#include <stdio.h>
int main(void)
{
    char a =0, ch;
    while((ch=getchar())!='\n')
    {  if(a%2!=0&&(ch>'a'&&ch<='z')) ch=ch-'a'+'A';
      a++;putchar(ch);
    }
    printf("\n");
    return 0;
}
```

实验 5　循环结构程序设计 1

1. 有一对兔子，从出生后第三个月起每个月都生一对兔子，小兔子长到第三个月后每个月又生一对兔子，假如兔子都不死，问每个月的兔子数为多少？（1 到 24 月）

提示：兔子的规律为数列 1，1，2，3，5，8，13，21，…可用 for 循环实现。

2. 有一数列：2/1，3/2，5/3，8/5，…求出这个数列的前 10 项之和。

提示：可用 for 循环实现。

3. 猴子吃桃问题：猴子第一天摘下若干个桃子，当即吃了一半，还不瘾，又多吃了一个第二天早上又将剩下的桃子吃掉一半，又多吃了一个。以后每天早上都吃了前一天剩下的一半零一个。到第 10 天早上想再吃时，见只剩下一个桃子了。求第一天共摘了多少。

提示：采取逆向思维的方法，从后往前推断；可用 while 循环实现。

4. 计算两个数的最大公约数和最小公倍数。

提示：首先，随机输入两个数 m，n(默认 m>n)；其次，算法是使 k 为 m 除以 n 的余数，如果 m 能被 n 整除，则 k 值为 0，n 为这两个数的最大公约数，否则，使 k 代替 n，n 代替 m，重复以上过程，直到 k 值为 0；可用 do-while 循环实现。

5. 求 Sn=a+aa+aaa+…+aa…a 之值，其中 a 是一个数字。例如，2+22+222+2222+22222（此时 n=5），n 由键盘输入。

6. 一球从 100 米高度自由落下，每次落地后反跳回原高度的一半再落下，求它在第 10 次落地时，共经过多少米？第 10 次反弹多高？

7. 有一分数数列：2/1，3/2，5/3，8/5，13/8，21/13，…求出这个数列的前 20 项之和。

实验 6 循环结构程序设计 2

1. 将一个正整数分解为质因数。例如，输入 90，打印出 90=2*3*3*5。

提示：用循环嵌套实现。对 n 进行分解质因数，应先找到一个最小的质数 k，然后按下述步骤完成：

（1）如果这个质数恰等于 n，则说明分解质因数的过程已经结束，打印出即可。

（2）如果 n 不等于 k，但 n 能被 k 整除，则应打印出 k 的值，并用 n 除以 k 的商，作为新的正整数 n，重复执行（1）。

（3）如果 n 不能被 k 整除，则用 k+1 作为 k 的值，重复执行（1）。

2. 有 1、2、3、4 个数字，能组成多少个互不相同且无重复数字的三位数？分别是多少？

提示：用循环嵌套实现。可填在百位、十位、个位的数字都是 1，2，3，4。组成所有的排列后再去掉不满足条件的排列。

3. 用牛顿迭代求方程 $2x^3 - 4x^2 + 3x - 6 = 0$ 在 1.0 附近的根。

4. 如果一个数恰好等于它的因子之和，就称这个数为完数。求 1000 之内的所有完数。

5. 输出 9*9 口诀。

提示：分行与列考虑，共 9 行 9 列，i 控制行，j 控制列。

6. 自守数是其平方后尾数等于该数自身的自然数。例如：25*25＝625，76*76＝5776，任意输入一个自然数（不越过 3 位）。判断是否为自守数并输出。

7. 编程验证哥德巴赫猜想，任何大于 2 的偶数都是两个素数之和（1000 以内）。例如：4＝2+2，6＝3+3，8＝3+5…

第5章 函 数

学习目标
◆掌握库函数的正确调用
◆掌握函数的定义方法
◆掌握函数的类型和返回值
◆掌握形式参数、实际参数及其参数值的传递
◆掌握函数的正确调用，嵌套调用和递归调用的应用
◆掌握局部变量和全局变量
◆掌握变量的存储类别（自动、静态、寄存器、外部），变量的作用域和生存期
◆了解内部函数与外部函数

5.1 引 言

日常生活中，当我们要完成某件复杂的事情，会将它分解为几个步骤来实现，每个步骤完成特定的"小功能"。在 C 语言的程序中，"功能"可称为"函数"，即"函数"其实就是一段实现了某种功能的代码，并且可以供其他代码调用。

一个程序，无论其复杂或简单，总体上都是一个"函数"，这个函数就称为"main"函数，也就是"主函数"。比如，我们要写一篇论文，那么"写论文"这个过程就是"主函数"；在主函数中，根据情况，你可能还需要调用"写大纲"、"收集资料"、"详细书写"、"文字排版"等子函数；并且还可反复调用这些子函数。比如，可以先收集些资料，书写部分内容，再收集，再书写。在程序设计中，这就是反复调用函数。而且在子函数中还可以调用其他子函数，比如，收集资料时，可以从网上查，也可以在图书馆里查，如图 5.1 所示。

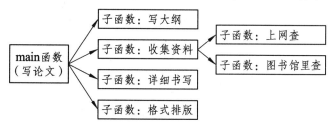

图 5.1 用实际生活比喻函数

C 语言的特点是把函数作为程序的构成模块。

一个完整的、可执行的 C 程序文件一般结构如下：

```
[包含文件语句]
[预编译语句]
[宏定义语句]
[子函数 1]
[子函数 2]
   ⋮
[子函数 n]
 主函数
```

以上每行表示一段语句或程序，[ ]中的内容表示可选。所谓可选，并不是说可有可无，而是要根据实际情况看是否需要它们。

C 语言提倡把一个大问题划分成一个个子问题，对应于解决一个子问题编制一个函数，因此，C 语言程序一般是由大量的小函数组成的，即所谓"小函数构成大程序"。这样做的好处是让各部分相互充分独立，并且任务单一。因而这些充分独立的小模块也可以作为一种固定规格的小"构件"，用来构成新的大程序。

下面举一个函数调用的例子。

【例 5.1】 两数求和的函数。

```c
#include<stdio.h>
int sum(int x,int y)              /*定义函数 sum*/
{
    return x+y;                   /*通过 return 将结果返回到主函数*/
}
int main(void)                    /*主函数*/
{
    int sum(int x,int y);        /*函数 sum 的原型声明*/
    int x,y,s;
    printf("输入两个整数（第一次）：");
    scanf("%d%d",&x,&y);
    s=sum(x,y);                  /*第一次调用函数 sum,调用完后结果赋给 s*/
    printf("%d+%d=%d\n",x,y,s);
    printf("输入两个整数（第二次）：");
    scanf("%d%d",&x,&y);
    s=sum(x,y);                  /*第二次调用函数 sum*/
    printf("%d+%d=%d\n",x,y,s);
    return 0;
}
```

上例中，有一个主函数 main，一个自定义函数 sum，程序从 main 函数开始执行，其中两次调用了函数 sum。

C 程序实现的结构及特点：

（1）C 程序由函数构成。

一个 C 程序至少要包含一个函数，即 main 函数，也可以包含一个 main 函数和若干个其他函数。因此，函数是 C 程序的基本单位。被调用的函数可以是系统提供的库函数，如 printf

和 scanf 函数，也可以是用户自定义的函数。C 的函数相当于其他语言中的了程序。用函数来实现特定的功能。C 语言的函数库十分丰富，Turbo C 提供三百多个库函数。C 语言的这种特点易于实现程序的模块化。

（2）main 函数是整个 C 程序的入口和出口。

一个 C 程序总是从 main 函数开始执行的，也总是在 main 函数中结束。main 函数可以在程序最前面，也可以在程序最后面，或是在一些函数之前、另一些函数之后。

不管是子函数还是主函数，它们都是一个函数，对于一个函数而言，一般是这样一个结构：

```
[返回值类型] 函数名([参数列表])

{

函数体语句

}
```

5.2 函数的分类

5.2.1 从用户的使用角度分类

从用户的使用角度来看，函数有两种：

（1）标准函数，即库函数。这是由系统提供的。

如以前学的 printf()、scanf()……都是输入输出库函数。

Turbo C2.0 提供的运行程序库有 400 多个函数，VC++6.0 提供的函数更多。每个函数都完成一定的功能，可由用户随意调用。这些函数总体分为输入输出函数、数学函数、字符串和内存函数、与 BIOS 和 DOS 有关的函数、字符屏幕和图形功能函数、过程控制函数、目录函数等。对这些库函数应熟悉其功能，只有这样才可省去很多不必要的工作。

在使用库函数时必须先知道该函数包含在什么样的头文件中，在程序的开头用#include<*.h>或#include"*.h"说明。只有这样，程序在编译，连接时 C 语言才知道它是提供的库函数，否则，将认为是用户自己编写的函数而不能装配。例如"标准输入输出"函数包含在 stdio.h 中，非标准输入输出函数包含在 io.h 中。再如，例 4.14 用到数学函数，则在程序开头用到#include<math.h>。

常用的库函数本书在附录 V 中给出。

（2）用户自定义的函数。用于解决用户的专门需要，也是我们编程的主要任务。

5.2.2 从函数的形式分类

从函数的形式来看，函数分两类：

（1）无参函数。在调用无参函数时，主调函数并不将数据传送给被调用函数，一般用来执行指定的一组操作。

（2）有参函数。在调用函数时，在主调函数和被调用函数之间有数据传递。也就是说，主调函数可以将数据传递给被调用函数使用，被调用函数中的数据也可以带回来供主调函数使用。

5.3　函数定义

5.3.1　有参函数

1. 定义形式

> 类型标识符　函数名(形式参数列表)
>
> {
>
> 函数体语句
>
> }

2. 说　明

（1）形式参数列表中每个参数都应单独指明数据类型，如图 5.2 所示。

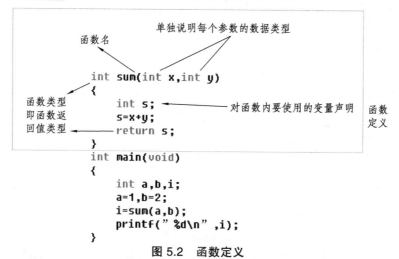

图 5.2　函数定义

（2）类型标识符如果省略，则默认为 int 型。

（3）函数定义可放在 main 函数之前，也可放在 main 函数之后。如果放在 main 函数后，要在使用前作函数原型声明。详见 5.7。

5.3.2　无参函数

定义形式:

> 类型标识符　函数名( )
>
> {
>
> 函数体语句
>
> }

【例 5.2】 输出数字。

程序分析: 该例定义了两个函数 p1 和 p2，这两个函数都是无参函数，定义时函数名后括号内为 void; 调用时不发生参数传递; 调用后函数将结果返回到主函数 main 中。

```
#include <stdio.h>
int p1(void)            //定义函数p1，函数类型为int，函数参数为空
    { return 12345; }
long p2(void)           //定义函数p2，函数类型为long，函数参数为空
    { return 54321; }
int main(void)
{
    printf("%d\n",p1());      //调用函数p1
    printf("%ld\n",p2());     //调用函数p2
    printf("%d\n",p1());      //调用函数p1
    return 0;
}
```

程序的运行结果如下：

```
12345
54321
12345
Press any key to continue_
```

有些编译中，若函数无参数，void 可省略不写；而在 C99 标准中建议：若函数无参数，应用 void 声明，这样表达更明确。

若在 C 语言中声明一个这样的函数：

```
int function(void)
{
    return 1;
}
```

则进行下面的调用是不合法的：

```
function(2);
```

因为在 C 语言中，函数参数为 void 的意思是这个函数不接受任何参数。

5.3.3　空函数

定义形式：

```
类型说明符  函数名()
    {}
```

例如：

```
void kongf()
    {}
```

调用此函数时，什么工作也不做，该函数没有任何实际作用。空函数一般作为扩充函数，在以后需要时将功能补上。

5.4　函数的参数

函数的参数就是写在函数名称后圆括号内的常量、变量或表达式。函数的参数分为形式参数（简称"形参"）和实际参数（简称"实参"）。

形式参数：定义函数时函数名后面括号中的变量名。

实际参数：调用函数时函数名后面括号中的表达式。

【例 5.3】　求和。下面程序中，x、y 为形参，a、b 为实参。

```c
int sum(int x,int y)    /* 此处为形参 */
{
    int s;
    s=x+y;
    return s;
}
int main(void)
{
    int a,b,i;
    a=1,b=2;
    i=sum(a,b);        /* 此处为实参 */
    printf("%d\n",i);
}
```

说明：

（1）定义函数时，必须分别指明每个形参的数据类型。

例如：

```c
int sum(int x,int y);
```

若写成：

```c
int sum(int x,y);
```

则是错误的。

（2）形参只能是变量；实参可以是常量、变量或表达式。在被定义的函数中，必须指定形参的类型。

（3）实参与形参的个数应一样，类型应一致。字符型和整型可以互相通用。

5.5　函数的调用

5.5.1　调用过程

在程序中是通过对函数的调用来执行函数体的，其过程与其他语言的子程序调用相似。

调用格式为：

函数名(实参)

例如，下面求和程序，如图 5.3 所示。

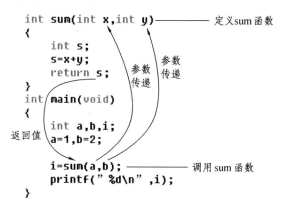

图 5.3　函数调用

整个调用过程分三个步骤：

（1）执行 i=sum(a,b);语句，即调用 sum 函数，发生参数传递 —— 实参 a、b 的值分别传递给形参 x、y，则 x=1，y=2。

注意：实参和形参必须个数相同，类型一致；实参和形参按从左到右顺序对应，一一传递数据。

（2）执行 sum 函数的语句，得到 s＝3。

（3）将 s 的值，通过 return s;语句返回到调用处，如图 5.3 所示，此时整个调用过程结束，函数的结果被赋给 i，则 i=3。然后执行其后的 printf 语句。

5.5.2　调用方式

在 C 语言中，可以用以下三种方式调用函数：

1. 函数表达式

函数作为表达式中的一项出现在表达式中，函数返回值参与表达式的运算。这种方式要求函数是有返回值的。例 5.3 中的 i=sum(a,b);。

2. 函数调用语句

函数调用的一般形式加上分号即构成函数调用语句。再如例 5.4 中的 swap(x,y);。

3. 函数参数

函数作为另一个函数调用的实际参数出现。这种情况是把该函数的返回值作为实参进行传送，因此要求该函数必须是有返回值的。如 m=max(max(a,b),c);。

再如：例 5.3 中可以不用变量 i，主函数改为：

```
int main(void)
{
    int a,b;
    a=1;b=2;
```

```
printf("%d\n", sum(a, b));
    return 0;
}
```

该程序段把 sum 调用的返回值又作为 printf 函数的实参来使用的。

在函数调用中还应该注意的一个问题是求值顺序的问题。所谓求值顺序是指对实参表中各参数是自左至右使用，还是自右至左使用，对此，各系统的规定不一定相同。读者可根据自己使用的编译软件，编程验证。

5.5.3 调用过程中参数的传递方式

1. 值传递

函数调用时，为形参分配存储单元，并将实参的值复制到形参中；调用结束，形参单元被释放，实参单元仍保留并维持原值。如图 5.2 所示，函数调用前和调用结束后，实参 a、b 都保持不变。该方式的特点如下：

（1）形参与实参占用不同的内存单元。

（2）单向传递：实参传递给形参是单向传递，形参变量在未出现函数调用时，并不占用内存，只在调用时才占用。调用结束后，将释放内存。执行一个被调用函数时，形参的值如果发生改变，并不会改变主调函数中的实参值。

【例 5.4】 函数实参的值在调用前后不变。有两个变量 x、y，调用前输出变量值为 7 和 11；调用 swap 函数之后，再次输出 x 和 y 的值，仍然为 7 和 11，没有改变，如图 5.4 所示。

```
#include <stdio.h>
void swap(int a, int b)
{
    int temp;
    temp=a; a=b; b=temp;
}
int main(void)
{
    int x=7, y=11;
    printf("x=%d, \ty=%d\n", x, y);
    printf("swapped:\n");
    swap(x, y);     /*调用 swap 函数*/
    printf("x=%d, \ty=%d\n", x, y);
    return 0;
}
```

程序的运行结果如下：

```
x=7,      y=11
swapped:
x=7,      y=11
Press any key to continue_
```

程序分析：

在执行 swap 函数时，形参 a、b 的值经过交换后发生了改变，但实参 x、y 没有受到影响。这相当于一个单项的复制过程，参数传递时 x 的值复制给 a，y 的值复制给 b，但调用结束后不会把 a、b 反复制回来。特别要注意的是，形参 a、b 在发生函数调用前是没有分配内存单元的；函数调用一结束，形参 a、b 的内存单元立即释放。

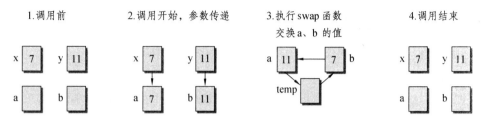

图 5.4 参数传递过程

2. 地址传递（在第 6 章，第 7 章中介绍）

函数调用时，将数据的存储地址作为参数传递给形参。

该方式特点如下：

（1）实参与形参共同占用同一段内存单元，函数调用时，若改变了形参的值，则实参值也同时改变。

（2）传递方式仍然是单向传递。

（3）实参和形参必须是地址。

该传递方式的函数参数为指针变量或数组名，关于指针和数组将在后面章节作详细介绍。

5.5.4 函数结果的带出方式

值传递方式的特点是被调用函数不能通过"参数"向调用函数返回值，如果想要返回一个结果值，可以使用 return 方式来实现。关于 return 语句的详细使用方式将在 5.6 描述。

如果在函数调用时需要得到多个值，该怎样实现？可以有以下两类方式：一种是通过全局变量方式带出；另一种是通过地址传递带出（数组方式、结构体方式、指针方式）。

1. 全局变量方式

应用全局变量在所有函数中都有效的原则，详见例 5.12。通过参数表的参数传递是一种"显式"传递方式，而通过全局变量是一种隐式参数传递，一个函数中对全局变量的改变会影响其他程序的调用，会降低函数的独立性，使用全局变量必须注意这个问题。

2. 数组方式

用数组名作为函数的参数。如果要返回的是多个相同类型的值，则可以将这些值放到一个数组当中，然后返回数组的地址。详细见 6.4.2 小节。

3. 指针方式

用指针变量作为函数的参数。由于指针变量存放的是变量的地址，这种方式的作用是将一个变量的地址传送到另一个函数中。详细见 7.2.4。

4. 结构体方式

如果要返回的是多个不同类型的值，则可以将这些值放到一个结构体当中，然后返回结构体的指针或全局变量。详细见 8.2.5。

5.6　函数的返回值

函数执行完后如果需要一个返回值，可以通过 return 语句来获得。return 表示从被调用函数返回到主调函数继续执行，同时还可以将返回值带出，return 语句的格式为：

　　　　return 表达式;　　　或　　　return(表达式);

如图 5.3 中的 return s;

如果函数执行不需要返回计算结果，也经常需要返回一个状态码来表示函数执行的顺利与否（1 和 0 就是最常用的状态码），主调函数可以通过返回值来判断被调用函数的执行情况。如果实在不需要函数返回什么值，就需要用 void 声明其类型，具体如下。

1. 有返回值

定义时，如果函数名前有类型声明，如 int，float 等（非 void），则函数体中必须有 return 语句，如下所示。

```
int f1(int a)        /*函数 f1 的类型为 int 型*/
{
    int b; b=a*3;
    return b;        /*返回值 b 与 f1 的 int 型相呼应,通过 b 将结果返回给主调函数*/
}
```

2. 没有返回值

如果函数不需要将结果返回给主调函数，可将函数声明为 void 型，函数体中无需 return 语句，如下所示。

```
void f1(int a)           /*函数 f1 的类型为 void 型*/
{
    int b; b=a*3;
    printf("%d",b); /*直接输出 b 的值，而不返回给主调函数*/
}
```

有时，函数是 void 型，函数体中也可使用 return 语句，此时 return 不返回值，但可起到终止程序的作用，如例 5.5。

【例 5.5】　void 型函数中的 return 语句。

```
#include <stdio.h>
void function()
{
    printf("111111");
    return ;
    printf("222222");
}
```

```
int main(void)
{
    function();
    return 0;
}
```

程序的运行结果如下：

111111Press any key to continue

程序说明：

运行结果为：屏幕上只输出一串数字 1 而没有 2。但是如果去掉 function 函数中的 return 语句，就可以同时输出一串数字 2。

这里的 return 有退出函数的作用，也就是当执行到 printf("111111");后面的 return ;，就表示该函数结束，从此处返回到主函数。

返回值的取值有下列三种情况：

（1）只要一个函数的返回值是整型的，那么就可以返回 0（即 return 0），其实返回多少都没问题。一般情况下，C 语言做出来的函数都要求返回一个值，当函数执行正常，且达到了一般情况下的目的，那么就返回 0 表示正确地调用了该函数，这个 0 就是返回给主调函数以通知没有出错。

（2）如果函数调用中出错，或者没有按照一般情况执行，那么就返回 1，以告知主调函数采取相应响应策略。

（3）如果在某个函数所在类的头文件中定义了一组状态值（一般都是负整数），那么函数就可以返回不同的值以告之主调函数具体发生了什么异常或错误，这种情况一般用于函数功能独立性较差的情况。因此，一般不鼓励把函数返回类型定义为 void，至少返回类型应该是 int。

在函数中，如果碰到 return 语句，那么程序就会返回到调用该函数的主调函数中的下一条语句执行，也就是说，跳出被调用函数的执行，回到原来的地方继续执行下去。但是如果是在主函数中碰到 return 语句，那么整个程序就会停止，退出程序的执行。

在 C 语言中，凡是不加返回值类型限定的函数，就会被编译器作为返回整型值处理。

为了避免混乱，在编写 C 程序时，对于任何函数都必须一个不漏地指定其类型。如果函数没有返回值，一定要声明为 void 类型。这既是程序保持良好可读性的需要，又是编程规范性的要求。

5.7 函数的原型声明

1. 需要原型声明

在主调函数中调用某函数之前应对该被调函数进行声明（说明），这点与使用变量之前要先进行变量声明是一样的。在主调函数中对被调用函数作声明的目的是使编译系统知道被调用函数返回值的类型，以便在主调函数中按此种类型对返回值作相应地处理。

其一般形式为：

类型说明符 被调用函数名(类型 形参,类型 形参…);

括号内给出了形参的类型和形参名，便于编译系统进行检错，以防止可能出现的错误。

如下面程序中， sum 函数定义在 main 函数之后，且返回值为 float 型，调用前必须作原型声明：

```
#include<stdio.h>
int main(void)                       /*主函数*/
{
    float sum(float x,float y);      /*函数原型声明*/
    float x,y,s;
    printf("输入两个实数：");
    scanf("%f%f",&x,&y);
    s=sum(x,y);                      /*调用 sum 函数*/
    printf("%f+%f=%f\n",x,y,s);
    return 0;
}
float sum(float x,float y)           /*定义 sum 函数*/
{
    return x+y;
}
```

2. 可以不用原型声明

C 语言中又规定在以下几种情况下可以省去主调函数中对被调用函数的说明：

（1）如果被调用函数的返回值是整型时，可以不对被调用函数作说明，而直接调用。这时系统将自动对被调用函数返回值按整型处理。

（2）当被调用函数的函数定义出现在主调函数之前时，在主调函数中也可以不对被调用函数再作说明而直接调用。例 5.1 中，sum 函数的定义放在 main 函数之前，因此可在 main 函数中省去对 sum 函数的函数说明 int sum(int x,int y);。

（3）如在所有函数定义之前，在函数外预先说明了各个函数的原型，则在以后的各主调函数中，可不再对被调用函数作说明。例如：

```
char str(int a);        /*函数原型声明*/
float f(float b);       /*函数原型声明*/
int main(void)
{
    …
}
char str(int a)         /*定义函数 str*/
{
    …
}
float f(float b)        /*定义函数 f*/
{
    …
}
```

其中，第 1、2 行对 str 函数和 f 函数预先作了说明。因此在以后各函数中无须对 str 和 f 函数再作说明就可直接调用了。

（4）对库函数的调用不需要再作说明，但必须把该函数的头文件用#include 命令包含在源文件前部。本书所有例题都使用了#include<stdio.h>，这是因为在程序中用到了输入输出库函数。例 4.14 中用到了数学函数，因此还要加上#include<math.h>。常用的库函数在附录 V 中有详细介绍，读者在用时可自行查阅。

5.8 main 函数的标准形式

C 语言的设计原则是把函数作为程序的构成模块，其中 main 函数称之为主函数，一个 C 语言程序总是从 main 函数开始执行的，并且在 main 函数中结束。

5.8.1 main 函数的形式

在 ANSI C 标准中，用以下方式定义 main 函数：

```
    int main(void)
    {      ⋮      return 0;      }
```

或：

```
    void main()
    {      ⋮      }
```

前一种写法中，int 指明了 main 函数的返回类型，函数名后面的圆括号一般包含传递给函数的信息。void 表示没有给函数传递参数。本书采用的 main 函数定义形式为：

```
    int main(void){… return 0;}。
```

5.8.2 main 函数的返回值

从前面已经知道 main 函数的返回值类型是 int 型，而程序最后的 return 0;正与之遥相呼应，0 就是 main 函数的返回值。这个 0 返回到操作系统，表示程序正常退出。因为 return 语句通常写在程序的最后，不管返回什么值，只要到达这一步，说明程序已经运行完毕。而 return 的作用不仅在于返回一个值，还在于结束函数。

5.8.3 main 函数的参数

C 语言编译器允许 main 函数没有参数，或者有两个参数（有些实现允许更多的参数，但这只是对标准的扩展）。其中第一个参数的类型为整型，用于指出命令行中字符串的个数。第二个参数是一个字符指针数组，分别指向命令行中各个字符串。其一般形式为：int main(int argc, char *argv[ ]);，其中，变量的名字可以根据程序人员的爱好进行改变，但参数的数目及各参数的类型是不可改变的。

函数的参数用来在函数调用时，往被调用函数传递数据，而 main 函数在 C 程序中，不能被任何函数所调用，那么 main 函数的参数从何处得到数据呢？每一个 C 程序的执行都是在系统的支持下进行的，main 函数是系统执行相应的程序得到"调用"，从系统命令行中得到相应的参数。看下面的调用实例：

【例 5.6】 带参数的 main 函数。

```c
#include <stdio.h>
int main(int argc, char *argv[])
{
    int count;
    printf("The command line has %d arguments: \n", argc);
    for(count=0;count<argc;count++)
        printf("%d:%s\n", count, argv[count]);
    return 0;
}
```

程序的运行结果如下：

```
C:\Users\wx>5.6.exe love you
The command line has 3 arguments:
0:5.6.exe
1:love
2:you
```

程序说明：

如果将上面程序命名为 5.6.c，编译后生成可执行文件 5.6.exe；如果在系统的 DOS 环境下执行：5.6.exe love you，则参数 argc 得到 3（包括命令名本身），而 argv[0]、argv[1]、argv[2]分别指向字符串 5.6.exe、love、you。

5.9　函数的嵌套调用

C 语言中各函数之间是平行的，不存在上一级函数和下一级函数的问题，因此函数不允许嵌套定义。

但是 C 语言允许在一个函数的定义中出现对另一个函数的调用。这样就出现了函数的嵌套调用，即在被调用函数中又可以调用其他函数。

图 5.5 表示了两层嵌套调用的情形。执行过程是：执行 main 函数中调用 a 函数的语句时，即转去执行 a 函数，在 a 函数中调用 b 函数时，又转去执行 b 函数，b 函数执行完毕返回 a 函数的断点处继续执行，a 函数执行完毕返回 main 函数的断点处继续执行。

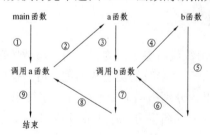

图 5.5　函数嵌套调用

【例 5.7】　计算 $s=2^2!+3^2!$。

基本思路：可编写两个函数，一个是用来计算平方值的函数 f1，另一个是用来计算阶乘值的函数 f2。主函数先调 f1 计算出平方值，再在 f1 中以平方值为实参，调用 f2 计算其阶乘值，然后返回 f1，再返回主函数，在循环程序中计算累加和。

```c
#include <stdio.h>
long f1(int p)          /*定义函数 f1*/
{
    int k;
    long r;
    long f2(int q);     /*对函数 f2 原型声明*/
    k=p*p;
    r=f2(k);            /*调用函数 f2*/
    return r;           /*返回到主函数中*/
}

long f2(int q)          /*定义函数 f2*/
{
    long c=1;
    int i;
    for(i=1;i<=q;i++)
        c=c*i;
    return c;           /*返回到函数 f1 中*/
}

int main(void)
{
    int i;
    long s=0;
    for(i=2;i<=3;i++)
        s=s+f1(i);      /*调用函数 f1*/
    printf("s=%ld\n",s);
    return 0;
}
```

程序的运行结果如下：

```
s=362904
Press any key to continue_
```

程序说明：

在程序中，函数 f1 和 f2 均为长整型，都在主函数之前定义，故不必再在主函数中对 f1 和 f2 作原型声明。调用过程如下：

（1）在主程序中，执行循环程序依次把 i 值作为实参调用函数 f1 求 i^2 值。

（2）在 f1 中又发生对函数 f2 的调用，这时是把 i^2 的值 k 作为实参去调用 f2，在 f2 中完成求 $i^2!$ 的计算。

（3）f2 执行完毕把 c 值(即 $i^{2!}$)返回给 f1，再由 f1 返回主函数实现累加。至此，由函数的嵌套调用实现了题目的要求。

因为阶乘后数值很大，所以函数和一些变量的类型都说明为长整型，否则会造成数据溢出。

5.10 函数的递归调用

递归调用是一种特殊的嵌套调用，是某个函数直接或间接调用自己，而不是另外一个函数。递归调用是一种解决方案，是将一个大工作逐渐分为减小的小工作。

比如，一个同学要搬 50 块石头，他想，只要前 49 块有人搬，那剩下的一块就能搬完了，然后考虑那 49 块，只要先搬走 48 块，那剩下的一块就能搬完了……递归是一种思想，在程序中，就是依靠函数嵌套调用自己来实现的。

【例 5.8】 用递归法计算 n!

基本思路：用递归法计算 n!可用下述公式表示：

$$n!=\begin{cases}1, & \text{当 } n=0,1 \text{ 时} \\ n\times(n-1)!, & \text{当 } n>1 \text{ 时}\end{cases}$$

按公式可编程如下：

```
#include <stdio.h>
long fun(int n)
{
    long f;
    if(n<0)
        printf("n<0,input error");
    else if (n==0||n==1)
        f=1;
    else
        f=fun(n-1)*n;          /*自己调用自己*/
    return f;
}
int main(void)
{
    int n;
    printf("input a inteager number:");
    scanf("%d",&n);
    printf("%d!=%ld",n,fun(n));
    return 0;
}
```

程序的运行结果如下：

```
input a inteager number:8
8!=40320Press any key to continue
```

程序说明：程序中给出的函数 fun 是一个递归函数。主函数调用 fun 后即进入函数 fun

执行，如果 n<0，n==0 或 n=1 时都将结束函数的执行，否则就递归调用 fun 函数自身。由于每次递归调用的实参为 n−1，即把 n−1 的值赋予形参 n，最后当 n−1 的值为 1 时再作递归调用，形参 n 的值也为 1，将使递归终止。然后可逐层退回。

设执行本程序时输入为 5，即求 5!。在主函数中的调用语句即为 y=fun(5)，进入 fun 函数后，由于 n=5，不等于 0 或 1，故应执行 f=fun(n−1)*n;，即 f=fun(5−1)*5。该语句对 fun 作递归调用即 fun(4)。逐次递归展开如图 5.6 所示。进行四次递归调用后，fun 函数形参取得的值变为 1，故不再继续递归调用而开始逐层返回主调函数。fun(1)的函数返回值为 1，fun(2)的返回值为 1*2=2，fun(3)的返回值为 2*3=6，fun(4) 的返回值为 6*4=24，最后返回值 fun(5)为 24*5=120。

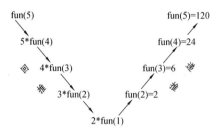

图 5.6　递归调用过程

如图 5.6 所示，一个递归问题总可以分为回推和递推两个阶段。

注意：下面这个函数是一个递归函数，但是运行该函数将无休止地调用其自身，这当然是不正确的。

```
int f (int x)
    {
        int y;
        z=f(y);
        return z;
    }
```

为了防止递归调用无终止地进行，必须在函数内有终止递归调用的手段。常用的办法是加条件判断，满足某种条件后就不再作递归调用，然后逐层返回。如上例中当 n=0 和 1 时，函数不再递归求解，而是直接为 1。

【例 5.9】设计一个递归函数，计算一个整数的各位数字之和。

基本思路：通过分析发现，n%10 为 n 的个位，n/10 为 n 的商，即 n 的十位以上的数值。因此，若设整数 n 的各位数之和为 sum(n)，则有以下递归公式：

$$sum(n)=\begin{cases} n\%10, & n/10=0 \\ sum(n/10)+n\%10, & n/10 \neq 0 \end{cases}$$

```
#include<stdio.h>
int sum(int n)              /*定义函数 sum*/
{
    int r=n%10, q=n/10;
    if(q)
    return sum(q)+r;        /*自己调用自己*/
```

```
        else
            return r;
}
int main(void)
{
        int m;
        printf("请输入一个整数：");
        scanf("%d",&m);
        printf("%d 各位数字之和=%d\n",m,sum(m));     /*调用函数 sum*/
        return 0;
}
```

程序的运行结果如下：

```
请输入一个整数：117
117各位数字之和=9
Press any key to continue_
```

【例 5.10】 汉诺塔问题。

汉诺塔问题是递归调用里面最经典的一个案例。

汉诺塔问题是源于印度一个古老传说的益智玩具。上帝创造世界的时候做了三根金刚石柱子，在一根柱子上从下往上按大小顺序摆着 64 片黄金圆盘。上帝命令婆罗门把圆盘从下面开始按大小顺序重新摆放在另一根柱子上。并且规定，移动过程中在小圆盘上不能放大圆盘，在三根柱子之间一次只能移动一个圆盘。程序分析：

（1）可将移动 n 个盘子的问题简化为移动 n−1 个盘子的问题，即将 n 个盘子从 A 柱移到 C 柱可分解为三步，如图 5.7 所示。

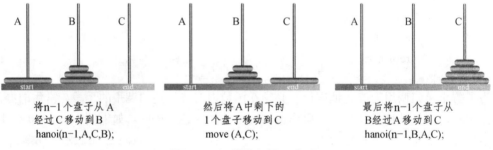

将n−1个盘子从 A   然后将A中剩下的   最后将n−1个盘子从
经过C移动到B   1个盘子移动到C   B经过A移动到C
hanoi(n−1,A,C,B);   move (A,C);   hanoi(n−1,B,A,C);

图 5.7 汉诺塔问题三步骤

① 将 A 柱上的 n−1 个盘子借助于 C 柱移到 B 柱上；

② 将 A 柱上的最后一个盘子移到 C 柱上；

③ 再将 B 柱上的 n−1 盘子借助于 A 柱移到 C 柱上。

这种分解一直进行，直到变成移动一个盘子，递归结束。

（2）其实以上三步只包含两种操作：

① 将 A 柱上的 n 个盘子借助于 B 柱移到 C 柱上，用递归函数：

void hanoi(int n,char A,char B,char C);

② 将 1 个盘子从 x 柱移到 y 柱，并输出移动信息。用函数：

void move(char x,char y);

```
#include<stdio.h>
void move(char x,char y)                    /*将 1 个盘子从 x 柱移到 y 柱*/
{
    printf("%c→%c\n",x,y);
}
void hanoi(int n,char A,char B,char C)      /*把 A 柱上的 n 个盘子借助于 B 柱移到 C 柱上*/
{
    if(n==1)
        move(A,C);
    else
    {
        hanoi(n-1,A,C,B);       /*将 A 柱上的 n-1 个盘子借助于 C 柱移到 B 柱上*/
        move(A,C);              /*将 A 柱上的最后一个盘子移到 C 柱上*/
        hanoi(n-1,B,A,C);       /*再将 B 柱上的 n-1 盘子借助于 A 柱移到 C 柱上*/
    }
}
int main(void)
{
    int n;
    printf("Enter the number of diskes:");
    scanf("%d",&n);
    hanoi(n,'A','B','C');
    return 0;
}
```

程序的运行结果如下：

```
Enter the number of diskes:3
A→C
A→B
C→B
A→C
B→A
B→C
A→C
Press any key to continue_
```

5.11　局部变量和全局变量

5.11.1　变量的作用域

在讨论函数的形参变量时曾经提到，形参变量只在被调用期间才分配内存单元，调用结束立即释放。这一点表明形参变量只有在函数内才是有效的，离开该函数就不能再使用了。这种变量有效性的范围称为变量的作用域。

不仅对于形参变量，C 语言中所有的变量都有自己的作用域。变量说明的方式不同，其作用域也不同。C 语言中的变量，按其作用域范围可分为两种：即局部变量和全局变量。

5.11.2　局部变量

局部变量也称为内部变量。局部变量是在函数内进行定义说明的，其作用域仅限于定义它的函数内，离开该函数后再使用这个变量是无效的。

例如：

```
int f1(int a)          /*a,b,c 在函数 f 中有效*/
{
    int b,c;
    …
}

int f2(int x)          /*x,y,z 在函数 f2 中有效*/
{
    int y,z;
    …
}

int main(void)         /*m,n 在函数 main 中有效*/
{
    int m,n;
    …
}
```

在函数 f1 内定义了三个变量，a 为形参，b、c 为一般变量。在 f1 的范围内 a、b、c 有效，或者说 a、b、c 变量的作用域仅限于 f1 内。同理，x、y、z 的作用域仅限于 f2 内；m、n 的作用域限于 main 函数内。

局部变量要注意以下几点：

（1）主函数中定义的变量也只能在主函数中使用，不能在其他函数中使用。同时，主函数中也不能使用其他函数中定义的变量。因为主函数也是一个函数，它与其他函数是平行关系。

（2）形参变量是属于被调函数的局部变量，实参变量是属于主调函数的局部变量。

（3）允许在不同的函数中使用相同的变量名，它们代表不同的对象，作用域也不同，互不干扰，也不会发生混淆。如例 5.10 中，形参和实参的变量名都为 n，是完全允许的。

（4）在复合语句中也可以定义变量，其作用域只在该复合语句范围内。

例如：

```
  int main(void)
{
    int s,a;
    …
```

```
    {
    int b;
    s=a+b;
    ...
    }          /*b 作用域: 从定义的位置开始到此处*/
    ...
    ...
}              /*s 和 a 的作用域: 从定义的位置开始到此处*/
```

【例 5.11】 局部变量的范围。

```
#include <stdio.h>
int main(void)
{
    int i=2,j=3,k;
    k=i+j;
    {
        int k=8;
        printf("%d\n",k);
    }
    printf("%d\n",k);
    return 0;
}
```

程序的运行结果如下:

```
8
5
Press any key to continue_
```

程序说明:

本程序在 main 函数中定义了 i、j、k 三个变量,其中 k 未赋初值。而在复合语句内又定义了一个变量 k,并赋初值为 8。应该注意这两个 k 不是同一个变量。这种情况下,C 语言规定,块作用域标识符在其作用域内,将使该块外的同名标识符不起作用,即"本地"标识符优先。也就是说在复合语句外由 main 定义的 k 起作用,而在复合语句内则由复合语句内定义的 k 起作用。因此,k=i+j 中的 k 为 main 所定义,其值应为 5。

第一个 printf 在复合语句内,由复合语句内定义的 k 起作用,其值为 8,故输出值为 8。

第二个 printf 在复合语句外,输出的 k 应为 main 所定义的 k,此 k 值前面计算为 5,故输出也为 5。

5.11.3 全局变量

程序的编译单位是源程序文件,一个源程序文件可以包含一个或若干个函数,在函数内定义的变量是内部变量,在函数外定义的变量是外部变量,又叫全局变量或全程变量。

全局变量在使用时应注意以下三个问题:

(1) 全局变量可以为本文件中的函数所共用,其作用域义该变量的位置开始一直到文件结束。

例如:
```
 int a,b;          /*外部变量*/
void f1()          /*函数 f1*/
{
    …
}
float x,y;         /*外部变量*/
int fz()           /*函数 fz*/
{
    …
}
int main(void) /*主函数*/
{
    …
}
```

x 和 y 的作用范围

a 和 b 的作用范围

可以看出, a, b, x, y 都是在函数外定义的外部变量, 都是全局变量。但 x、y 定义在函数 f1 之后, 而在 f1 内又无对 x、y 的说明, 因此它们在 f1 内无效。a、b 定义在源程序最前面, 因此在 f1, f2 及 main 内不加说明也可使用, 如要扩展使用范围, 要使用 extern 做声明, 详见 5.12.5 小节。

(2) 全局变量可以实现参数传递的某些功能, 在其作用域范围内, 全局变量可以将子函数中的值带出到其他函数, 但如果在一个子函数中作了改变, 将会影响全局变量的值。

【例 5.12】 输入正方体的长宽高 l, w, h。求体积及三个面 x*y, x*z, y*z 的面积。
```c
#include <stdio.h>
int s1,s2,s3;               /* 定义 s1,s2,s3 为外部变量(全局变量),整个程序都可用*/
int vs( int a,int b,int c)
{
    int v;
    v=a*b*c;
    s1=a*b;
    s2=b*c;
    s3=a*c;
    return v;
}
int main(void)
{
    int v,l,w,h;
    printf("input length,width and height\n");
    scanf("%d%d%d",&l,&w,&h);
    v=vs(l,w,h);
    printf("\nv=%d,s1=%d,s2=%d,s3=%d\n",v,s1,s2,s3);
    return 0;
}
```
程序的运行结果如下:

```
input length,width and height
10 5 6

v=300,s1=50,s2=30,s3=60
Press any key to continue_
```

程序说明：

变量 s1、s2、s3 为外部变量（全局变量），在整个程序中都可用，因此在函数 vs 中不用重新定义，可以直接使用；在主函数中也可以直接得到 s1，s2，s3 的值，无需函数返回。

（3）如果在同一个源文件中，外部变量与局部变量同名，则在局部变量的作用范围内，外部变量被"屏蔽"，即外部变量不起作用。

【例 5.13】 外部变量与局部变量同名。

```
#include <stdio.h>
int a=3,b=5;                /*此处定义的a,b为外部变量（全局变量）*/
int max(int a,int b)        /*此处定义的a,b为局部变量*/
{
    int c;
    c=a>b?a:b;
    return c;
}
int main(void)
{
    int a=8;                /*此处定义的a为局部变量*/
    printf("%d\n",max(a,b));
    return 0;
}
```

程序的运行结果如下：

```
8
Press any key to continue_
```

程序说明：

例 5.13 中 a 有两个值，但在局部变量的作用域内会屏蔽掉外部变量（全局变量），因此计算时，a 的取值为 8。

5.12　变量的存储类别

5.12.1　动态存储方式与静态动态存储方式

前面已经介绍了，从变量的作用域（即空间）角度来分，可以分为全局变量和局部变量。从变量值存在的生存期（即时间）角度来分，可以分为静态存储方式和动态存储方式。

静态存储方式：是指在程序运行期间分配固定的存储空间的方式。

动态存储方式：是指在程序运行期间根据需要进行动态的分配存储空间的方式。

用户存储空间可以分为三个部分：程序区、静态存储区、动态存储区。

静态存储区存放以下数据：

（1）用 static 声明的变量。

（2）全局变量。在程序开始执行时给全局变量分配存储区，程序执行完毕才释放。在程序执行过程中它们占据固定的存储单元，而不动态地进行分配和释放。

动态存储区存放以下数据：

（1）函数形式参数；

（2）自动变量（未加 static 声明的局部变量）；

（3）函数调用时的现场保护和返回地址。

对以上这些数据，在函数开始调用时分配动态存储空间，函数结束时释放这些空间。

在 C 语言中，每个变量和函数有两个属性：数据类型和数据的存储类别。

5.12.2　auto 变量

函数中的局部变量，如不专门声明为 static 存储类别，都是动态地分配存储空间的，数据存储在动态存储区中。函数中的形参和在函数中定义的变量（包括在复合语句中定义的变量），都属此类。在调用该函数时系统会给它们分配存储空间，在函数调用结束时就自动释放这些存储空间。这类局部变量称为自动变量。自动变量用关键字 auto 作存储类别的声明。

例如：

```
int f(int a)              /*定义 f 函数，a 为参数*/
{
    auto int b,c=3;    /*定义 b，c 自动变量*/
    …
}
```

a 是形参，b，c 是自动变量，对 c 赋初值 3。执行完 f 函数后，自动释放 a，b，c 所占的存储单元。

关键字 auto 可以省略，auto 不写则隐含定义为"自动存储类别"，属于动态存储方式。

5.12.3　用 static 声明局部变量

编写程序时如希望函数中的局部变量的值在函数调用结束后不消失而保留原值，这时就应该指定局部变量为"静态局部变量"，用关键字 static 进行声明。

【例 5.14】　考察静态局部变量的值。

```
#include <stdio.h>
int f(int a)
{
    auto int b=0;          /*定义 b 为自动变量*/
    static int c=3;        /*定义 c 为静态局部变量*/
    b=b+1;
    c=c+1;
    return a+b+c;
}
```

```
int main(void)
{
    int a=2, i;
    for(i=0;i<3;i++)
    printf("%d\n", f(a));
    return 0;
}
```

程序的运行结果如下：

```
7
8
9
Press any key to continue_
```

静态局部变量和自动变量的区别：

（1）静态局部变量属于静态存储类别，在静态存储区内分配存储单元，在程序整个运行期间都不释放。而自动变量属于动态存储类别、占动态存储空间，函数调用结束后释放。

（2）静态局部变量在编译时赋初值，且只赋初值一次；而对自动变量赋初值是在函数调用时进行，每调用一次函数重新赋一次初值，相当于执行一次赋值语句。

（3）如果在定义局部变量时不赋初值的话，则对静态局部变量来说，编译时自动赋初值0（对数值型变量）或空字符'\0'（对字符变量）。而对自动变量来说，如果不赋初值则它的值是一个不确定的值。

【例 5.15】 输出 1 到 5 的阶乘值。

```
#include <stdio.h>
int fac(int n)
{
    static int f=1;      /*定义 f 为静态局部变量*/
    f=f*n;
    return f;
}
int main(void)
{
    int i;
    for(i=1;i<=5;i++)
    printf("%d!=%d\n", i, fac(i));
    return 0;
}
```

程序的运行结果如下：

```
1!=1
2!=2
3!=6
4!=24
5!=120
Press any key to continue
```

程序说明：

变量 f 为静态局部变量，除了第一次赋值为 1 外，在后面使用时保留了前面的计算结果。

5.12.4 register 变量

为了提高效率，C 语言允许将局部变量的值放在 CPU 中的寄存器中，这种变量叫寄存器变量，用关键字 register 作声明。

【例 5.16】 使用寄存器变量。

```
#include <stdio.h>
int fac(int n)
{
    register int i,f=1;    /*定义 i,f 为寄存器变量*/
    for(i=1;i<=n;i++)
    f=f*i;
    return f;
}
int main(void)
{
    int i;
    for(i=1;i<=5;i++)
    printf("%d!=%d\n",i,fac(i));
    return 0;
}
```

程序的运行结果如下：

```
1!=1
2!=2
3!=6
4!=24
5!=120
Press any key to continue
```

程序说明：

（1）只有自动变量和形式参数可以作为寄存器变量；

（2）由于一个计算机系统中的寄存器数目有限，因此不能定义任意多个寄存器变量；

（3）静态局部变量不能定义为寄存器变量；

（4）目前大多数编译器将寄存器变量当成自动变量处理。

5.12.5 用 extern 声明外部变量

外部变量（即全局变量）是在函数的外部定义的，它的作用域为从变量定义处开始，到本程序文件的末尾。如果外部变量不在文件的开头定义，其有效的作用范围只限于定义处到文件末尾；如果在定义点之前的函数想引用该外部变量，则应该在引用之前用关键字 extern 对该变量作外部变量声明。表示该变量是一个已经定义的外部变量。有了此声明，就可以从"声明"处起，合法地使用该外部变量。

【例 5.17】 用 extern 声明外部变量，扩展程序文件中的作用域。

```c
#include <stdio.h>
int max(int x,int y)
{
    int z;
    z=x>y?x:y;
    return z;
}
int main(void)
{
    extern A,B;    /*声明 A、B 为外部变量*/
    printf("%d\n",max(A,B));
    return 0;
}
int A=13,B=-8;    /*定义 A、B 为外部变量*/
```

程序的运行结果如下：

```
13
Press any key to continue
```

程序说明：

在本程序文件的最后 1 行定义了外部变量 A, B, 但由于外部变量定义的位置在函数 main 之后，因此本来在 main 函数中不能引用外部变量 A、B。现在 main 函数中用 extern 对 A 和 B 进行"外部变量声明"，就可以从"声明"处起，合法地使用该外部变量 A 和 B。

5.13 内部函数和外部函数

函数本质上是全局的，但可以限定函数能否被别的文件中的函数所调用。当一个源程序由多个源文件组成时，C 语言根据函数能否被其他源文件中的函数调用，将函数分为内部函数和外部函数。

5.13.1 内部函数

如果在一个源文件中定义的函数，只能被本文件中的其他函数调用，而不能被同一工程中其他文件中的函数调用，这种函数称为内部函数。

定义一个内部函数，只需在函数类型的前面再加一个"static"关键字即可，如下所示：

    static 函数类型 函数名(函数参数表)
        {... }

关键字"static"，译成中文就是"静态的"，因此内部函数又称为静态函数。但此处"static"的含义不是指储存方式，而是对函数的作用域仅局限于本文件。

使用内部函数的好处是：不同的人编写不同的函数时，不用担心自己定义的函数，是否会与其他文件中的函数同名，因为即使同名也没有关系。

5.13.2　外部函数

在定义函数时，如果不加关键字"static"，或加上关键字"extern"，表示此函数是外部函数，定义如下：

> [extern]　函数类型　函数名(函数参数表)
>
> 　　　　{…}

调用外部函数时，需要对其进行声明：

> [extern]　函数类型　函数名(参数类型表)[，函数名 2(参数类型表 2)…]；

如下有 4 个 C 的源程序文件，后 3 个文件中分别定义了 3 个外部函数，第 1 个文中调用了这 3 个函数。

（1）文件 mainf.c。

```
int main(void)
{
    extern void input(…),process(…),output(…); /*调用前声明*/
    input(…);        /*调用函数*/
    process(…);      /*调用函数*/
    output(…);       /*调用函数*/
}
```

（2）文件 subf1.c。

```
extern void input(…)     /*定义外部函数*/
{…}
```

（3）文件 subf2.c。

```
extern void process(…)    /*定义外部函数*/
{…}
```

（4）文件 subf3.c。

```
extern void output(…)     /*定义外部函数*/
{…}
```

【例 5.18】　删除字符串中指定的字符。

基本思路：一共编写 3 段程序，这 3 段程序分别放在文件 file1.c、file2.c、file3.c 中。

（1）主程序放在文件 file1.c 中。从主程序中调用另外两个函数。

```
#include "c:\xx\file2.c"    /*包含 c:\xx 目录下的文件 file2.c*/
#include "c:\xx\file3.c"    /*包含 c:\xx 目录下的文件 file3.c*/
#include <stdio.h>
int main(void)
{
    extern void enters(),deletes();
    char ch;
    static char str[40];
    enters(str);                /*调用外部函数 enters*/
    puts(str);                  /*输出字符串*/
```

```
    printf("请输入一个字符：");
    scanf("%c",&ch);
    deletes(str,ch);              /*调用外部函数 deletes*/
    puts(str);                    /*输出字符串*/
}
```

（2）下面程序放在文件 **file2.c** 中。

该程序的功能是：接受从键盘输入字符串，存入数组 str 中。该程序段定义了一个名为 enters 的外部函数。

```
#include <stdio.h>
extern void enters(char str[40])
{
    gets(str);
}
```

（3）下面程序放在文件 **file3.c** 中。

该程序的功能是：删除字符串中指定的字符。该程序段定义了一个外部函数名为 **deletes**。

```
#include <stdio.h>
extern void deletes(char str[],char ch)
{
    int i,j;
    for(i=j=0;str[i]!='\0';i++)
    if(str[i]!=ch)
    {
        str[j]=str[i];
        j++;
    }
    str[j]='\0';
}
```

在编译器中运行主程序，也就是运行文件 file1.c，得到如下结果：

```
abcaabc
abcaabc
请输入一个字符：a
bcbc
Press any key to continue_
```

运行时，任意输入一行字符 abcaabc，回车后，程序将刚输入的字符输出；然后再输入一个你想删掉的字符 a，回车后显示该字符已从字符串中删除了，只剩下 bcbc。

5.14　良好的源程序书写风格——注释

必要的注释，可有效地提高程序的可读性，从而提高程序的可维护性。

1. 在 C 语言源程序中，注释可分为三种情况

（1）在函数体内对语句功能的注释；

（2）在函数之前对函数的注释；

（3）在源程序文件开始处，对整个程序的总体说明。

2. 对于顺序结构

在每个顺序程序段（由若干条语句构成）之前，用注释说明其功能。除了很复杂的处理外，一般没有必要对每条语句都加以注释。

3. 对于选择结构

在 C 语言中，选择结构是由 if 语句或 switch 语句来实现的。一般来说，要在前面说明其作用。同时在每个分支条件语句行的后面，也应该说明该分支的含义，如下所示：

（1）if 语句。

```
/*……（说明功能）*/
if(条件表达式)/*条件成立时的含义*/
    {…}
else /*入口条件含义*/
    {…}
```

（2）switch 语句。

```
/*……（说明功能） */
switch(表达式)
{
    case  常量表达式 1:  /*该入口值的含义*/
    语句组;
          ⋮
    case  常量表达式 n:  /*该入口值的含义*/
    语句组;
    default:  /*该入口值的含义*/
    语句组;
```

如果条件成立时（或入口值）的含义已经很明确了，也可不再加以注释。

4. 循环结构

在 C 语言中，循环结构由循环语句 for、while 和 do-while 来实现。

作为注释，应在它们的前面说明其功能，在循环条件判断语句后面，也应该说明循环继续条件的含义，如下所示。

（1）for 语句。

```
/*功能说明*/
for(变量初始化;循环条件;变量增值)   /*循环继续条件的含义*/
    {…}
```

（2）while 语句。

```
/*功能说明*/
```

```
while(循环条件)        /*循环继续条件的含义*/
    {…}
```

(3) do-while 语句。

```
/*功能说明*/
do {…}
while(循环条件);        /*循环继续条件的含义*/
```

如果循环嵌套，还应说明每层循环各完成的功能。

习　　题

1. 选择题

(1) 以下叙述正确的是 (　　)。

(A) C 语言程序是由过程和函数组成的

(B) C 语言函数可以嵌套调用，例如：fun(fun(x))

(C) C 语言函数不可以单独编译

(D) C 语言中除了 main 函数，其他函数不可作为单独文件形式存在

(2) 有以下程序

```c
#include<stdio.h>
int fun()
{
  static int x=1;
  x*=2;return x;
}
int main(void)
{
  int i,s=1;
  for(i=1;i<=2;i++) s=fun();
  printf("%d\n",s);
  return 0;
}
```

程序运行后的输出结果是 (　　)。

(A) 0   (B) 1   (C) 4   (D) 8

(3) 有以下程序

```c
#include<stdio.h>
void fun(int p)
{
  int d=2;
  p=d++;
  printf("%d",p);
}
int main(void)
{
```

```
        int a=1;
        fun(a);
        printf("%d\n",a);
        return 0;
    }
```

程序运行后的输出结果是（　　）。

(A) 32　　　　　　　(B) 12　　　　　　(C) 21　　　　　　(D) 22

(4) 有以下程序

```
    #include<stdio.h>
    int f(int n);
    int main(void)
    {
        int a=3,s;
        s=f(a);s=s+f(a);printf("%d\n",s);
        return 0;
    }
    int f(int n)
    {
        static int a=1;
        n+=a++;
        return n;
    }
```

程序运行后的输出结果是（　　）。

(A) 7　　　　　　　(B) 8　　　　　　(C) 9　　　　　　(D) 10

(5) 有以下程序

```
    #include<stdio.h>
    int f(int x,int y)
    {
        return((y-x)*x);
    }
    int main(void)
    {
        int a=3,b=4,c=5,d;
        d=f(f(a,b),f(a,c));
        printf("%d\n",d);
        return 0;
    }
```

程序运行后的输出结果是（　　）。

(A) 10　　　　　　　(B) 9　　　　　　(C) 8　　　　　　(D) 7

(6) 有以下程序

```
    #include <stdio.h>
    int fun(int x,int y)
```

```
    {
        if(x==y) return(x);
        else return((x+y)/2);
    }
    int main(void)
    {
        int a=4,b=5,c=6;
        printf("%d\n",fun(2*a,fun(b,c)));
        return 0;
    }
```

程序运行后的输出结果是 （　　）。

(A) 3　　　　　　　　(B) 6　　　　　　(C) 8　　　　　　(D) 12

(7) 设函数中有整型变量 n，为了保证其在未赋值的情况下初值为 0，应选择的存储类别是 （　　）。

(A) auto　　　　　　(B) register　　　　(C) static　　　　(D) auto 或 register

(8) 以下叙述中错误的是 （　　）。

(A) 用户定义的函数中可以没有 return 语句

(B) 用户定义的函数中可以有多个 return 语句，以便可以调用一次返回多个函数值

(C) 用户定义的函数中若没有 return 语句，则应当定义函数为 void 类型

(D) 函数的 return 语句中可以没有表达式

(9) 有以下程序

```
#include <stdio.h>
int fun(int a,int b)
{
    if(b==0) return a;
    else return(fun(－－a,－－b));
}
int main(void)
{
    printf("%d\n", fun(4,2));
    return 0;
}
```

程序的运行后的输出结果是 （　　）。

(A) 1　　　　　　　　(B) 2　　　　　　(C) 3　　　　　　(D) 4

2. 填空题

(1) 有以下程序

```
#include<stdio.h>
int a=5;
void fun(int  b)
{
    int a=10;
    a+=b;  printf("%d",a);
```

```
    }
    int main(void)
    {
        int c=20;
        fun(c);  a+=c;  printf("%d\n",a);
        return 0;
    }
```

程序运行后的输出结果是_____。

(2) 有以下程序

```
    #include<stdio.h>
    void fun(int x)
    {
        if(x/2>0)  fun(x/2);
        printf("%d  ",x);
    }
    int main(void)
    {  fun(6);printf("\n");
        return 0;
    }
```

程序运行后的输出结果是_____。

实验 7   函数 1

1. 上机调试下面的程序并记录系统给出的出错信息，指出出错原因。

```
    int main(void)
    {
        int x,y;
        printf("%d\n",sum(x+y));
        int sum(a,b);
        {
            int a,b;
            return(a+b);
        }
    }
```

2. 定义一个函数，其功能是计算在 n 个学生的成绩中，高于平均成绩的人数，并作为函数值。用主函数来调用它，统计 10 个学生成绩中，高于平均成绩的有多少人？

3. 用函数调用求回文数。

提示：回文数即从左往右和从右往左看都一样的数，如：12921。

4. 寻找四位数的超级素数。超级素数的定义为：若一个素数从低位到高位依次去掉一位数后仍然是素数，则此数为超级素数。例如，数 2333 是素数，且 233、23、2 均是素数，因此 2333 是一个超级素数。

提示：利用函数的嵌套调用。

5~8 是改错题，要求：

（1）在/*********found*********/的下一行改正错误，不得增行或删行。

（2）无需删除/*********found*********/。

5. 程序的功能是:读入一个整数 k(2≤k≤10000)，打印它的所有质因子（即所有为素数的因子）。例如，若输入整数：2310，则应输出：2，3，5，7，11。

请改正程序中的语法错误，使程序能得出正确的结果。注意：不要改动 main 函数，不得增行或删行，也不得更改程序的结构。

```c
#include <stdio.h>
/*********found*********/
IsPrime ( int n );
{   int  i, m;
    m = 1;
    for ( i = 2;  i < n;  i++)
/*********found*********/
    if   !( n%i )
        { m = 0;  break ; }
    return ( m );
}
int main(void)
{   int j, k;
    printf( "\nPlease enter an integer number between 2 and 10000: " );
scanf(  "%d", &k );
    printf( "\n\nThe prime factor(s) of %d is( are ):", k );
    for( j = 2; j <= k; j++ )
        if( ( !( k%j ) )&&( IsPrime( j ) ) )   printf( "\n %4d", j );
    printf("\n");
    return 0;
}
```

6. 给定程序中 fun 函数的功能是：根据形参 m，计算如下公式的值。

$$t = 1 + 1/2 + 1/3 + \cdots + 1/m$$。例如，若输入 5，则应输出 2.283333。

请改正程序中的错误或在下划线处填上适当的内容并把下划线删除，使它能计算出正确的结果。注意：不要改动 main 函数，不得增行或删行，也不得更改程序的结构。

```c
#include <stdio.h>
double fun( int m )
{
    double t = 1.0;
    int i;
    for( i = 2; i <= m; i++ )
/*********found*********/
    t += 1.0/k;
```

```
/**********found*********/

    _____

}
int main(void)
{
    int m;
    printf( "\nPlease enter 1 integer number:" );
    scanf("%d", &m );
    printf( "\nThe result is %lf\n", fun( m ) );
    return 0;
}
```

7. 给定程序中函数 fun 的功能是：根据形参 m，计算如下公式的值。

$y = 1 + 1/2*2 + 1/3*3 + \cdots + 1/m*m$。例如，若 m 中的值为 5，则应输出 1.463611。

请改正程序中的错误，使它能得出正确的结果。注意：不要改动 main 函数，不得增行或删行，也不得更改程序的结构。

```
#include <stdio.h>
double fun ( int m )
{ double y = 1.0 ;
    int i;
/*************found*************/
    for(i = 2 ; i < m ; i++)
/*************found*************/
        y += 1 / (i * i) ;
    return( y ) ;
}
int main(void)
{ int n = 5 ;
    printf( "\nThe result is %lf\n", fun ( n ) ) ;
    return 0;
}
```

8. 给定程序中函数 fun 的功能是：根据输入的三个边长（整型值），判断此三个值能否构成三角形；构成的是等边三角形，还是等腰三角形。若能构成等边三角形则函数返回 3，若能构成等腰三角形则函数返回 2，若能构成一般三角形则函数返回 1，若不能构成三角形则函数返回 0。

请改正函数 fun 中指定部位的错误，使它能得出正确的结果。

注意：不要改动 main 函数，不得增行或删行，也不得更改程序的结构。

```
#include <stdio.h>
#include <math.h>
/*************found*************/
void fun(int a, int b, int c)
{ if(a+b>c && b+c>a && a+c>b) {
        if(a==b && b==c)
```

```
            return 3;
        else if(a==b||b==c||a==c)
            return 2;
/*************found*************/
        else return 1;
    }
    else return 0;
}
int main(void)
{   int a,b,c,shape;
    printf("\nInput a,b,c:   ");  scanf("%d%d%d",&a,&b,&c);
    printf("\na=%d, b=%d,  c=%d\n",a,b,c);
    shape =fun(a,b,c);
    printf("\n\nThe shape: %d\n",shape);
    return 0;
}
```

实验 8 函数 2

1. 有 5 个人坐在一起，问第 5 个人多少岁？他说比第 4 个人大 2 岁。问第 4 个人岁数，他说比第 3 个人大 2 岁。问第 3 个人，又说比第 2 人大两岁。问第 2 个人，说比第 1 个人大两岁。最后问第 1 个人，他说是 10 岁。请问第 5 个人多大？

提示：利用递归的方法，递归分为递推和回推两个阶段。要想知道第 5 个人岁数，需知道第 4 人的岁数，依次类推，推到第 1 人（10 岁），再往回推。

2. 用递归法实现求两个数的最大公约数。

3. 编程检验以下命题：任何一个数字不全相同的三位自然数，经有限次"重排求差"操作，都会得到三位数 495。所谓"重排求差"是指，一个自然数的数字重排后的最大数减去重排后的最小数。例如，763 经过重排求差操作，最后得到三位数 495。

提示：利用函数的嵌套调用。

4~8 是改错题，要求：

（1）在/**********found**********/的下一行改正错误，不得增行或删行。

（2）无需删除/**********found**********/。

4. 给定程序中 fun 函数的功能是：按以下递归公式求函数值。当 n=1 时，fun(n)=10；当 n>1 时，fun(n)=fun(n−1)+2。例如，当给 n 输入 5 时，函数值为 18；当给 n 输入 3 时，函数值为 14。

请改正程序中的错误，使它能得出正确结果。注意：不要改动 main 函数，不得增行或删行，也不得更改程序的结构。

```
#include <stdio.h>
/**********found**********/
int fun ( n )
```

```
{  int c;
/***********found***********/
   if(n=1)
     c = 10 ;
   else
     c= fun(n-1)+2;
   return(c);
}
int main(void)
{  int n;
   printf("Enter  n :  "); scanf("%d",&n);
   printf("The result : %d\n\n", fun(n));
   return 0;
}
```

5. 给定程序中 fun 函数的功能是：通过某种方式实现两个变量值的交换，规定不允许增加语句和表达式。例如，变量 a 中的值原为 8，b 中的值原为 3，程序运行后 a 中的值为 3，b 中的值为 8。

请改正程序中的错误，使它能得出正确的结果。注意：不要改动 main 函数，不得增行或删行，也不得更改程序的结构！

```
#include <stdio.h>
int fun(int *x, int y)
{
   int t ;
/*************found*************/
   t = x ; x = y ;
/*************found*************/
   return(y) ;
}
int main(void)
{
   int a = 3, b = 8 ;
   printf("%d  %d\n", a, b) ;
   b = fun(&a, b) ;
   printf("%d  %d\n", a, b) ;
   return 0;
}
```

6. 给定程序中 fun 函数的功能是：从 3 个红球，5 个白球，6 个黑球中任意取出 8 个球作为一组进行输出。在每组中，可以没有黑球，但必须要有红球和白球。组合数作为函数值返回。正确的组合数应该是 15。程序中 i 的值代表红球数，j 的值代表白球数，k 的值代表黑球数。

请改正 fun 函数中指定部位的错误，使它能得出正确的结果。注意：不要改动 main 函数，不得增行或删行，也不得更改程序的结构。

```
#include <stdio.h>
```

```
int fun()
{   int i, j, k, sum=0;
    printf("\nThe result  :\n\n");
/*************found*************/
    for(i=0; i<=3; i++)
    {   for(j=1; j<=5; j++)
        {   k=8-i-j;
/*************found*************/
            if(K>=0 && K<=6)
            {   sum=sum+1;
                printf("red:%4d white:%4d black:%4d\n", i, j, k);
            }
        }
    }
    return sum;
}
int main(void)
{   int  sum;
    sum=fun();
    printf("sum =%4d\n\n", sum);
    return 0;
}
```

7. 给定程序中 fun 函数的功能是：求 k! (k<13)，所求阶乘的值作为函数值返回。例如，若 k = 10，则应输出：3628800。

请改正程序中的错误，使它能得出正确的结果。注意：不要改动 main 函数，不得增行或删行，也不得更改程序的结构。

```
#include <stdio.h>
long fun ( int k)
{
/***********found***********/
    if  k > 0
        return (k*fun(k-1));
/***********found***********/
    else if (k=0 )
        return 1L;
}
int main(void)
{   int k=10 ;
    printf("%d!=%ld\n", k, fun ( k )) ;
    return 0;
}
```

8. 给定程序中 fun 函数的功能是：计算正整数 num 的各位上的数字之积。例如，若输入：252，则输出应该是：20。若输入：202，则输出应该是：0。

请改正程序中的错误，使它能得出正确的结果。

注意：不要改动 main 函数，不得增行或删行，也不得更改程序的结构。

```c
#include <stdio.h>
long fun (long num)
{
/***********found***********/
  long k;
  do
  { k*=num%10 ;
/***********found***********/
    num\=10 ;
  } while(num) ;
  return (k) ;
}
int main(void)
{ long n ;
  printf("\Please enter a number:") ;   scanf("%ld",&n) ;
  printf("\n%ld\n",fun(n)) ;
  return 0;
}
```

第 6 章　数　组

学习目标

◆掌握一维数组、二维数组的定义及数组元素的初始化和引用

◆理解数组在内存中的存储格式

◆掌握字符数组的定义和初始化及常用字符串处理函数的使用

◆掌握数组和数组元素作为函数参数的使用方法

◆掌握常用的排序和查找方法

6.1　引　言

在程序设计中，经常要保存和处理大量的同类型的数据。例如，对一个班 50 名同学的某门课程成绩进行排序，若用前面的单个变量来保存这些数据，则要定义很多的变量，并且不便于用循环来处理。在这种情况下，使用数组是最好的选择。把具有相同类型的若干变量按有序的形式组织起来称为数组。在 C 语言中，数组属于构造数据类型，是同类数据元素的有序集合。一个数组包含多个数组元素，这些数组元素可以是基本数据类型，也可以是构造数据类型。因此，按数组元素的类型不同，数组可分为数值数组、字符数组、指针数组、结构体数组等各种类别；按维数来分有一维数组、二维数组和多维数组。本章主要学习数值数组和字符数组。在第 7 章中学习指针数组，在第 8 章中学习结构体数组。

6.2　数　组

数组是一组连续的内存单元，可以用于存放相关联的数组元素，所谓"相关联"是指同一个数组中的各个数组元素具有相同的名字和相同的数据类型。数组是不能作为一个整体进行访问的，只能逐个访问数组中的各个数组元素。为了能够访问数组中某个特定的存储单元或数组元素，需要指定数组的名字以及该元素在数组中的位置编号。

图 6.1 显示了一个名为 a 的整型数组，这个数组包含 10 个元素。通过在数组名后加上用方括号括起

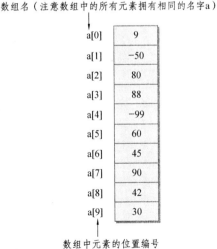

数组名（注意数组中的所有元素拥有相同的名字a）

a[0]	9
a[1]	−50
a[2]	80
a[3]	88
a[4]	−99
a[5]	60
a[6]	45
a[7]	90
a[8]	42
a[9]	30

数组中元素的位置编号

图 6.1　含有 10 个元素的整型数组

来的位置编号就可以实现对数组中相应位置的数组元素的访问。需要强调的是，在 C 语言中，数组的下标总是从 0 开始编号的。因此，整型数组 a 的第 1 个元素是 a[0]，第 2 个元素是 a[1]，第 10 个元素是 a[9]。总之，整型数组 a 的第 i 个元素就是 a[i−1]。像其他标识符一样，数组名也只能由字母、数字和下划线组成，并且不能以数字开头。

1. 数组元素的下标

被方括号括起来的相对位置编号即为数组元素的下标（或称索引值）。下标必须是一个整数或一个整数类型的表达式。若程序中采用一个表达式来作为数组元素的下标，那么在访问数组元素之前，这个表达式的值必须是能被确定地计算出来，并且其值为 0 ~（数组大小−1）。例如，m=3，n=2，下面这条语句：

a[m+n]+=10;

就表示给元素 a[5]加上 10。

如果数组元素下标的取值超出了 0 ~（数组大小−1）的范围，则称为下标越界，属于非法访问，是一个严重的问题。由于在访问数组元素时，如果对下标作越界检查既复杂又费时，因此 C 语言的编译器不作数组下标越界检查，需要由编程人员自行保证数组下标不越界，这样做可以提高访问数组元素的效率。因此，使用数组编程时必须注意下标越界问题，否则，可能得到的是错误的结果，严重的还会引起系统错误。

特别说明：用于将数组下标括起来的方括号，在 C 语言中也被视为一种运算符，与函数调用运算符（也就是为了调用函数而在函数名后加上的圆括号）具有相同的优先级，且在所有运算符中具有最高优先级。

2. 数组元素的值

图 6.1 中，数组的名字为 a，其 10 个元素分别为 a[0]，a[1]，a[2]，……，a[8]，a[9]，每个元素都有独立的内存单元，因此，数组元素的引用与使用相同类型的变量是完全一样的。存储在 a[0]单元中的值是 9，存储在 a[1]单元中的值是−50，……，存储在 a[9]单元中的值是 30。通过语句：

z=a[2]+a[3];

将第 3 个元素 a[2]与第 4 个元素 a[3]完成加法运算后，再将其和赋给变量 z。通过语句：

printf("%d\n",a[7]+a[8]);

输出数组 a 中第 8 个元素 a[7]与第 9 个元素 a[8]的和。

特别说明：数组的第 i 个元素不是 a[i]，而是 a[i−1]。

6.2.1 数组的定义

数组是要占用存储空间的。在定义一个数组时，必须指明数组元素的数据类型以及数组中元素的个数，这样计算机系统才能为数组预留出相应数量的存储空间。

一维数组的定义格式为：

存储种类 类型说明符 数组名[常量表达式];

其中，"存储种类"可取 register、static、auto、extern 或省略；"类型说明符"可以是 int、char、 float、double 等，表示每个数组元素的数据类型；"数组名"是合法的 C 语言标识符，代表该数组在内存中的起始存放地址；"常量表达式"是一个其值为正整数的表达式，用来表示该数组拥有多少个元素，即定义了数组的大小。

例如，用于存放一个班 50 位同学的某门课程成绩的一维数组可定义如下：

　　　　float　score[50];

其中，score 是数组名，常量 50 表示这个数组有 50 个元素，下标为 0~49 且每个元素都是 float 型。

说明：

（1）常量表达式指出了数组长度，必须是正的整型常量表达式，通常是一个整型常数，或者是符号常量。

（2）C 语言不允许动态定义数组。也就是说，数组的长度不能依赖于程序运行过程中的变量。

例如，要想让计算机为整型数组 data 预留出 10 个元素的存储空间，采用下面的定义方式是不允许的：

　　　　int i=10;

　　　　int data[i];

而只能定义为：

　　　　int data[10];

或：

　　　　#define N 10

　　　　…

　　　　int data[N];

（3）相同类型的数组和变量可以在一个类型说明符下一起说明，互相之间用逗号隔开。

例如，定义 a 是具有 10 个元素的浮点型数组，f 是一个浮点型变量，b 是具有 20 个元素的浮点型数组，可用如下的定义语句：

　　　　float a[10], f, b[20];

6.2.2　数组的初始化

数组定义时可同时给数组元素指定初值，称为数组的初始化；也可先定义数组，然后再用赋值语句或者 scanf 函数给数组元素赋值。

1. 在定义数组的同时，可通过初始化列表来实现数组元素的初始化

在定义数组的同时，可指定其元素的初值，称为数组元素的初始化。在定义数组语句的后面加上一个 "=" 和一对花括号 "{}"，在花括号内填写用逗号分隔的初始化列表，即可完成数组元素的初始化。具体形式为：

　　　　存储种类 类型说明符 数组名[常量表达式]={初始化列表};

其中 "初始化列表" 中数据的个数必须等于或者少于 "常量表达式" 的值。

【例 6.1】　通过初始化列表实现数组 a 的初始化。

```
#include<stdio.h>
int main(void)
{
    int a[10]={10,20,30,40,50,60,70,80,90,100};
    int i;
    printf("初始化后,数组 a 各元素值为:\n");
    for(i=0;i<10;i++)
        printf("%4d",a[i]);
    printf("\n");
    return 0;
}
```

初始化后,数组a各元素值为:
   10 20 30 40 50 60 70 80 90 100

如果初始化列表中提供的初始值个数少于数组拥有的元素个数,则余下的数组元素被初始化为 0。例如:

        int b[10]={1,2,3,4,5};

说明数组 b 有 10 个元素,前 5 个元素的初值分别为 1、2、3、4、5,其余元素的初值为 0。再如:

        int x[10]={0};

这条语句的功能是:将数组 x 的第一个元素显式地初始化为 0,由于初始化列表中提供的初始值个数少于数组元素的个数,因此余下的 9 个元素也被系统初始化为 0。

特别说明:

(1)存储种类为 auto 的数组不能自动地初始化为 0。至少要将第一个数组元素初始化为 0,余下的元素才会被自动地初始化为 0。

(2)存储种类为 static 的静态数组或 extern 的外部数组可以自动初始化为 0。例如:

        static int a[5];

在编译时,为数组 a 分配存储单元,同时每个元素被初始化为 0,若为字符型,则被初始化为 ASCII 码值'\0'。

(3)初始化列表中提供的初值个数不能多于数组拥有的元素个数,否则会产生语法错误。

(4)使用初始化列表来实现数组元素初始化时,若忽略了数组元素个数的填写,则系统将会把初始化列表中提供的初始值的个数作为数组所拥有的元素总数。例如:

        float y[]={1.1,2.2,3.3,4.4,5.5};

将创建一个拥有 5 个元素的实型数组 y。

2. 通过循环结构为数组元素赋值

【例 6.2】 输入 10 个整型数据,找出其中的最大值并显示出来。

```
#include<stdio.h>
int main(void)
{
    int a[10],max,i;              /*a 是一个有 10 个元素的数组,且每个元素都为 int 型*/
    printf("请输入 10 个整数:\n");
```

```
for(i=0;i<10;i++)
    scanf("%d",&a[i]);        /*从键盘给所有数组元素赋值*/
max=a[0];
for(i=1;i<10;i++)
    if(max<a[i])    max=a[i];
printf("Max=%d\n",max);
return 0;
}
```

请输入10个整数:
9 -50 80 88 -99 60 45 90 42 30
Max=90

特别说明:

从键盘向数组元素输入值时,对整型和实型数组,数据间的间隔可用空格、回车符或 Tab 键;对字符型数组,则数据之间没有间隔,必须连续输入。例如:

```
int i;
char c[5];
for(i=0;i<5;i++)
    scanf("%c",&c[i]);
…
```

向数组 c 输入数据时,输入形式只能为:

abcde

这样,数组元素 c[0]得到字符'a',数组元素 c[1]得到字符'b',数组元素 c[2]得到字符'c',数组元素 c[3]得到字符'd',数组元素 c[4]得到字符'e'。因为空格、回车符或 Tab 键也是有效的字符型数据,是不能作为字符数组输入间隔符的。

3. 用符号常量来定义数组的大小并通过计算来给数组元素赋值

采用#define 宏代换命令,定义一个符号常量,然后用它来定义数组。

【例 6.3】 将一个有 10 个元素的整型数组 a 的元素分别赋值为 2、4、6、8、…、20,然后输出。

```
#include<stdio.h>
#define SIZE 10                /*定义符号常量 SIZE,用于指定数组的长度*/
int main(void)
{
    int a[SIZE],i;
    for(i=0;i<SIZE;i++)
        a[i]=2+2*i;
    printf("%s%10s\n","Element","value");
    for(i=0;i<SIZE;i++)
        printf("%7d%10d\n",i,a[i]);
    return 0;
}
```

```
Element     value
    0           2
    1           4
    2           6
    3           8
    4          10
    5          12
    6          14
    7          16
    8          18
    9          20
```

特别说明：

（1）采用符号常量来定义数组的大小有助于提高程序的可扩展性，也有助于提高程序的可读性。

例 6.3 中，如果将#define 宏代换命令中表示数组大小的符号常量 SIZE 的替换文本 10 改成 100，可在不改变程序中任何执行语句的情况下，程序的功能就由原先的"定义一个有 10 个元素的整型数组并赋值"提升为"定义一个有 100 个元素的整型数组并赋值"。反之，若没有引入符号常量 SIZE，却仍要将程序的功能提升为"定义一个有 100 个元素的整型数组并赋值"的话，就只能对程序中三处不同的地方（即所有的 SIZE）进行相应地修改。当程序变大时，这种修改的工作量是非常巨大的。

（2）为了养成良好的编程习惯，一般采用全大写字母来为符号常量命名。这使得它们在源程序中很醒目，而且有助于提醒程序员"它们并不是变量"。

（3）在形如"#define"或"#include"等预处理命令后面，是不能加分号的。请切记：预处理命令不是 C 语句。

6.2.3　静态局部数组和自动局部数组

在第 5 章函数中，介绍过存储类型说明符 static。一个 static 类型（即静态）的局部变量在程序的整个运行时间都存在，但是只能在定义它的函数体内可以访问它。同样地，也可以将存储类型说明符 static 应用于局部数组的定义中。这样，在函数每次被调用时，该数组就不需要重新创建并初始化，而且在函数每次调用结束时，也不会被释放。这样就缩短了程序的运行时间，特别是对于那些频繁地调用包含有大型数组的函数其效率会更加明显。

静态数组在编译时会自动进行初始化。如果程序员没有显式地初始化一个静态数组，那么它的元素将被编译器初始化为 0。而自动局部数组的存储周期是函数被调用才开始（创建并初始化），随着函数调用的结束就结束（释放存储空间）。

下面通过一个实例来演示静态局部数组和自动局部数组的不同之处。

auto_a 函数和 static_a 函数都被 main 函数调用了 3 次。由于 auto_a 函数中数组 a1 是自动局部数组，每次调用开始才临时创建并初始化，调用一旦结束就释放其存储空间；static_a 函数中数组 a2 是在程序编译时就完成创建并初始化，并且每次调用结束不释放存储空间。

```
/*数组存储属性举例*/
#include<stdio.h>
void auto_a(void);
```

```
void static_a(void);
int main(void)
{
    int i;
    for(i=1;i<=3;i++)
    {
        printf("\n第%d次分别调用两个函数的结果为:\n",i);
        auto_a();
        static_a();
    }
    return 0;
}


void auto_a(void)
{
    int i,a1[3]={1,2,3};          /*每次调用函数时都会执行*/
    for(i=0;i<3;i++)              /*将数组a1各元素值乘以2*/
        a1[i]*=2;
    for(i=0;i<3;i++)
        printf("a1[%d]=%d  ",i,a1[i]);
    printf("\n");
}


void static_a(void)
{
    static int i,a2[3]={1,2,3};    /*在编译时执行*/
    for(i=0;i<3;i++)              /*将数组a2各元素值乘以2*/
        a2[i]*=2;
    for(i=0;i<3;i++)
        printf("a2[%d]=%d  ",i,a2[i]);
    printf("\n");
}
```

```
第1次分别调用两个函数的结果为:
a1[0]=2  a1[1]=4  a1[2]=6
a2[0]=2  a2[1]=4  a2[2]=6

第2次分别调用两个函数的结果为:
a1[0]=2  a1[1]=4  a1[2]=6
a2[0]=4  a2[1]=8  a2[2]=12

第3次分别调用两个函数的结果为:
a1[0]=2  a1[1]=4  a1[2]=6
a2[0]=8  a2[1]=16  a2[2]=24
```

6.2.4　数组的应用举例

因为数组元素的连续性和下标表示的规律性，所以常用数组和循环来处理批量数据。

【**例 6.4**】 给数组 a 中存入 10 个整数，在保证数据不丢失的情况下，将数组中的最大数存入 a[0]位置。

基本思路：将 a[1]～a[9]分别与 a[0]进行比较，若比 a[0]大，则将其放到 a[0]中。编程时要注意的是，不能丢失数据，因此，将大的数存入 a[0]时，是将 a[0]与 a[i]（表示比 a[0]大的数组元素）进行交换，而不能直接将 a[i]赋给 a[0]，否则 a[0]中原来存放的数据就丢失了。

```c
#include<stdio.h>
int main(void)
{
    int a[10],i,t;
    for(i=0;i<10;i++)
    {
        printf("Input a[%d]:",i);
        scanf("%d",&a[i]);
    }
    for(i=1;i<10;i++)/*将 a[1]~a[9]与 a[0]作一一比较，若比 a[0]大，就与 a[0]交换*/
        if(a[0]<a[i])
        {
            t=a[0];   a[0]=a[i];   a[i]=t;
        }
    printf("Output:\n");
    for(i=0;i<10;i++)
        printf("%5d",a[i]);
    printf("\n");
    return 0;
}
```

```
Input a[0]:50
Input a[1]:30
Input a[2]:70
Input a[3]:100
Input a[4]:10
Input a[5]:20
Input a[6]:60
Input a[7]:40
Input a[8]:80
Input a[9]:90
Output:
  100   30   50   70   10   20   60   40   80   90
```

【**例 6.5**】 输入 10 名学生的某门课程成绩，求出最高分、最低分和平均分。

一般情况下，成绩为整数，因此可以定义一个长度为 10 的整型数组来存放学生的成绩。

```c
#include<stdio.h>
#define SIZE 10
int main(void)
{
    int score[SIZE],i,max,min;   /*max 用于存放最高分，min 用于存放最低分*/
    float ave;                   /*ave 用于存放平均分*/
```

```
    printf("请输入%d 名学生的成绩:\n",SIZE);
    scanf("%d",&score[0]);              /*先输入第一个学生的成绩*/
    max=min=ave=score[0];              /*将 max,min 和 ave 都赋为第一个学生成绩*/
    for(i=1;i<SIZE;i++)
    {
        scanf("%d",&score[i]);
        if(score[i]>max)      max=score[i];
        if(score[i]<min)      min=score[i];
        ave+=score[i];                 /*ave 存放成绩的累加和*/
    }
    ave=ave/SIZE;                      /*计算平均分*/
    printf("最高分:%d,最低分:%d,平均分:%.2f\n",max,min,ave);
    return 0;
}
```

```
请输入10名学生的成绩:
86 90 54 99 85 73 69 78 92 80
最高分:99,最低分:54,平均分:80.60
```

在本例中输入数据时,采用的是用空格进行间隔,也可以采用回车符进行间隔,输入完成后直接往后继续运行。

【例 6.6】 某班 50 名同学以匿名方式对班长的工作进行满意度评价,给出的分值为 1~10,1 分表示非常不满意,10 分表示非常满意。统计出调查的结果。

这是一个典型的数组应用例子。明确要解决的问题是统计学生给出的各个分数的数目,针对问题,进行数据结构设计,需要引入两个数组,一个整型数组 score 有 50 个元素,存放学生打出的分数,另一个整型数组 result 有 11 个元素,用于存放学生可能打出的 10 种分数的个数。我们不用 result[0]这个元素,为的是将 1~10 分数值恰好当做下标来访问 result 数组,这样有助于提高程序的清晰度。

```
#include<stdio.h>
#define N 50
int main(void)
{
    int score[N],i;
    int result[11]={0};                /*初始化统计结果数组,所有元素全为0*/
    printf("请大家给出自己满意的分数,1~10:\n");
    for(i=0;i<N;i++)
    {
        do                             /*若给出的分数介于 1~10 之外,则重新输入*/
        {
            printf("score[%d]:",i);
            scanf("%d",&score[i]);
        }while(score[i]>10||score[i]<1);
    }
    for(i=0;i<N;i++)                    /*统计各分数的数目*/
        ++result[score[i]];            /*将 score[i]的值作为 result 数组的下标*/
```

```
    printf("统计结果为:\n");
    printf("%10s%10s\n","分数","投票人数");
    for(i=1;i<11;i++)
        printf("%10d%10d\n",i,result[i]);
    return 0;
}
```

```
score[45]:9
score[46]:10
score[47]:8
score[48]:6
score[49]:7
统计结果为:
        分数    投票人数
         1          1
         2          1
         3          2
         4          2
         5          5
         6          7
         7          9
         8         12
         9          7
        10          4
```

对统计各分数数目的循环,只用了语句:

    ++result[score[i]];

这条语句是根据 score[i]的值(只可能是 1 到 10),对数组 result 中相应的元素进行增 1 处理。假设元素 score[30]值为 6,说明第 31 个同学给班长投了 6 分,那 6 分对应的结果元素 result[6]就应该加 1。

6.3   字符数组

每个数组元素都是字符型数据的数组称为字符型数组,简称字符数组。可以使用前面介绍的方法定义和使用字符数组。但字符数组通常用来存储字符串,其使用和处理方式又有不同于整型数组等表示数值大小数组的特殊性。

6.3.1   字符串及其结束标志

在 C 语言中,字符串是用双引号括起来的字符序列,字符串在内存中存放时,每个字符占用一个存储单元,结束标志'\0'也占用一个存储单元;而字符数组的每个元素只能存放一个字符,因此可以把字符串中各字符存放到字符数组的各元素中,这样就可以用字符数组来存储和处理字符串。

在具体介绍字符串之前,先来看看下面的例子。

【例 6.7】 编一程序,用于合并两个已知的字符数组中的内容。

```
#include<stdio.h>
int main(void)
{
    char str1[4]={'H','a','r','d'};        /*初始化字符数组 str1*/
    char str2[4]={'W','o','r','k'};        /*初始化字符数组 str2*/
    char str3[8];              /*定义字符数组 str3，接收合并结果*/
    int i;
    for(i=0;i<4;i++)         /*将数组 str1 中的各个字符存放到数组 str3 中*/
        str3[i]=str1[i];
    for(i=0;i<4;i++)         /*接着将数组 str2 中的各个字符存放到数组 str3 中*/
        str3[4+i]=str2[i];
    for(i=0;i<8;i++)
        printf("%c",str3[i]);
    printf("\n");
    return 0;
}
```

HardWork

从上面的例子可以看出，在进行字符数组处理时，必须要事先知道字符数组中有效字符的个数，这在程序设计过程中是很麻烦的一件事。

为了有效而方便地处理字符数组，在进行字符数组处理时，C 语言提供了不需要了解数组中有效字符长度的方法。其基本思想是：在每个字符数组中有效字符的后面（或字符串末尾）加上一个特殊字符'\0'，在处理字符数组的过程中，一旦遇到特殊字符'\0'就表示已经到达字符串的末尾。需要说明的是：'\0'就是 ASCII 码值为 0 的字符，它不是一个可以显示的字符，而是控制字符 NULL，表示"空操作"，即它什么也不做。用它作字符串结束标志不会产生附加的操作或增加有效字符，只是一个判断字符串是否结束的标志。

字符串在程序中的表示形式有以下三种：

（1）常量形式。即双引号形式。

例如字符串"English"，在内存中存储为：

E	n	g	l	i	s	h	\0

一共占 8 个字节的内存空间，若定义字符数组来存放这个字符串，则至少需要的长度为 8。

（2）字符数组名。如一维字符数组中存储了字符串，则引用数组名，就相当于引用其中的字符串。这是因为在 C 语言中，数组名是有值的，这个值为数组存储区的首地址。也就是说，是第一个数组元素对应的存储区的地址。由于字符串就存储在从该地址开始的一系列存储单元中，并且以'\0'作为结束标志，因此，该地址唯一地确定了一个字符串。例如，将字符串"English"存放到字符数组 s 中，在内存中存储为：

s[0]	s[1]	s[2]	s[3]	s[4]	s[5]	s[6]	s[7]
E	n	g	l	i	s	h	\0

因此只要指定了字符数组中访问的起始地址，就可以访问从该地址开始的存储单元中的

所有后续字符，直到遇到第一个'\0'为止。

（3）字符指针。定义一个指向字符数组或字符串常量的字符指针，就可以通过字符指针变量对字符串进行处理。在第 7 章再作详细介绍。

6.3.2　用字符数组处理字符串

一维字符数组的定义方式如下：

char　数组名[常量表达式];

例如：

char s [10];

定义了一个一维字符数组 s，其中包括 10 个元素。由于字符型与整型在字符范围内是互相通用的，因此上面的定义也可改为：

int s [10];

1. 用字符串初始化字符数组

下面语句：

char s[10]="English";

将字符串 English 存于字符数组 s 中，存储情况为：

s[0]	s[1]	s[2]	s[3]	s[4]	s[5]	s[6]	s[7]	s[8]	s[9]
E	n	g	l	i	s	h	\0		

这里应特别强调的是 s[7]的值'\0'，它作为字符串的结束标志，是 C 语言系统自动加的，s[8]、s[9]也由系统自动初始化为 0，就是'\0'。反过来，如果一个字符数组中存储的一系列字符后加有'\0'结束标志，就可以说该字符数组中存储的是一个字符串。否则只能说存储了一系列字符。

特别说明：

在定义数组时，如果给定的初值个数少于数组元素的个数，按从前到后的顺序依次赋值后，余下的数组元素全部初始化为二进制的 0。这个 0 在不同数据类型的数组中意义是不同的，对所有 int 型表示 0，对 float 和 double 型表示 0.0，对 char 型表示'\0'。

下面语句：

char str[]="Good";

用字符串"Good"中的字符来逐个地对字符数组 str 中的元素进行初始化。在这种情况下，字符数组 str 的大小是由编译器根据字符串长度来确定的。由于字符串"Good"是由 4 个字符加上'\0'组成的，因此字符数组 str 就包含 5 个元素。等价于下面语句：

char str[]={'G','o','o','d','\0'};

2. 字符串的输入和输出

由于字符串存放在字符数组中，因此，字符串的输入和输出，实际上就是字符数组的输入和输出。

字符数组的输入或输出有两种方式：一种是采用"%c"格式符，每次输入或输出一个字符，这种输入或输出方式在前面已经介绍过；另一种是采用"%s"格式符，每次输入或输出一个字符串。这一点与其他类型的数组不同，其他类型的数组是不能整体输入和输出的。

使用"%s"格式输入、输出字符串时，应注意以下问题：

（1）在使用 scanf 函数输入字符串时，"地址表"部分应直接写字符数组的名字，而不再用取地址运算符&。因为在 C 语言中，数组名代表该数组的起始地址。

例如：

```
char str [10];
scanf("%s",str);
```

而不能写成：

```
scanf("%s",&str);
```

（2）用"%s"格式符输入时，从键盘上输入的字符串的长度（字符个数）应小于已定义的字符数组的长度，因为在输入的有效字符后面，系统将自动地添加字符串结束标志'\0'。例如：

```
char str[6];
scanf("%s",str);
```

从键盘上输入：Happy

这时，str 数组中每个元素中存放的字符为：

	str[0]	str[1]	str[2]	str[3]	str[4]	str[5]
	H	a	p	p	y	\0

利用格式符"%s"输入字符串时以"空格"、TAB 或"回车"结束输入。通常，在利用一个 scanf 函数同时输入多个字符串时，字符串之间以"空格"为间隔，最后按"回车"符结束输入。也就是说，用格式符"%s"控制输入的字符串中，不能含有空格。

例如：

```
char str[10];
scanf("%s",str);
```

若输入：Good   lucky

则数组 str 中仅接收了字符串"Good"，空格及以后的字符丢失。因此若要输入带空格的一行字符串，应使用 gets 函数。

（3）在使用格式符"%s"输出字符串时，在 printf 函数中的"输出表"部分应直接写字符数组名，而不能写数组元素的名字。同时，所输出的字符串必须以'\0'结尾，但'\0'字符并不显示出来。也就是说，用"%s"输出字符串时，是从字符数组名开始的地址单元输出，直到遇到第一个'\0'结束输出。若没有'\0'，输出结果会有错误。如下面语句：

```
char str[]={'G','o','o','d','\0'};
printf("%s",str)
```

能够正确输出；若取消初始化列表中的'\0'，则输出错误。

【例 6.8】 使用格式符"%s"输入一行字符串，使用格式符"%c"显示字符串。

```
#include<stdio.h>
int main(void)
```

```
{
    char str[10];
    int i=0;
    printf("请输入一串字符:");
    scanf("%s",str);
    printf("采用单个字符的形式输出:");
    while(str[i]!='\0')
    {
        printf("%c",str[i]);
        i++;
    }
    printf("\n 采用字符串形式输出:");
    printf("%s\n",str);
    return 0;
}
```

请输入一串字符:Good lucky!
采用单个字符的形式输出:Good
采用字符串形式输出:Good

例 6.8 中，运行程序时，我们输入的是 Good lucky!，但真正被存放入字符数组中的只有 Good，因为格式符"%s"输入的字符串以"空格"、TAB 或"回车"结束输入。

6.3.3　字符串处理函数

为了方便字符串的处理，C 语言编译系统中提供了很多有关字符串处理的库函数，这些库函数为字符串处理提供了方便。这里简单介绍几个有关字符串处理的函数。

1. 输入字符串函数 gets

gets 函数用于输入一个字符串，其返回值是用于存放输入字符串的字符数组的首地址，其调用形式如下：

　　char s[15];

　　gets(s);

其中 s 是字符数组名，输入的字符串存放在 s 数组中。

用 gets 函数输入字符串时，可以接收包含空格的字符串，并且输入以回车作为结束。但存放时，输入的回车符自动转换为'\0'存放。如给刚才定义的 s 数组用 gets 函数输入内容：

　　How are you?

则 s 数组中存放形式为：

s[0]	s[1]	s[2]	s[3]	s[4]	s[5]	s[6]	s[7]	s[8]	s[9]	s[10]	s[11]	s[12]	s[13]	s[14]
H	o	w		a	r	e		y	o	u	?	\0		

2. 输出字符串函数 puts

puts 函数用于输出一个以'\0'结尾的字符串，且输出遇到'\0'时自动换行。其调用形式如下：

```
char s[15];
…
puts(s);
```
相当于：
```
printf("%s\n",s);
```
输出从地址 s 开始的内存单元中的字符，直到遇到'\0'为止。

在使用 gets，puts 函数输入、输出字符串时，需要使用预处理命令#include<stdio.h>将所需头文件包含到源程序文件中。

3. 字符串比较函数 strcmp

在 C 语言中，不允许对字符串进行整体比较，如以下比较字符串的方法是错误的：
```
char str1[20],str2[20];
…
if(str1==str2)
…
```
在对字符串进行比较时，必须将两个字符串的对应字符从前到后逐个进行比较（实质是比较字符的 ASCII 值），直到出现不同字符或遇到'\0'字符为止。当字符串中的对应字符全部相等且同时遇到'\0' 字符时，才认为两个字符串相等；否则，以第一个不相同的字符的比较结果作为整个字符串的比较结果。

strcmp 函数用于比较两个字符串之间的大小关系，其返回值是 str1 和 str2 中对应字符的 ASCII 码的差值，调用形式如下：
```
char str1[20],str2[20];
int r;
…
r=strcmp(str1,str2);
```

strcmp 函数的返回值 r 是一个整数，意义为 $\begin{cases} r < 0 & \text{str1小于str2} \\ r = 0 & \text{str1等于str2} \\ r > 0 & \text{str1大于str2} \end{cases}$。

4. 字符串拷贝函数 strcpy

拷贝字符串时不允许使用简单的赋值方式。例如，C 语言不允许以下列方式给一个字符数组赋值：
```
char str2[]="string";
char str1[7];
str1=str2;      /*错误*/
```
拷贝字符串时，必须将字符一个一个地拷贝，直到遇到'\0'字符为止，其中'\0'字符也应该拷贝。

利用 strcpy 函数可以很方便地拷贝一个字符串，如将字符数组 str2 中存放的字符串拷贝给字符数组 str1，调用形式如下：

        strcpy(str1,str2);
它将 str2 字符串（以'\0'结尾）拷贝到 str1 字符数组中（包括'\0'）。

    可以用 strcpy 函数将字符串 str2 中前面若干个字符拷贝到字符数组 str1 中去。例如：

        strcpy(str1,str2,3);
它将 str2 中前面 3 个字符拷贝到 str1 中去，然后再加一个'\0'。

5. 字符串连接函数 strcat

    strcat 函数用于连接两个以'\0'结尾的字符串，其调用形式如下：

        char str1[20]="Happy";

        char str2[20]="   New Year!";

        strcat(str1,str2);
它将 str2 字符串连接到 str1 字符串的后面，该函数执行完后，str1 字符数组中的内容如下：

        Happy New Year!

    特别说明：

    （1）对于 strcpy 和 strcat 函数，str1 字符数组必须足够长，以便容纳 str2 字符数组中的全部内容。

    （2）连接前两个字符串的后面都有一个'\0'，连接时取消字符串 str1 后面的'\0'，即是从字符串 str1 的'\0'处开始，将字符串 str2 的字符一个个存入，直到遇字符串 str2 的'\0'结束，并且在新串后面加上一个'\0'。

6. 字符串长度测试函数 strlen

    strlen 函数用于测试字符串的长度。函数的值为字符串中实际长度，不包括'\0'在内。例如：

        char str[10]={"China"};

        printf("%d",strlen(str));
输出结果不是 10，也不是 6，而是 5。strlen 函数也可直接测试字符串常量的长度，例如：

        strlen("China");
函数返回值是 5。

7. 字符串小写转换函数 strlwr

    将字符串中大写字母转换成小写字母。lwr 是 lowercase（小写）的缩写。例如：

        char str[10]="PROGRAM";

        printf("%s\n",strlwr(str));
输出结果：program

8. 字符串大写转换函数 strupr

    将字符串中小写字母转换成大写字母。upr 是 uppercase（大写）的缩写。例如：

        char str[10]="China";

        printf("%s\n",strupr(str));
输出结果：CHINA

在使用 strcpy，strcmp，strcat，strlen，strlwr，strupr 函数时，需要使用#include<string.h>命令将所需头文件包含到源文件中。更多的字符串处理函数请参见附录Ⅴ。

6.3.4 字符数组程序举例

下面我们通过几个程序来说明如何通过字符数组来处理字符串以及在程序设计中应注意的问题。

【例 6.9】 将一子字符串插入到主字符串中的指定位置。

```
#include<stdio.h>
#include<string.h>
int main(void)
{
    int i,j,k,n;
    char s1[20],s2[20],s3[40];
    printf("请输入主字符串:");
    gets(s1);
    printf("请输入子字符串:");
    gets(s2);
    printf("请输入插入位置:");
    scanf("%d",&n);
    while(n<0||n>strlen(s1))          /*检查 n 值是否在长度范围之内*/
    {
        printf("下标越界,请重新输入!\n");
        scanf("%d",&n);
    }
    for(i=0;i<n;i++)                  /*将主串插入位置前的字符拷贝给结果串 s3*/
        s3[i]=s1[i];
    for(j=0;s2[j]!='\0';j++)          /*接着将子串所有字符拷贝到结果串尾部*/
        s3[i+j]=s2[j];
    for(k=n;s1[k]!='\0';k++)          /*继续将主串余下字符拷贝到结果串*/
        s3[j+k]=s1[k];
    s3[j+k]='\0';                     /*在结果字符数组尾部加上结束标志*/
    printf("插入后结果字符串:%s\n",s3);
    return 0;
}
```

```
请输入主字符串:Good  Best
请输入子字符串:Better
请输入插入位置:5
插入后结果字符串:Good Better Best
```

例 6.9 程序中各字符数组存储形式如图 6.2 所示。

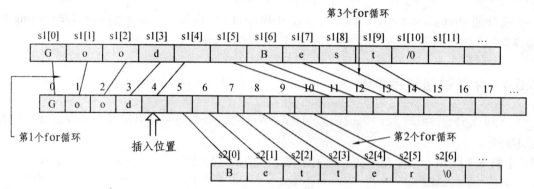

图 6.2   例 6.9 中各字符数组存储形式

【例 6.10】 查找一个指定字符在给定字符串中第一次出现的位置。

```c
#include<stdio.h>
#define SIZE 80
int main(void)
{
    char s1[SIZE],ch;
    int i;
    printf("输入一字符串:");
    gets(s1);
    printf("输入待查找的字符:");
    scanf("%c",&ch);
    for(i=0;s1[i]!=ch&&i<SIZE;i++);    /*字符串中字符——与待查找字符比较,若不相等,
                                          则继续往后查找*/
    i=i+1;                             /*i 即是查找到的下标,加后就是所找到的位置*/
    if(i>SIZE)                         /*若 i 值超过,说明没有查找到指定字符,将 i 置为 0*/
        i=0;
    if(i>0)
        printf("待字符出现在字符串中第%d 位置处.\n",i);
    else
        printf("字符串中没有待查找的字符!\n");
    return 0;
}
```

输入一字符串:teacher
输入待查找的字符:h
待查字符出现在字符串中第5位置处.

【例 6.11】 输入一行英文句子,统计其中有多少个单词,单词之间用空格分隔开。

基本思路:单词的数目可以由空格出现的次数决定(连续的若干个空格作为一个空格;一行开头的空格不计在内)。如果测出某一个字符为非空格,而它前面的字符是空格,则表示"新的单词开始了",此时使 num(单词数)累加 1。如果当前字符为非空格而其前面的字符也是非空格,则意味着仍然是原来的那个单词的继续,num 不应加 1。前面一个字符是否空格可以通过设置标志变量 flag,根据其值来表示,若 flag=0,则表示前一个字符是空格,如果 flag=1,表示前一个字符为非空格。

```
#include<stdio.h>
int main(void)
{
    char string[81];
    int i,num=0,flag=0;        /*标志变量 flag，值为 0 时表示一个新单词快要出现*/
    char c;                    /*变量 c 中存放待英文句子中待检测的各字符*/
    printf("请输入一个英文句子:");
    gets(string);
    for(i=0;(c=string[i])!='\0';i++)
        if(c==' ')             /*检测到空格，说明前一单词结束，一个新的单词快要出现*/
            flag=0;
        else if(flag==0)       /*若检测到不是空格，且 flag 又为 0，说明新单词已经出现*/
        {
            flag=1; num++; /*新单词出现后，单词数 num 加 1，同时标志变量 flag 置为 1*/
        }
    printf("一共有%d 个单词.\n",num);
    return 0;
}
```

请输入一个英文句子:I am a   student.
一共有4个单词.

程序中变量 num 用来统计单词个数，flag 用于判别检测字符是否为空格，若当前字符为空格则置 flag=0（同时当前单词结束），否则 flag=1。再判断下一字符，若不是空格，而前一字符为空格(flag=0)，表示新单词出现，num 加 1，flag=1；若当前字符不是空格，同时前一字符也不是空格(flag=1)，则当前单词未结束，num 不加 1。

6.4　将数组传递给函数的方法

可以将数组中某个元素作为函数参数进行传递，也可将数组作为一个整体进行函数参数的传递。

6.4.1　数组元素作函数参数

数组元素作为函数实际参数，其用法与普通变量作函数实参相同，是单向的"值传递"方式。在函数调用时，C 语言编译系统根据形参的类型为每个形参分配存储单元，并将实参的值复制到对应的形参单元中，形参和实参分别占用不同的存储单元，只能将实参的值传给形参，而不能将形参的值反传回实参，函数调用结束后，形参存储单元将被释放。因此，即使形参值发生了改变，也不会影响实参，是单向"值传递"。

【例 6.12】　数组元素作为函数参数示例。

```
#include<stdio.h>
void func(int x);
```

```
int main(void)
{
    int a[]={1,2,3,4,5},i;
    printf("输出 5 次调用 func 函数形参改变后的值:\n");
    for(i=0;i<5;i++)
        func(a[i]);                    /*以 a[i]为实参调用 func 函数*/
    printf("\n 输出数组 a 中元素在作为函数参数后的值:\n");
    for(i=0;i<5;i++)
        printf("%4d",a[i]);
    printf("\n");
    return 0;
}
void func(int x)
{
    x*=2;
    printf("%4d",x);
}
```

```
输出5次调用func函数形参改变后的值:
   2   4   6   8  10
输出数组a中元素在作为函数参数后的值:
   1   2   3   4   5
```

程序中将数组元素 a[i]（i 值为 0～4）作为实参，将其值传递给形参变量 x，在 func 函数中改变了 x 的值并输出改变后的 x 的值，但作为实参的数组 a 中的数组元素值不会改变。

6.4.2　数组名作为函数参数

1. 数组名即是数组的首地址

由于数组名代表数组的首地址，因此，用数组名作实参时传递的是数组的起始地址。因而形参必须是一个可以存放地址的变量,在 C 语言中能存放地址的变量有数组名和指针变量。在用数组名作参数时，如果实参和形参都用数组名，调用时，主调函数将实参数组的首地址传给形参数组，两个数组实际上是共用同一段连续的内存单元。这样，如果在函数调用中改变了形参数组中某数组元素的值，其实质就是改变了实参数组中相应数组元素的值。因此，我们把数组名作为函数参数的传递方式，称为"地址传递"，其传递方式仍然是单向传递，只能由实参传给形参。

通过以下示例可以验证"数组名就是数组中第一个元素的地址"。

```
/*数组名就是数组第一个元素的地址*/
#include<stdio.h>
int main(void)
{
    int arr[10];
    printf("各种形式的地址值为:\n");
    printf("    arr=%p\n",arr);        /*格式控制符%p 是专门用来输出地址的, 且以十六进
```

制形式表示*/

```
printf("&arr[0]=%p\n",&arr[0]);
printf("    &arr=%p\n",&arr);
return 0;
}
```

各种形式的地址值为：
```
    arr=0018FF04
&arr[0]=0018FF04
    &arr=0018FF04
```

特别说明：规定将数组以传地址的形式传递给被调用函数，这是出于效率方面的考虑。试想，若以传值的形式将数组传递给被调用函数，那么每个元素的副本都要传递给被调用函数。当需要频繁传递的是一个很大的数组时，数组元素的复制将是一项既费时又费存储资源的工作。因此用数组名作为函数参数，传递地址，发生函数调用后，实参和形参共享存储单元，可大大提高程序执行的效率。

2. 数组名作为函数参数的传递方式

数组名作为函数形参时，其数据类型必须与实参数组一致，但大小可以不一致。实参直接使用数组名，对于形参，则需要在形参列表中对其进行相应的类型说明。如果要求形参数组得到实参数组的全部元素，则应指定数组大小一致。例如：

```
int fun (int array[10], int n)
{
    ...
}
```

fun 函数有两个参数，其中形参数组 array 被说明为具有 10 个元素的一维整型数组。主调函数在调用 fun 函数时，形参数组 array 是不会另外分配内存单元的，而是和实参数组共享同一片内存单元；形参变量 n 需要临时分配内存单元，以接收实参传递来的值。执行到 return 语句或 fun 函数的结束位置，形参变量 n 的单元被释放，形参数组 array 也不再使用实参数组的单元。但若运行 fun 函数过程中，通过形参数组 array 改变了其内存单元的值，实质上改变的是实参数组对应单元的值。

为了提高函数的通用性，C 语言允许在对形参数组说明时不指定数组的长度，而仅给出类型、数组名和一对空的方括号，以便允许同一个函数可根据需要处理不同长度的数组，此时，数组的长度需要用其他参数传递。例如，以下函数完成的是统计一个一维数组中非 0 元素的个数，其数组元素的个数由参数 n 来传递。

```
int solve(int array[], int n)
{
    int sum=0,i;
    for(i=0;i<n;i++)
        if(array[i]!=0)  sum++;
    return(sum);
}
```

6.4.3　数组作为函数参数实例

【例 6.13】 编写一个求平均值的函数，输入 10 个学生某门课程的成绩，求其平均成绩。

基本思路：编写求平均值函数时，在功能上应该具有一定的通用性，我们考虑这个函数不仅可以求 10 个整数的平均值，还可以对给定的任意多个整数求其平均值。这样，在具体使用时，由主调函数传递所求数据的个数和数据序列，由这个通用的求平均值函数来计算和返回其平均值，这样就扩大了这个函数的适用范围，这种设计思想对于程序代码复用是非常重要的。

```c
#include<stdio.h>
#define N 10

float average(float array[],int n)    /*该函数完成对数组 array 中所有元素求平均值*/
{
    int  i;
    float aver,sum;
    sum=array[0];
    for(i=1;i<n;i++)                 /*完成所有元素的累加*/
        sum+=array[i];
    aver=sum/n;
    return(aver);
}

int main(void)
{
    float score[N],aver;
    int i;
    printf("请输入%d 个学生的某门课程成绩:\n",N);
    for(i=0;i<N;i++)
        scanf("%f",&score[i]);
    aver=average(score,N);            /*调用求平均值函数*/
    printf("这%d 个学生该门课程的平均成绩为%.2f\n",N,aver);
    return 0;
}
```

```
请输入10个学生的某门课程成绩:
80
78
97
65
50
74
92
88
69
70
这10个学生该门课程的平均成绩为76.30
```

程序运行时，在调用 average 函数前，数组 score 的存储内容为：

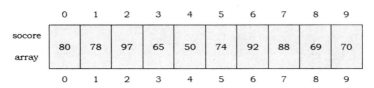

程序在调用 average 函数时，将实参数组 score 的起始地址传给了形参数组 array，这样形参数组 array 就与实参数组 score 的起始地址相同，二者共用相同的存储单元。在 average 函数运行的这段时间里，通过 array 或 score 都可以访问这段共用的存储单元。表示为：

【例 6.14】 用数组来完成数据排序。从键盘上任意输入 N 个整数，将其从大到小降序（或从小到大升序）输出。

排序问题是数组在程序设计中的典型应用，是计算机程序设计中最重要的算法之一。对该问题，必须首先明确两点：

（1）排序过程中，数据间要进行多次比较、交换，因此，必须使用数组存储这些等待排序的数。

（2）排序的算法很多，有比较互换法、选择法、冒泡法、插入法、希尔法、快速排序法等，不同的排序算法有不同的应用范围和执行效率。其中，选择排序和冒泡排序是两种最常用也是最简单的算法，但其效率并不高，一般用于在数据不是很多的情况下进行排序。

【例 6.14a】 用比较互换法实现 N 个整数的降序排列。图 6.3 是数组排序前后的存储情况。

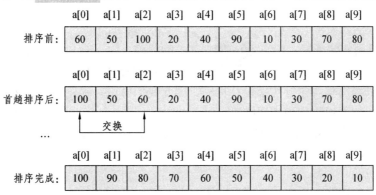

图 6.3　具有 10 个元素的数组 a 排序前后存储情况

下面先介绍最简单易懂的比较互换法，基本思路是：（按从大到小的降序排列）

第 0 步：将 a[0]依次与 a[1]，a[2]，a[3]，…，a[N−1]比较，在比较过程中，如果 a[0]小于比较的任意一个数组元素，就将 a[0]与对应的数组元素进行交换。这样，a[0]在不断增大，比较完后，a[0]中的值就是 N 个数中的最大者。一般把这样的一步操作称为一趟（或一轮）排序。

第 1 步：将 a[1]依次与 a[2]，a[3]，…，a[N−1]比较，必要时交换，这样 a[1]的值就是

a[1]，a[2]，…，a[N－1]中的最大者。

......

第 N－2 步：将 a[N－2]与 a[N－1]比较，并将较大的数放在 a[N－2]中。

这样，经过第 0 步到第 N－2 步共 N－1 趟比较排序，每一趟都是在不断缩小的范围中找到余下的数中的最大数，到第 N－2 步时排序任务就完成了。由于是在不断比较和交换数据，因此我们称其为比较互换法。

```c
#include<stdio.h>
#define N 10
int main(void)
{
    int a[N],i,j,t;
    printf("\n 输入待排序的%d 个数:",N);
    for(i=0;i<N;i++)
        scanf("%d",&a[i]);
    for(i=0;i<N-1;i++)
        for(j=i+1;j<N;j++)
            if(a[i]<a[j])
            {
                t=a[i];   a[i]=a[j];   a[j]=t;
            }
    printf("从大到小排列的结果为:");
    for(i=0;i<N;i++)
        printf("%4d",a[i]);
    return 0;
}
```

输入待排序的10个数:60 50 100 20 40 90 10 30 70 80
从大到小排列的结果为：100 90 80 70 60 50 40 30 20 10

从结构化程序设计的角度出发，发现上述程序存在明显不足，即程序的所有功能均由主函数完成，并未采用模块化方法来设计程序。因此我们可以将程序进行修改，编写一个排序函数，并采用函数调用的方式实现排序。

【例 6.14b】 采用函数调用的比较互换法实现 N 个整数的降序排列。

```c
#include<stdio.h>
#define N 10
void change(int b[],int n)          /*change 完成 N 个整数的降序排列*/
{
    int i,j,t;
    for(i=0;i<n-1;i++)
        for(j=i+1;j<n;j++)
            if(b[i]<b[j])
            {
                t=b[i];   b[i]=b[j];   b[j]=t;
            }
```

```
    }

int main(void)
{
    int a[N],i;
    printf("\n 输入待排序的%d 个数:",N);
    for(i=0;i<N;i++)
        scanf("%d",&a[i]);
    change(a,N);                      /*调用比较互换法排序函数*/
    printf("从大到小排列的结果为:");
    for(i=0;i<N;i++)
        printf("%4d",a[i]);
    return 0;
}
```

【例 6.14c】 用选择排序法实现 N 个整数的降序排列。

在例 6.14a 和 6.14b 中,排序过程要多次交换两个数组元素的值,影响了程序的执行速度。因此,可对比较互换法进行优化,减少交换次数,这就是常说的选择排序法。其基本思路是:从 a[i],a[i+1],…,a[N−1]中找出最大数存入 a[i],这一过程不是通过 a[i]依次与 a[i+1],…,a[N−1]相比较和交换,而是先在 a[i],…,a[N−1]中找出最大数所在的位置（即下标 max）,然后检查这个下标是否就是 i,若是 i,表明 a[i]中本来就存着最大数,也就不需交换了,否则,将 a[i]与该范围中的最大数 a[max]交换。这样做,可大大减少数据的交换次数。

选择排序法 select 函数书写如下:

```
void select(int b[],int n)            /*select 函数完成 N 个整数的降序排列*/
{
    int i,j,t,max;                    /*max 即对应待排序数列中最大数的下标*/
    for(i=0;i<n−1;i++)
    {
        max=i;                        /*每轮比较开始前, 假定其第一个数就是最大的*/
        for(j=i+1;j<n;j++)
            if(b[max]<b[j])   max=j;  /*max 中始终存放找到的大数的下标*/
        if(max!=i)                    /*将 b[max]与 b[i]交换*/
        {
            t=b[i];   b[i]=b[max];    b[max]=t;
        }
    }
}
```

【例 6.14d】 冒泡排序法实现 N 个整数由小到大的升序排列。

冒泡（或称起泡法）排序法,即按照相邻原则两两比较待排序序列中的元素,并交换不满足顺序要求的各对元素,直到全部满足顺序要求为止。对具有 N 个元素的序列按升序进行冒泡排序的步骤是:

（1）首先将第 1 个元素与第 2 个元素进行比较,若为逆序,则将两元素交换。然后比较第 2 个、第 3 个元素,依次类推,直到第 N−1 个和第 N 个元素进行了比较和交换。此过程称为第一趟冒泡排序。经过第一趟冒泡排序，最大元素被交换到第 N 个位置。假设初始数据有 6 个，为 9，8，5，4，2，6，共 6 个数，第一趟比较 5 次，交换 5 次，如图 6.4 所示。

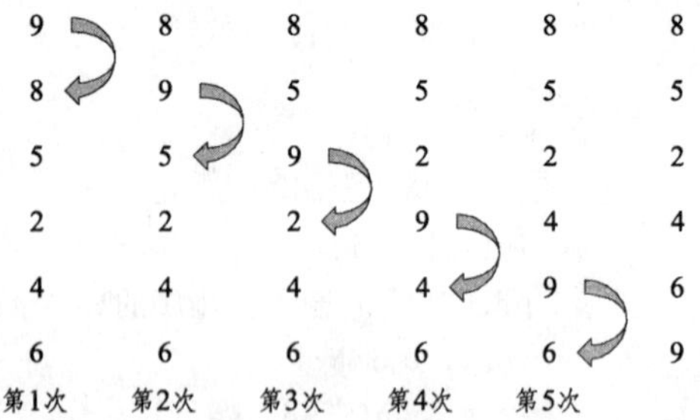

可见，经过第一趟排序后，最大的数 9 已经放在了最后一个位置，而较小数的位置都上升了。这就是冒泡排序法的特点，经过一趟比较后，大数沉底，小数上浮，就像水中的水泡一样。

图 6.4　例 6.14d 中数据第一趟交换状况图

（2）接着对前 N−1 个元素进行第二趟冒泡排序，将其中的最大元素交换到第 N−1 个位置。

（3）如此继续，直到所有的比较次数结束或在某一趟排序比较中未发生任何交换时，排序结束。

```
#include<stdio.h>
#define N 6
void bubble(int b[],int n)          /*bubble 完成 n 个整数的升序排列*/
{
    int i,j,t;
    for(i=0;i<n−1;i++)              /*i 为排序的趟数*/
        for(j=0;j<n−1−i;j++)
            if(b[j]>b[j+1])          /*升序排列，必须前小后大*/
            {
                t=b[j];  b[j]=b[j+1];    b[j+1]=t;
            }
}

int main(void)
{
    int a[N],i;
    printf("\n 输入待排序的%d 个数:",N);
    for(i=0;i<N;i++)
        scanf("%d",&a[i]);
    bubble(a,N);                     /*调用冒泡法排序函数*/
    printf("从小到大排列的结果为:");
    for(i=0;i<N;i++)
        printf("%4d",a[i]);
    return 0;
}
```

【例 6.14e】优化的冒泡排序法实现 N 个整数由小到大的升序排列。

可对以上程序进行优化，以减少循环次数。若某趟排序结束后，数组已排好序，但是计算机此时并不知道已经排好序。计算机还需进行若干趟比较，但在后续的每一趟比较中，并没有发生任何数据交换，因此以后的比较就是不必要的。为了标志在比较中是否进行了数据交换，可以设置一个标志量 flag，在进行每趟比较前将 flag 置成 0，如果在比较中发生了数据交换，则将 flag 置为 1。在每一趟排序结束后，再判断 flag 的值，如果它仍为 0，则表示在该趟排序中未发生数据交换，数组元素已经全部有序，排序提前结束；否则进行下一趟比较。

优化的冒泡排序法 good_bubble 函数如下：

```
void good_bubble(int b[],int n)    /*good_bubble 函数完成 n 个整数的升序排列*/
{
    int i,j,flag,t;
    for(i=1;i<n-1;i++)             /*i 为排序的趟数*/
    {
        flag=0;                    /*设置标志量，用于判断本趟是否发生数据交换*/
        for(j=0;j<n-i;j++)
            if(b[j]>b[j+1])        /*升序排列，必须前小后大*/
            {
                t=b[j];   b[j]=b[j+1];   b[j+1]=t;
                flag=1;            /*有数据交换发生，即将 flag 置为 1*/
            }
        if(!flag)
            break;                 /*若本趟没有发生过数据交换，提前结束排序*/
    }
}
```

【例 6.15】　数组元素的查找。

查找问题是数组应用在程序设计中的又一典型问题。程序员常常需要对存储在数组中的大量数据进行处理，并且需要确定其中是否存在一个数值等于某个关键字值的数据。在数组中搜索一个特定元素的处理过程，称为查找。常用的查找方法有：

（1）简单的线性查找。

（2）效率更高的折半查找。

【例 6.15a】　数组元素的线性查找。

数组是一种线性存储结构，所谓线性结构是指组成数组的数组元素除了第一个元素没有直接前趋，最后一个元素没有直接后继，其他的元素有且仅有一个直接前趋和一个直接后继。线性查找就是将待查找关键字逐个与数组元素中从第 1 个到第 N 个相比较，看是否相等从而实现查找的方法。对于一个无序数组，由于数组元素事先并没有按照一定的顺序排列，因此只能进行线性查找。有可能在第一个元素位置就找到与待查找关键字相等的元素，也有可能在最后一个位置找到它，也可能找不到待查找关键字所对应的数组元素。从平均情况看，待查找关键字需要与一半的数组元素进行比较方可找到所需元素。

```
#include<stdio.h>
#define SIZE 10
int linerSearch(int a[],int n,int key)
{
    int i;
    for(i=0;i<n;i++)        /*在数组 a 中从前向后逐个遍历元素*/
        if(a[i]==key)       /*若相等，则返回待查找关键字 key 在数组中的位置*/
```

```
            return i;
    return −1;              /*待查找关键字 key 在数组中没有找到*/
}


int main(void)
{
    int a[SIZE], searchkey, location, m;
    for(m=0;m<SIZE;m++)   /*通过运算使数组各元素得到值*/
        a[m]=10*m;
    printf("数组序列为:\n");
    for(m=0;m<SIZE;m++)
        printf("%4d",a[m]);
    printf("\n 请输入待查关键字:");
    scanf("%d",&searchkey);
    location=linerSearch(a,SIZE,searchkey);   /*调用线性查找函数,实现查找*/
    if(location!=−1)
        printf("待查关键字找到了,位置为第%d 个元素!\n",location+1);
    else
        printf("在数组中没有找到待查关键字!\n");
    return 0;
}
```

数组序列为:
   0 10 20 30 40 50 60 70 80 90
请输入待查关键字:50
待查关键字找到了,位置为第6个元素!

【例 6.15b】 采用折半查找实现数组元素的查找。

对于规模较小的数组或无序数组,可以采用线性查找方法。但是对于有序排列的数组,更适合采用快速高效的折半查找方法。

折半查找的优点是每次比较之后有一半的数组元素可以排除在比较范围之外,其基本思路是(假设数组已按升序排列):

(1)首先用待查找关键字与位于数组中间的元素值进行比较。若相等,则找到指定数据并返回数组中间元素的下标;否则,查找问题的规模将缩小为在一半的数组元素中查找;

(2)若待查找关键字小于数组的中间元素的值,则在前一半数组元素中继续查找,否则在后一半数组元素中继续查找;

(3)若还是没有找到,则在原始数组 1/4 大小的子数组中继续查找……不断重复该查找过程,直到待查找关键字等于子数组中间的元素值(找到待查找关键字),或者子数组中只包含一个不等于待查找关键字的元素(即没有找到待查找关键字)时为止。

图 6.5 为折半查找示意图。在数组中查找值为 50 的元素,只需要经过 3 次比较,即可找到。而在上面的线性查找中,需要经过 6 次比较才能找到。

折半查找比线性查找的效率要高得多,在最坏的情况下,查找一个拥有 1023 个元素的数组,采用折半查找只需要进行 10 次比较。因为不断地用 2 来除 1024 得到的商分别为 512,256,128,64,32,16,8,4,2,1,即 1024(2^{10})用 2 除 10 次就可得到 1。用 2 除一次就相当于折半查找中的一次比较。查找一个拥有 1048576(2^{20})个元素的数组，采用折半查找最多只需要进行 20 次比较就可以得到结果。查找一个元素个数超过 10 亿个的数组，最多只需进行 30 次比较即可。相对于需要与一半的数组元素进行比较的线性查找而言，折半查找在效率上的提高是巨大的。理论上，折半查找最多需要的比较次数是第一个大于数组元素个数的 2 的幂次数(例如，对于拥有 100 个元素的数组进行折半查找，则最多查找次为 7 次，因为 2^7>100 而 2^6<100)。

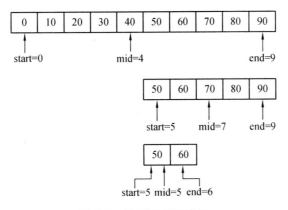

图 6.5　折半查找示意图

```c
#include<stdio.h>
#define SIZE 10
int halfSearch(int a[],int n,int key)
{
    int start=0,end=n-1,mid;        /*设置查找区间的起点和终点*/
    while(start<=end)
    {
        mid=(start+end)/2;          /*计算区间中点*/
        if(a[mid]==key)             /*若区间中点元素与指定值 key 相等*/
            return mid;             /*则返回区间中点元素的下标*/
        else if(key>a[mid])         /*否则，若指定值 key 大于中点元素*/
            start=mid+1;            /*则取后半区间继续查找*/
        else
            end=mid-1;              /*否则取前半区间继续查找*/
    }
    return -1;                      /*未找到,返回-1*/
}

int main(void)
{
    int a[SIZE],searchkey,location,m;
    for(m=0;m<SIZE;m++)             /*通过运算使数组各元素得到值*/
        a[m]=10*m;
    printf("数组序列为:\n");
```

```
    for(m=0;m<SIZE;m++)
        printf("%4d",a[m]);
    printf("\n 请输入待查关键字:");
    scanf("%d",&searchkey);
    if((location=halfSearch(a,SIZE,searchkey))!=-1)
        printf("待查关键字%d 是数组中的第%d 个元素!\n",searchkey,location+1);
    else
        printf("在数组中没有找到待查关键字!\n");
    return 0;
}
```

数组序列为:
```
    0   10   20   30   40   50   60   70   80   90
```
请输入待查关键字:50
待查关键字50是数组中的第6个元素!

【例 6.15c】 采用折半查找实现数组元素的查找,并显示出查找过程。

为了说明折半查找过程,修改例 6.15b,将每次查找的序列显示,让读者清晰整个查找过程。

```
#include<stdio.h>
#define SIZE 10
int halfSearch(int a[],int key,int start,int end);
void printHeader(void);
void printRow(int a[],int start,int mid,int end);
int main(void)
{
    int a[SIZE],searchkey,location,m;
    for(m=0;m<SIZE;m++)                              /*通过运算使数组各元素得到值*/
        a[m]=10*m;
    printf("数组序列为:\n");
    for(m=0;m<SIZE;m++)
        printf("%4d",a[m]);
    printf("\n 请输入待查关键字:");
        scanf("%d",&searchkey);
    printHeader();
    location=halfSearch(a,searchkey,0,SIZE-1);        /*调用折半查找函数*/
    if(location!=-1)
        printf("待查关键字%d 是数组中的第%d 个元素!\n",searchkey,location+1);
    else
        printf("在数组中没有找到待查关键字!\n");
    return 0;
}


int halfSearch(int a[],int key,int start,int end)
{
    int mid;                                          /*查找区间中点*/
    while(start<=end)
```

```
    {
        mid=(start+end)/2;                    /*计算区间中点*/
        printRow(a,start,mid,end);            /*调用输出子数列函数*/
        if(a[mid]==key)                       /*若区间中点元素与指定值 key 相等*/
            return mid;                       /*则返回区间中点元素的下标*/
        else if(key>a[mid])                   /*否则，若指定值 key 大于中点元素*/
            start=mid+1;                      /*则取后半区间继续查找*/
        else
            end=mid-1;                        /*否则取前半区间继续查找*/
    }
    return -1;                                /*未找到,返回-1*/
}

void printHeader(void)
{
    int i;
    printf("\n 各次折半后子数组:\n");
    for(i=0;i<SIZE;i++)                       /*输出各下标值*/
        printf("%4d ",i);
    printf("\n");
    for(i=1;i<=5*SIZE;i++)
        printf("-");
    printf("\n");
}

void printRow(int a[],int start,int mid,int end)
{
    int i;
    for(i=0;i<SIZE;i++)
    {
        if(i<start||i>end)printf("     ");
        else if(i==mid)                       /*输出中间元素*/
            printf("%4d*",a[i]);
        else
            printf("%4d ",a[i]);              /*输出余下的查找数列*/
    }
    printf("\n");
}
```

```
数组序列为:
  0  10  20  30  40  50  60  70  80  90
请输入待查关键字:50

各次折半后子数组:
  0    1    2    3    4    5    6    7    8    9
--------------------------------------------------
  0   10   20   30   40*  50   60   70   80   90
                             50   60   70*  80   90
                             50*  60
待查关键字50是数组中的第6个元素!
```

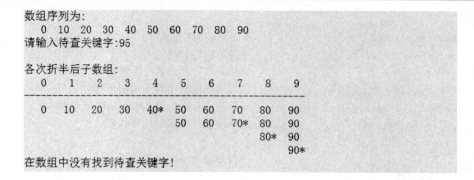

数组序列为:
```
 0  10  20  30  40  50  60  70  80  90
```
请输入待查关键字:95

各次折半后子数组:
```
 0   1   2   3   4   5   6   7   8   9
---------------------------------------------
 0  10  20  30  40* 50  60  70  80  90
                    50  60  70* 80  90
                                80* 90
                                    90*
```
在数组中没有找到待查关键字!

6.5 多维数组

C 语言中的数组可以有多个下标。通常把二维及以上维数的数组称为多维数组。二维数组的主要用途是用来表示一个二维表中按行、列组织在一起的信息。为了唯一确定二维表中的一个元素,必须给出两个下标。按照习惯,第一个下标确定的是元素所在的行号,第二个下标确定的是元素所在的列号。需要两个下标才能确定一个元素位置的表格或数组,称为双下标数组(即二维数组);需要三个或以上的下标才能确定一个元素位置的数组,称为多下标数组。对于三维及以上维数的数组极少使用,经常用到的是一维或二维数组。

6.5.1 二维数组的定义

二维数组的定义格式为:

类型说明符 数组名 [常量表达式 1][常量表达式 2];

其中,类型说明符是指数组中各数组元素的数据类型,常量表达式指出数组的行、列大小。例如:

    int a[3][4];

定义了二维数组 a,它含有 3 行 4 列共 12 个数组元素,如图 6.6 所示。

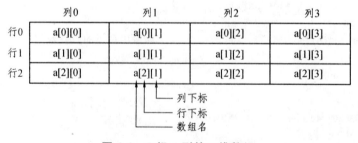

图 6.6 3 行 4 列的二维数组

从图 6.6 知道,数组 a 的每个元素都有一个形如 a[i][j]的元素名。其中,a 是数组名,i 和 j 是能够唯一确定一个数组元素的两个下标。需要注意的是,第一行元素的元素名中,第一个下标都是 0;第四列元素的元素名中,第二个下标都是 3。

可以看出,存放二维数组时,第一个下标先不变化,先变化第二个下标(0～3),等第二个下标到最大值（3）时，第一个下标才改变（0～1），接着第二个下标又从 0 开始变化。

定义二维数组时，要注意以下几点：

（1）"常量表达式 1"的值指出二维数组的行数，"常量表达式 2"的值指出二维数组的列数。常量表达式可以是整型常量或符号常量，不能是变量。

（2）二维数组中元素的存放顺序是按行存放，即在内存中先顺序存放第一行的元素，再存放第二行的元素，依此类推。

（3）由于计算机的内存地址空间是连续编址的一维线性空间，因此，二维数组及多维数组对应的存储空间也都是一维的。对于一个二维数组，C 语言编译程序将其视为一个一维数组，这个一维数组的每个元素又是一个一维数组。

例如：

   int a[3][4];

可把 a 看作是一个一维数组，它有 3 个元素：a[0]，a[1]，a[2]，每个元素又是一个含有 4 个元素的一维数组，可以把 a[0]，a[1]和 a[2]看做是 3 个一维数组的名字，假定为 x，y 和 z。从而把上面定义的二维数组理解为定义了 3 个一维数组，即：

int a[0][3],a[1][3],a[2][3];
    x   y   z

这里，我们把 a[0]，a[1]和 a[2]看做是一维数组名，在 C 语言中对二维数组的这种定义方式，使得数组的初始化和用指针表示时都十分方便。

（4）实际中只要确定了下标变量的值，计算机就可确定该下标变量在数组中对应的存储空间的地址。一般来说，数组元素 a[i][j]对应的存储空间相对于该数组起始位置的地址为：(i*列数＋j)*类型字节数。如图 6.7 所示，数组在内存中的相对地址：

如果 a 为字符型数组，则相对地址为：(i*列数+j)*1

如果 a 为实型数组，则相对地址为：(i*列数+j)*4

相对地址

0	a[0][0]	⎫
2	a[0][1]	第一行下标变量对应的存储空间
4	a[0][2]	
6	a[0][3]	⎭
8	a[1][0]	⎫
10	a[1][1]	第二行下标变量对应的存储空间
12	a[1][2]	
14	a[1][3]	⎭
16	a[2][0]	⎫
18	a[2][1]	第三行下标变量对应的存储空间
20	a[2][2]	
22	a[2][3]	⎭

图 6.7　二维数组 a 占用的存储空间

6.5.2　二维数组元素的引用

二维数组的元素的表示形式为

数组名[下标表达式 1][下标表达式 2]

其中，下标表达式可以是整型常量或整型变量及其表达式。例如：

int x[3][2];

共有 6 个元素，分别用 x[0][0]，x[0][1]，x[1][0]，x[1][1]，x[2][0]，x[2][1]表示。可用下面的语句把 10 赋给 x 数组中第 0 行，第 1 列的元素：

x[0][1]=10;

对基本数据类型的变量所能进行的各种操作，也都适合于同类型的二维数组元素。如：

x[1][1]=x[0][0]*2;

x[2][1]=x[0][0]/2+x[1][1];

二维数组元素的地址也是通过&运算得到的。如，x[1][1]元素的地址可表示为&x[1][1]。如果从键盘上为二维数组元素输入数据，一般需要使用双重循环。输入时有两种方式：

（1）按行输入方式，即先输入第 1 行，然后输入第 2 行，依此类推；

（2）按列输入方式，即先输入第 1 列，然后输入第 2 列，依此类推。

采用哪一种输入方式，完全取决于程序的需要，但使用按行输入方式与二维数组元素在内存中的存放顺序一致，程序有更高的执行效率。例如，有二维数组：

int x[3][2];

则下面的语句是按行的方式从键盘上为 x 数组的每个元素输入数据：

```
for(i=0;i<3;i++)
    for(j=0;j<2;j++)
        scanf("%d",&x[i][j]);
```

而下面的语句是按列的方式从键盘上为 x 数组的每个元素输入数据：

```
for(i=0;i<2;i++)
    for(j=0;j<3;j++)
        scanf("%d",&x[j][i]);
```

6.5.3　二维数组的初始化

与一维数组一样，二维数组也可以在定义时初始化。初始化有以下几种方式：

1. 对数组的全部元素赋初值

（1）按行给二维数组赋初值，例如：

int x[3][2]={{1,2},{3,4}, {5,6}};

其中的初始值按行用花括号括起来成为若干组。如果没有为给定的行提供足够多的初始值，那么剩余的数组元素将被初始化为 0。

（2）按数组存储时的排列顺序赋初值，例如：

int y[3][2]={1,2,3,4,5,6};

该语句执行之后有：

　　　　y[0][0]=1,y[0][1]=2,y[1][0]=3,y[1][1]=4,y[2][0]=5,y[2][1]=6

　　（3）给二维数组赋初值时允许省略第一维长度的说明，但是不能省略第二维的长度，例如：

　　　　int z[][2]={1,2,3,4,5,6};　/*正确。给定所有初值时可省略数组的第一维长度*/

该语句执行之后 C 语言编译系统自动计算出第一维长度为 3，因此，同样有：

　　　　z[0][0]=1,z[0][1]=2,z[1][0]=3,z[1][1]=4,z[2][0]=5,z[2][1]=6

但不能定义成：

　　　　int z[3][ ]={1,2,3,4,5,6};　/*错误。在任何情况下都是不能省略第二维长度的*/

2. 对数组的部分元素赋初值

例如：

　　　　int x[3][2]={{1},{2,3},{4}};

该语句执行时对数组各行的数组元素按从左到右的顺序进行赋值，对一行内没有指定初值的数组元素自动赋值为 0，因此有：

	0	1
x[0]	1	0
x[1]	2	3
x[2]	4	0

　　在 C 语言中允许定义多维数组，并且对数组的维数没有限制，对多维数组的定义和引用方式与二维数组的定义和引用方式相似，这里不再讨论。

6.5.4　二维数组程序举例

　　下面通过几个示例来说明二维数组在程序设计中的应用。

　　【例 6.16】　求一个矩阵的转置矩阵。

　　转置矩阵就是将一个二维数组中的行元素和列元素互换后，存入另一个二维数组中。例如矩阵 a 的转置矩阵是 b：

array a:　　　　array b:

$$\begin{pmatrix} 1 & 2 & 3 \\ 4 & 5 & 6 \end{pmatrix} \quad \begin{pmatrix} 1 & 4 \\ 2 & 5 \\ 3 & 6 \end{pmatrix}$$

```
#include<stdio.h>
int main(void)
{
    int a[2][3]={{1,2,3},{4,5,6}};  /*按行初始化二维数组 a*/
    int b[3][2],i,j;
    printf("array  a:\n");
    for(i=0;i<=1;i++)
```

```
    {
        for(j=0;j<=2;j++)    /*按行输出数组 a，同时将其行元素赋给数组 b 的列*/
        {
            printf("%5d",a[i][j]);
            b[j][i]=a[i][j];
        }
        printf("\n");
    }
    printf("array b:\n");
    for(i=0;i<=2;i++)        /*按行输出数组 b*/
    {
        for(j=0;j<=1;j++)
            printf("%5d",b[i][j]);
        printf("\n");
    }
    return 0;
}
```

```
array  a:
    1    2    3
    4    5    6
array b:
    1    4
    2    5
    3    6
```

在处理二维数组时，一般都要用到双重循环结构。其中，外循环用于控制行下标，内循环用于控制列下标。

【例 6.17】 按下面格式输出杨辉三角形。

```
    1
    1    1
    1    2    1
    1    3    3    1
    1    4    6    4    1
        …
```

杨辉三角形有以下的性质：

（1）首行只有一个元素 1；

（2）从第 2 行开始，首末两元素都为 1，中间的第 k 个元素是上一行第 k−1 个元素和第 k 个元素之和。

假设程序的输出为 10 行，其程序如下：

```
#include<stdio.h>
#define N 10
int main(void)
{
    int a[N][N],i,j;            /*定义数组 a，共 N 行 N 列*/
```

```
    a[0][0]=1;                          /*将 0 行 0 列元素赋值为*/
    for(i=1;i<N;i++)
    {
        a[i][0]=1;                      /*将每行 0 列元素赋值为*/
        a[i][i]=1;                      /*将每行对角线位置列元素赋值为*/
        for(j=1;j<i;j++)
            a[i][j]=a[i-1][j-1]+a[i-1][j];   /*计算每行中间位置元素，值为上行前
                                              一列与当前列元素值之和*/
    }
    printf("\n 杨辉三角形前%d 行:\n",N);
    for(i=0;i<N;i++)
    {
        for(j=0;j<=i;j++)               /*按行输出杨辉三角形*/
            printf("%6d",a[i][j]);
        printf("\n");
    }
    return 0;
}
```

杨辉三角形前 10 行:

```
    1
    1     1
    1     2     1
    1     3     3     1
    1     4     6     4     1
    1     5    10    10     5     1
    1     6    15    20    15     6     1
    1     7    21    35    35    21     7     1
    1     8    28    56    70    56    28     8     1
    1     9    36    84   126   126    84    36     9     1
```

程序中，将数组的行数和列数 N 定义为符号常量，改变 N 的大小，就可以输出不同行数的杨辉三角形。

【例 6.18】 计算出 2011 年某月某日为星期几？已知 2011 年 1 月 1 日为周六，非闰年。

```
#include<stdio.h>
int main(void)
{
    int month,day,k;
    char q='y';      /*定义是否继续运行的变量 q*/
    int days[13]={0,31,28,31,30,31,30,31,31,30,31,30,31};   /*每月天数的数组*/
    /*初始化星期名称数组*/
    char week[7][4]={"Fri","Sat","Sun","Mon","Tue","Wen","Thu"};
    while(q=='y'||q=='Y')
    {
        do
        {
            printf("请输入年的某月某日(Month,Day):");
            scanf("%d,%d",&month,&day);
```

```
        }while(day>days[month]);      /*输入日期的合法性验证*/
        for(k=1;k<month;k++)          /*再累计上输入月份前的若干月的天数*/
            day+=days[k];
        printf("The day is %s.\n",week[day%7]); /*总天数与 7 的余数即是对应的
                                                   星期数组行下标*/
        getchar();                    /*读取输入月日后的回车符*/
        printf("是否继续?(y/n)\n");
        q=getchar();
    }
    return 0;
}
```

```
请输入2011年的某月某日(Month,Day):5,9
The day is Mon.
是否继续?(y/n)
y
请输入2011年的某月某日(Month,Day):6,12
The day is Sun.
是否继续?(y/n)
```

本程序中，若计算 1 月 1 日，则总天数为 1 天，1 与 7 相除余数为 1。由于 1 月 1 日为周六，因此初始化 week 数组时，应该从"Fri"开始。二维字符数组 week 中存放星期名称：

week[0]	"Fri"
week[1]	"Sat"
week[2]	"Sun"
week[3]	"Mon"
week[4]	"Tue"
week[5]	"Wen"
week[6]	"Thu"

　　将 week 数组看成是一个特殊的一维数组。其中，每个元素 week[i]（i 取值为 0~6）可看作是每行，而每行又是一个一维字符数组。计算出 2011 年某天距该年第 1 天相差的天数，再与 7 求余数，即可知道 week 数组的行下标，从而确定是星期几。

【例 6.19】 二维数组综合示例程序 1，学生成绩处理。

　　要存放多个学生若干门课程的成绩，必须使用二维数组。我们用数组 scores 存储学生的 4 门课程成绩，其中数组的每一行对应一个学生，每一列表示学生的某门课程成绩。程序中共有 4 个函数对数组进行处理：max 函数用于求所有成绩中的最高分；min 函数用于求所有成绩中的最低分；average 函数用于求某个学生 4 门课程的平均分；printfArray 函数用于以清晰的表格形式显示学生的原始成绩清单。

```
#include<stdio.h>
#define STUDENTS 3
#define EXAMS 4
int min(int grades[][EXAMS],int pupils,int tests);
int max(int grades[][EXAMS],int pupils,int tests);
float average(int lineGrades[],int tests);
```

```
void printArray(int grades[][EXAMS],int pupils,int tests);
int main(void)
{
    int m,n,Max,Min;
    float Ave;
    int scores[STUDENTS][EXAMS];
    for(m=0;m<STUDENTS;m++)
    {
        for(n=0;n<EXAMS;n++)
        {
            printf("请输入第%d 名学生第%d 门课程成绩:",m+1,n+1);
            scanf("%d",&scores[m][n]);
        }
        printf("\n");
    }
    printArray(scores,STUDENTS,EXAMS);      /*调用 printArray 函数，显示学生成绩*/
    Max=max(scores,STUDENTS,EXAMS);         /*调用 max 函数，求出最高分*/
    Min=min(scores,STUDENTS,EXAMS);         /*调用 min 函数，求出最低分*/
    printf("\n\nLowest grade:%d\nHighest grade:%d\n",Min,Max);
    printf("\n");
    for(m=0;m<STUDENTS;m++)                 /*调用 average 函数，求每个学生的平均分*/
    {
        Ave=average(scores[m],EXAMS);
        printf("第%d 个学生的平均成绩是:%.2f\n",m+1,Ave);
    }
    return 0;
}


int min(int grades[][EXAMS],int pupils,int tests)    /*min 函数实现求最低分*/
{
    int i,j;
    int lowGrade=100;                       /*定义最低分变量，初始化为 100*/
    for(i=0;i<pupils;i++)
        for(j=0;j<tests;j++)
            if(grades[i][j]<lowGrade)/*若当前元素值小于最低分变量，则完成赋值*/
                lowGrade=grades[i][j];
    return lowGrade;
}


int max(int grades[][EXAMS],int pupils,int tests)    /*max 函数实现求最高分*/
{
    int i,j;
    int highGrade=0;                        /*定义最高分变量，初始化为 0*/
```

```
    for(i=0;i<pupils;i++)
        for(j=0;j<tests;j++)
            if(grades[i][j]>highGrade)/*若当前元素值大于最高分变量，则完成赋值*/
                highGrade=grades[i][j];
    return highGrade;
}


float average(int lineGrades[],int tests)/*average 函数，求出每个学生的平均分*/
{
    int i;
    float total=0;
    for(i=0;i<tests;i++)
        total+=lineGrades[i];
    return total/tests;
}


void printArray(int grades[][EXAMS],int pupils,int tests)/*输出学生原始成绩*/
{
    int i,j;
    printf("\t\t[0]\t[1]\t[2]\t[3]");
    for(i=0;i<pupils;i++)
    {
        printf("\nscores[%d] ",i);
        for(j=0;j<tests;j++)
        printf("\t%-d",grades[i][j]);
    }
}
```

```
请输入第1名学生第3门课程成绩:75
请输入第1名学生第4门课程成绩:89

请输入第2名学生第1门课程成绩:94
请输入第2名学生第2门课程成绩:90
请输入第2名学生第3门课程成绩:88
请输入第2名学生第4门课程成绩:96

请输入第3名学生第1门课程成绩:67
请输入第3名学生第2门课程成绩:60
请输入第3名学生第3门课程成绩:75
请输入第3名学生第4门课程成绩:72

                [0]     [1]     [2]     [3]
scores[0]       87      90      75      89
scores[1]       94      90      88      96
scores[2]       67      60      75      72

Lowest grade:60
Highest grade:96

第1个学生的平均成绩是:85.25
第2个学生的平均成绩是:92.00
第3个学生的平均成绩是:68.50
```

进一步分析程序,max 函数,min 函数和 printArray 函数都需要接收三个实参:数组 scores(在函数中为数组 grades),学生人数(即数组的行数),课程数(即数组的列数)。这三个函数的核心都是用嵌套的 for 循环来对数组进行循环处理的。

average 函数的功能是计算一行数组元素的总和,然后再用课程的门数去除这个总和,返回一个学生的平均分。average 函数需要接收两个实参:第一个是存储某个学生课程成绩的一维数组 lineGrades 的首地址,第二个是数组中所存储的课程门数。调用 average 函数时,首先传递的实参是 scores[m],这就是把二维数组中某一行的首地址传递给了 average 函数。例如:scores[1]就是二维数组中第 2 行的首地址。

特别说明:

(1)二维数组就是以一维数组为元素的一个特殊的一维数组。二维数组中的一行就相当于一个一维数组。

(2)对于一维数组而言,其数组名就是它在存储器中的起始地址。

【例 6.20】　二维数组综合示例程序 2,用冒泡排序法实现若干字符串的升序排列。

一维字符数组可以存储一个字符串,但若要存储若干个字符串,则要用到二维字符数组,在二维字符数组的每行中存储一个字符串。一个二维数组可以看作是由多个一维数组组成的,因此一个 n×m 的二维数组可以存放 n 个字符串,每个字符串的最大长度为 m−1,因为还要留下一个字节存放'\0'。需要注意的是,在 C 语言中不能定义变长二维数组,用二维字符数组存储字符串可能会造成内存空间的浪费,因为要用最长字符串的长度作为二维数组的列长,这样分配的内存单元中很多存储空间其实都是没有用到的。例如:

　　　　char a[4][10]={"Spring", "Summer", "Autumn", "Winter" };
各元素的存放结构为:

a[0]	"Spring"
a[1]	"Summer"
a[2]	"Autumn"
a[3]	"Winter"

a 数组可以看成是由 4 个元素(a[0],a[1],a[2],a[3])组成的一维数组,每个元素又是包含多个元素的一维数组。若要引用其中某一行字符串,直接使用一维数组名即可,因为一维数组名就表示本行的首地址。例如:

　　　　printf("%s", a[1]);
将从给定的地址开始逐个输出字符,直到遇到第一个'\0'时结束输出,输出结果为 Summer。

如果输出改为:

　　　　printf("%s",a[1]+2);
则输出结果为:mmer,这是因为 a[1]表示第 2 行的起始地址,a[1]+2 表示&a[1][2]。

多个字符串的处理,用二维数组是非常方便的,以行为单位,将一个字符串作为一个整体进行输入、输出及相关的操作,可以大大简化程序,提高程序的可读性及运行效率。在第 7 章中,还可以用行指针来处理多个字符串。

```c
#include<stdio.h>
#include<string.h>
#define N 10
void bupple(char strArray[][20],int m);
int main(void)
{
    char name[N][20];              /*定义二维字符数组，以接收键盘输入的若干字符串*/
    int k;
    printf("请输入%d 个字符串:\n",N);
    for(k=0;k<N;k++)                /*用 gets 函数输入字符串，其中可以包含空格*/
        gets(name[k]);
    printf("输出各字符串:\n");
    for(k=0;k<N;k++)
        printf("%s  ",name[k]);
    printf("\n");
    bupple(name,N);                 /*调用冒泡法排序函数 bupple，完成排序*/
    printf("升序排序结果为:\n");
    for(k=0;k<N;k++)
        printf("%s  ",name[k]);
    printf("\n");
    return 0;
}


void bupple(char strArray[][20],int m)/*冒泡排序法，实现 m 个字符串的升序排列*/
{
    int i,j,flag;
    char temp[20];
    for(i=1;i<m-1;i++)
    {
        flag=0;                    /*每趟冒泡排序比较前，置标志变量 flag 为 0*/
        for(j=0;j<m-i;j++)
        {
            if(strcmp(strArray[j],strArray[j+1])>0) /*进行相邻两字符串的比较，
                                                 若前大后小，则交换*/
            {
                strcpy(temp,strArray[j]);
                strcpy(strArray[j],strArray[j+1]);
                strcpy(strArray[j+1],temp);
                flag=1; /*同时置 flag 为 1，表示在本趟冒泡排序中有数据交换发生*/
            }
        }
        if(flag==0) break;   /*若本趟比较中没有数据交换发生，即表示序已排好*/
    }
}
```

```
请输入10个字符串:
GuoXiaoli
ChenXiuqin
CaoNing
LuoYifeng
ZhangShenyu
LeiQiang
TongJunfeng
DongRunze
LiYue
WangJie
输出各字符串:
GuoXiaoli ChenXiuqin CaoNing LuoYifeng ZhangShenyu LeiQiang TongJunfeng D
ongRunze LiYue WangJie
升序排序结果为:
CaoNing ChenXiuqin DongRunze GuoXiaoli LeiQiang LiYue LuoYifeng TongJunfe
ng WangJie ZhangShenyu
```

本程序中，将二维字符数组看做是特殊的一维数组，每个一维数组名均表示一行，是该行的首地址，以行为单位处理字符串，一行即是一个字符串。

6.6 小 结

本章主要介绍了一维数组、二维数组的使用。一维数组、二维数组的定义、初始化以及用下标法访问数组元素是使用数组的基本知识，必须熟练掌握。

本章重点介绍了字符数组和字符串的使用，以及字符串处理函数，为后续的用指针处理字符串打好了基础。对于字符串，通常用字符数组来处理。字符串处理函数包括字符串的输入、输出、复制、拷贝、连接、比较、字母大小写转换等。

数组与函数的关系是本章的重点和难点，详细介绍了用数组元素作为函数参数、数组名作为函数参数的区别和用法。

本章还介绍了两个常用算法：排序和查找。这两个算法是展开大量复杂问题的基础，要求必须掌握。

数组主要用于存储和处理成批的同类数据，可以提高编程效率，降低编程难度。

习 题

1. 选择题

（1）下列选项中，能正确定义数组的语句是（ ）。

（A）int num[0..2008];　　　　　　　　（B）int num[];

（C）int N=2008;　　　　　　　　　　　（D）#define N 2008

　　　int num[N];　　　　　　　　　　　　　int num[N];

（2）下面是有关 C 语言字符数组的描述，其中错误的是（ ）。

（A）不可以用赋值语句给字符数组名赋字符串

（B）可以用输入语句把字符串整体输入给字符数组

（C）字符数组中的内容不一定是字符串

（D）字符数组只能存放字符串

（3）设有定义：char s[81];int i=10;，以下能将一行（不超过 80 个字符）带有空格的字符串正确读入的语句或语句组是（　　）。

（A）gets(s)

（B）while((s[i++]=getchar( ))!="\n";s="\0";

（C）scanf("%s",s);

（D）do{scanf("%c",&s);}while(s[i++]!="\n");s="\0";

（4）若有定义语句：int m[]={5,4,3,2,1},i=4;，则下面对 m 数组元素的引用中错误的是（　　）。

（A）m[－－i]　　　　（B）m[2*2]　　　　　　（C）m[m[0]]　　　　　　（D）m[m[i]]

（5）以下错误的定义语句是（　　）。

（A）int x[][3]={{0},{1},{1,2,3}};

（B）int x[4][3]={{1,2,3},{1,2,3},{1,2,3},{1,2,3}};

（C）int x[4][]={{1,2,3},{1,2,3},{1,2,3},{1,2,3}};

（D）int x[][3]={1,2,3,4};

（6）设有如下程序段

```
char s[20]= "Bejing",*p;
p=s;
```

则执行 p=s;语句后，以下叙述正确的是（　　）。

（A）可以用*p 表示 s[0]

（B）s 数组中元素的个数和 p 所指字符串长度相等

（C）s 和 p 都是指针变量

（D）数组 s 中的内容和指针变量 p 中的内容相等

（7）若有定义：int a[2][3];，以下选项中对 a 数组元素正确引用的是（　　）。

（A）a[2][!1]　　　（B）a[2][3]　　　　　（C）a[0][3]　　　　　　（D）a[1>2][!1]

（8）有定义语句：char s[10];，若要从终端给 s 输入 5 个字符，错误的输入语句是（　　）。

（A）gets(&s[0]);　　　　　　　　　　（B）scanf ("%s",s+1);

（C）gets(s);　　　　　　　　　　　　（D）scanf ("%s",s[1]);

（9）有以下程序

```
#include<stdio.h>
int main(void)
{ int b[3][3]={0,1,2,0,1,2,0,1,2},i,j,t=1;
    for(i=1;i<3;i++)
    for(j=1;j<=1;j++)  t+=b[i][b[j][i]];
    printf("%d\n",t);
    return 0;
}
```

程序运行后的输出结果是（　　）。

（A）1　　　　　　（B）3　　　　　　（C）4　　　　　　（D）9

（10）有以下程序

```
#include<stdio.h>
```

```
#include<string.h>
int main(void)
{ char a[10]="abcd";
  printf("%d,%d\n",strlen(a),sizeof(a));
}
```

程序运行后的输出结果是（　　）。

(A) 7,4　　　　　　(B) 4,10　　　　　　(C) 8,8　　　　　　(D) 10,10

2. 填空题

(1) 数组元素是由于它们具有相同的_____和_____而关联在一起的。

(2) 用于访问数组中特定元素的值叫做元素的_____。

(3) 应该使用_____来指定数组的大小是因为这使得程序具有更好的可扩展性。

(4) 将一个数组中的元素按照一定的顺序排列的处理过程称为对一个数组进行_____
____；确定一个数组中是否包含某个搜索关键字的处理过程称为对一个数组进行_____。

(5) 使用两个下标的数组称为_____数组。

(6) 以下程序用以删除字符串中所有的空格，请填空。

```
#include<stdio.h>
int main(void)
{ char s[100]={"Our teacher teach C language!"};
  int i,j;
  for(i=j=0;s[i]!='\0';i++)
    if(s[i]!=' ')  { s[j]=s[i]; j++; }
  s[j]=_____;
  printf("%s\n",s);
  return 0;
}
```

(7) 以下程序按下面指定的数据给 x 数组的下三角置数，并按如下形式输出，请填空。

```
4
3  7
2  6  9
1  5  8  10
```

```
#include <stdio.h>
int main(void)
{ int x[4][4],n=0,i,j;
  for(j=0;j<4;j++)
    for(i=3;i>=j;_____ )  { n++; x[i][j]=_____ ; }
  for(i=0;i<4;i++)
  { for(j=0;j<=i;j++)  printf("%3d",x[i][j]);
    printf("\n");
  }
  return 0;
}
```

（8）有以下程序

```c
#include <stdio.h>
void fun(int a, int b)
{ int t;
  t=a; a=b; b=t;
}
int main(void)
{ int c[10]={1,2,3,4,5,6,7,8,9,0}, i;
  for (i=0; i<10; i+=2) fun(c[i], c[i+1]);
  for (i=0; i<10; i++) printf("%d ", c[i]);
  printf("\n");
  return 0;
}
```

此程序运行的结果是_____。

（9）有以下程序

```c
#include <stdio.h>
void fun(int a[], int n)
{ int i, t;
  for(i=0; i<n/2; i++) { t=a[i];  a[i]=a[n-1-i];  a[n-1-i]=t; }
}
int main(void)
{ int k[10]={1,2,3,4,5,6,7,8,9,10}, i;
  fun(k, 5);
  for(i=2; i<8; i++)    printf("%d", k[i]);
  printf("\n");
  return 0;
}
```

此程序运行的结果是_____。

（10）有以下程序

```c
#include <stdio.h>
#define N 4
void fun(int a[][N], int b[])
{ int i;
  for(i=0; i<N; i++)    b[i]=a[i][i];
}
int main(void)
{ int x[][N]={{1,2,3}, {4}, {5,6,7,8}, {9,10}}, y[N], i;
  fun(x, y);
  for (i=0; i<N; i++)    printf("%d", y[i]);
  printf("\n");
  return 0;
}
```

此程序运行的结果是_____。

实验 9　数组的基本操作

1. 请找出并更正下列语句中的错误。

（1）int x[5]={1,2,3,4,5},y[5];

　　y=x；

（2）#define SIZE 10;

　　int a[SIZE]={1}；

（3）SIZE=10;

　　int a[SIZE]={0},i；

　　for(i=0;i<=SIZE;i++)

　　　　a[i]=i*2；

（4）#define SIZE=10

　　int a[SIZE]={1}；

（5）int n;

　　scanf("%d",&n)；

　　int a[n]；

2. 有一个已排好序的数组，今输入一个数，要求按原来排序的规律将它插入数组中。

3. 设数组 a 有 N 个元素，将其中前 m 个元素移动到随后的 N−m 个元素之后。例如，a[]={1,2,3,4,5,6,7,8,9,10}，则 N 为 10，设 m=3，移位后 a 数组的元素值分别为 4,5,6,7,8,9,10,1,2,3。

4. 输入一个任意 6 位正整数，求出由该数各位数字组成的最大数和最小数。例如，输入的整数为 601284，则由各位数字组成的最大数为 864210，最小数为 12468（提示：将整数的各位数分解到一个一维数组中，再将其排序，最后组合成最大数和最小数）。

5. 输入 5～9 的整数，整数个数不超过 50 个。若输入的数不在 5～9，则输入结束。求 5、6、7、8、9 各有多少个。

6. 回文是指一个顺读和倒读都是相同的字符串。例如，"level"就是一个回文字符串。请用递归的方法编写一个能够测试是否为回文的 fun 函数。如果存储在字符数组中的字符串是一个回文，则 fun 函数返回 1，否则返回 0，并且 fun 函数将忽略掉空格和标点符号（如："abcd dcba"也是一个回文字符串）。

7. （典型算法·埃拉托色尼筛法）素数是大于 1 的且仅能被自身和 1 整数的整数。埃拉托色尼筛法是寻找素数的一种方法。算法如下：

（1）创建一个元素全部被初始化为 1（真）的数组。下标为素数的数组元素值将保持为 1，剩下的数组元素最后将被置为 0。

（2）从数组下标 2 开始（下标 1 不是素数），每次处理首先找到一个值为 1 的数组元素，然后，在剩余的数组元素中，循环检查数组下标是否是那个值为 1 的数组元素的下标的倍数，若是，则将其元素值置为 0。例如，数组下标为 2 的数组元素值为 1，下标大于 2 的、所有下标是 2 的倍数的数组元素值将被置为 0（下标 4、6、8、10、…）。数组下标为 3 的数组元素值为 1，下标大于 3 的、所有下标是 3 的倍数的数组元素值将被置为 0（下标 6、12、15、…）。

当上述处理结束后，元素值仍然是 1 的数组下标就是素数。请编写一个程序，使用一个拥有 1000 个元素的数组元素来确定 1～999 的素数。数组的元素 0 可能忽略。

实验 10　二维数组

1. 请找出并更正下列语句中的错误。

（1）int a[2][2]={{1,2},{3,4}};

　　　a[1,1]=5;

（2）int b[5,4];

　　　…

　　　printf("%d\n", b[1+2][2]);

（3）char s[10];

　　　strncpy(s,"Welcome!",5);
　　　printf("%s\n",s);

（4）printf("%s\n",'a');

（5）char s[10];

　　　strcpy(s,"Good Better Best!");

（6）if(strcmp(string1,string2))

　　　printf("The strings are equal!\n");

2. 从键盘上为一个 5×5 的整型数组输入数据，并找出主对角线上元素的最大值及其所在的行号。

3. 编写一个程序完成一个 3×4 阶矩阵和一个 4×3 阶矩阵的相乘，并打印出结果。

4. 找出一个二维数组中的鞍点，鞍点即该位置上的元素在该行上最大，在该列上是最小，输出鞍点的下标值。也可能没有鞍点，若没有鞍点，则输出"没有鞍点！"。

5. 编写一个程序统计某班 10 个同学 3 门课程的成绩，它们是语文、数学、和英语。按编号从小到大的顺序依次输入学生成绩，最后统计每门课程全班的总成绩和平均成绩以及每个学生课程的总成绩和平均成绩，并按同学总成绩由高到低顺序输出所有人的成绩信息（包括 3 门课程、总成绩、平均成绩）。

6.（万年历）输入某年某月某日，求该年该月该日为星期几？（从公元一年开始有效）。

7.（用二维数组解决应用问题）一个公司有 4 名销售人员（1 到 4），他们都销售 5 种不同的产品（1 到 5）。每天，每一个销售人员都要为售出的每一种产品上交一个卡片，卡片包含：

① 销售人员编号（1 到 4）。

② 产品编号（1 到 5）。

③ 当天销售额。

这样，每个销售人员每天可能交上来 0 到 5 个卡片。假设上个月的所有卡片都保存好，可以使用。请编写一个程序来读入上个月（假设为 4 月）所有卡片上的信息，然后按照不同的销售人员、不同产品统计出销售总额，并将其存储在一个二维数组中。最后，将这些销售总额按照列表形式打印出来，一个销售人员占一列，一个产品占一行。每一行的末尾统计出整行数据之和表示这个月该产品的销售总额，每一列的下方统计出整列数据之和表示这个月该销售人员的销售总额。

第7章　指　针

学习目标
◆掌握指针和地址的概念
◆掌握指针变量的定义及指针运算符的使用
◆掌握用指针作函数参数的方法
◆掌握行指针与列指针的概念，用指针处理数组和字符串
◆掌握指针数组的定义及应用
◆掌握函数指针的定义及应用
◆了解指针函数的定义及应用

7.1　引　言

　　指针是 C 语言中广泛使用的一种数据类型，运用指针编程是 C 语言最主要的风格之一。利用指针变量可以表示各种数据结构，如链表、队列、堆栈、树和图等；能很方便地使用数组和字符串；能像汇编语言一样处理内存地址，从而能编出精炼而高效的程序。指针极大地丰富了 C 语言的功能。学习指针是学习 C 语言中最重要的一环，能否正确理解和使用指针是我们能否掌握 C 语言的一个标志。同时，指针也是 C 语言中最为困难的一部分，在学习中除了要正确理解基本概念，还必须要多编程和上机调试。只要做到这些，指针也是不难掌握的。

7.2　指针及指针变量

　　C 语言中的指针就是变量的地址，而指针变量是专门用于存放其他变量地址的变量。

7.2.1　地　址

　　计算机内存用于存放程序代码和相关数据，为了区分不同的内存单元，系统为每个内存单元指定一个唯一编号，称为计算机内存单元的地址。目前 32 位 PC 机内存的地址范围为 $0 \sim 2^{32}-1$，是一个连续的地址编码。定义一个变量时，系统为该变量分配一段连续的内存单元。例如：

```
short int a=100;
```

程序执行时，系统就根据其数据类型为其连续分配 2 个字节的内存单元（假设分配单元为 10000~10001），并在其中存入 100，如图 7.1 所示。在变量 a 的生存期内，系统为其分配的内存单元地址是不会改变的，但内存单元中存放的值可以改变。变量 a 的地址就是 10000（即变量 a 的起始地址），变量 a 的值是 100。

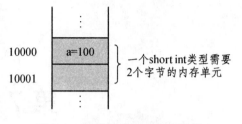

图 7.1　变量的内存单元和地址

7.2.2　指针和指针变量

1. 指　针

指针是一种不同于基本类型的数据类型，其值代表存储单元的地址，其类型代表指针所指存储单元占用多少个连续的内存单元。指针分为常量指针、变量指针和函数指针。

一个变量的地址即称为该变量的"指针"。例如，图 7.1 中，地址 10000 就是变量 a 的指针。

2. 指针变量

用于存放指针的变量称为指针变量。一个指针变量中存放的值是另外一个变量的地址。因此，可用两种方式引用变量值，即直接引用变量和间接引用变量，用变量名是直接引用变量值，而通过指针变量则是间接引用变量值的，也称为间接访问变量，如图 7.2 所示。

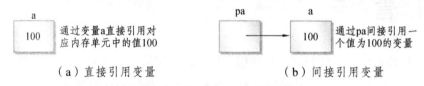

（a）直接引用变量　　　　　　　　（b）间接引用变量

图 7.2　直接和间接引用变量 a

图 7.2（a）表示直接引用，即是根据变量地址存取变量值的方式。例如，已经知道变量 a 的地址，根据此地址直接对变量 a 的存储单元进行存取引用；图 7.2（b）表示间接引用，先找到存放变量 a 地址的变量 pa，得到变量 a 的地址，即找到变量 a 的存储单元，再对它进行存取引用。

如果有一个变量专门用来存放另一个变量的地址（即指针），称它为"指针变量"。例如，图 7.2（b）中，pa 就是一个指针变量。指针变量的值（即指针变量中存放的值）是地址（即指针）。

可见，为了将数值 100 送到变量 a 中，可以有两种方法：

（1）将 100 送到 a 所标志的内存单元中，如图 7.2(a)，实现语句：int a=100;

（2）将 100 送到变量 pa 所指向的内存单元（即 a 所标志的内存单元）中，如图 7.2（b）。

所谓指向就是通过地址来体现的。假设 pa 中值为 10000，是变量 a 的地址，这样就在 pa 变量和变量 a 之间建立起了一种联系，即通过 pa 能知道 a 的地址，从而找到变量 a 的内存单元。图 7.2（b）中以箭头表示这种"指向"关系。因此，图 7.2（b）可通过以下语句实现：

```
int a,*pa=&a;
*pa=100;
```

3. 指针变量的定义

像其他所有变量一样，指针变量必须先定义后使用。定义指针变量的格式为：

数据类型 *变量名 1,*变量名 2,……;

其中，变量名前的"*"表示所定义的变量为指针变量；"数据类型"指的是指针变量所指向的数据类型，即指针变量的存储单元中能够存放哪种类型变量的地址。例如，下面的定义：

int *pa;   /*定义 pa 是指向整型的指针变量*/
float *pb;   /*定义 pb 是指向浮点变量的指针变量*/
char *pc;   /*定义 pc 是指向字符变量的指针变量*/

特别说明：

（1）用来声明指针变量的"*"并不会对一个声明语句中的所有变量同时起作用。每个指针变量名的前面都必须有一个"*"前缀。例如，若要将变量 pa 和 pb 声明为指向整型的指针变量，则必须采用这样的声明语句：

int *pa,*pb;

（2）一个指针变量只能指向同类型的变量，如 pa 只能指向整型变量，不能时而指向一个整型变量，时而又指向一个浮点型变量。

（3）"指针"和"指针变量"是两个不同的概念。例如，可以说变量 a 的指针是 10000，而不能说 a 的指针变量是 10000。指针是一个地址，而指针变量是存放地址的变量。但在通常的说法中常说的指针就是指指针变量。

（4）在 32 位计算机系统中，每个字节的地址编码都是 32 位（4 个字节）。因此所有的指针变量在内存中所占的字节数都是 4 个字节。由于在指针变量中只存放了对应变量的起始地址，因此，在定义指针变量时必须指明指针变量所指的变量的类型，以告诉编译器从指定的地址开始连取多少个字节按照何种方式组成所要的数据。

4. 指针变量的初始化

指针变量在使用前必须有确定的指向，为指针变量赋值称为指针变量的初始化，可以在定义指针变量同时对其进行初始化，也可以在赋值语句中对其赋初值。

为指针变量赋值要注意以下几点：

（1）可以给指针变量赋值为 0 或 NULL，表示指针为空指针。NULL 是在<stdio.h>头文件中定义的符号常量（#define NULL 0）。因此将指针变量初始化为 0 或者 NULL 是等价的，表示指针不指向任何变量。不允许对空指针变量所指存储空间进行读写操作。例如：

int *p=0;   /* 定义一个空指针 p */
p=200;   / 本行编译时不会出错，但运行时执行本行，程序将出错并停止执行，
              因为 p 为空指针 */

因此，在对指针变量进行操作前，应通过判断其值是否为 0 来决定后续操作。例如，可将上述代码写成：

int *p=0;
if(p!=0) *p=200; else   printf("p 为空指针!\n");

需要注意的是，当指针变量定义为静态存储时，其默认值为 0。

（2）C 语言允许将一个整型常量强制转换成指针后赋给指针变量。例如：

```
int *px=(int*)0x45ab2345;
```

表示将整数 0x45ab2345 强制转换成整型指针后赋给指针变量 px。但这种用法只有程序员对内存的分配和使用有明确约定时才有意义，初学者不要使用这种方式，否则可能会引起严重错误。

（3）C 语言允许不同类型的指针变量之间通过强制类型转换后赋值，但在使用时要注意这种转换必须有明确的目的和意义，否则得到的结果可能是不正确的，甚至会出现严重错误。

（4）一个没有初始化的指针是没有确定指向的，如果为其赋值可能会引起严重错误。例如：

```
float *px;
*px=2.5;        /* 由于 px 指向不确定，可能引起严重错误 */
```

原因是指针变量 px 是定义的一个局部自动变量，系统在为 px 分配内存空间时并不会对其进行初始化，因此 px 的值是一个随机值。这样 px 所指向的空间可能是空闲的，也可能是已经分配给其他程序的。如果是后者，当向其空间写入数据时可能引起系统保护错误或系统崩溃。

应该写成：

```
float   x,*px=&x;
*px=2.5;
```

这样 px 就有确定的指向，通过 px 就可以访问到它所指向的变量。

7.2.3 指针运算符

1. 取地址运算符&

取地址运算符**&**是单目运算符，操作数只能是一个变量，结合性为自右至左，其功能是取变量的地址，在 scanf 函数以及前面介绍指针变量赋值中，我们已经了解并使用了**&**运算符。例如有如下定义：

```
int a=100,*pa;
```

那么语句

```
pa=&a;
```

是将变量 a 的地址赋给指针变量 pa，称为指针变量 pa 指向变量 a，如图 7.3 所示。

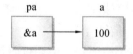

图 7.3   指向整型变量的指针在内存中的图形表示

特别说明：

取地址运算符的操作数必须是一个变量，取地址运算符不能应用于常量、表达式，或者声明为 register 存储类型的变量。

2. 取变量值运算符*

访问指针变量所指向的变量时，要用单目运算符"*****"，结合性为自右至左，该运算符称为取变量值运算符（或间接寻址运算符）。其操作数只能是一个指针（即地址），运算结果为取指针所指向变量的值。如：

```
printf("%d",*pa);
```

输出 pa 所指向的变量 a 的值，即是 100。再如：

```
*pa += 100;
```

将 pa 所指向的变量 a 的值与 100 相加后，再送回到 pa 所指向的变量 a 中，相当于 a+=100。

特别说明：

如果没有对指针变量进行正确初始化，或者没有将指针变量指向内存中某一个确定的存储单元，就去访问这个指针变量，这会引起一个致命的运行时错误，一般会引起操作系统保护而停止运行。

【例 7.1】 &和*指针运算符示例。

```c
#include<stdio.h>
int main(void)
{
    int a;
    int *pa;                /*声明指针变量 pa，指向一个 int 类型的对象*/
    a=100;
    pa=&a;                  /*指针变量 pa 得到 a 的地址，即 pa 指向变量 a*/
    printf("变量 a 的内存单元值为:%p\n 指针变量 pa 的值为:%p\n",&a,pa);
    /*%p 是以十六进制整型格式输出一个内存地址*/
    printf("\n 变量 a 的值为:%d\n 指针变量 pa 所指向变量的值为:%d\n",a,*pa);
    printf("\n&*pa=%p\n",&*pa);
    printf("*&pa=%p\n",*&pa);
    return 0;
}
```

```
变量a的内存单元值为:001DFAD4
指针变量pa的值为:001DFAD4

变量a的值为:100
指针变量pa所指向变量的值为:100

&*pa=001DFAD4
*&pa=001DFAD4
```

观察程序运行结果可以知道，a 的地址和 pa 的值是一致的，这也证明了变量 a 的地址的确是赋给了指针变量 pa。&和*运算符是互补的，不论这两个运算符以何种顺序连续作用于指针变量 pa，输出的结果都是一样的。

【例 7.2】 任意输入 a 和 b 两个整数，按从小到大的顺序输出这两个整数，但 a 和 b 的值保持不变。

基本思路：因为 a 和 b 的值不能改变，可以定义两个指针变量 pa 和 pb 分别指向变量 a 和 b，然后判断 a 和 b 的值，根据条件改变 pa 和 pb 的指向，保证 pa 始终指向较小的变量，pb 始终指向较大的变量，如图 7.4 所示。

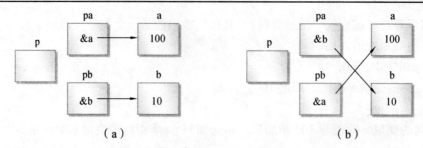

图 7.4 例 7.2 中指针变量的图形表示

```
#include<stdio.h>
int main(void)
{
    int a,b,*pa,*pb,*p;        /*声明指针变量 pa,pb,p,均指向 int 类型*/
    printf("请输入两个整数:");
    scanf("%d,%d",&a,&b);
    pa=&a;                     /*pa 指向 a*/
    pb=&b;                     /*pb 指向 b*/
    if(a>b)                    /*交换 pa 和 pb 的指向,即 pa 始终指向较小的变量*/
    {
        p=pa;   pa=pb; pb=p;
    }
    printf("\na=%d,b=%d\n",a,b);
    printf("min=%d,max=%d\n",*pa,*pb);
    return 0;
}
```

请输入两个整数:100,10

a=100,b=10
min=10,max=100

可见，a 和 b 的值并未改变，它们仍然保持原值，但 pa 和 pb 的值改变了，pa 值由原来的&a 变成了&b，pb 值由原来的&b 变成为了&a。这样在输出*pa 和*pb 时，实际输出变量 b 和变量 a 的值。此算法可归结为交换两个指针变量的指向，而原整型变量的值保持不变。

7.2.4 指针变量作为函数参数

C 语言中有两种向函数传递参数的方式：值传递和地址传递。函数的形参是整型、实型、字符型等基本类型时，实参向形参是按值传递方式传递数据的；若函数的形参为指针类型时，实参向形参传递的是一个地址。

下面通过例 7.3 和例 7.4 来说明两种参数传递方式的不同。

【例 7.3】 以值传递方式编写一个计算整数立方的函数。

```
#include<stdio.h>
int main(void)
{
```

```
        int m=10, cube;
        int cubeByVal(int n);                /*函数声明语句*/
        printf("参数 m 原始值为:%d\n", m);
        cube=cubeByVal(m);                   /*调用求一个整数立方值的函数*/
        printf("参数 m 现在值为:%d\n", m);
        printf("%d 的立方为:%d\n", m, cube);
        return 0;
}
int cubeByVal(int n)
{
        int t;
        t=n*n*n;
        return t;
}
```

```
参数m原始值为:10
参数m现在值为:10
10的立方为:1000
```

例 7.3 程序是将变量 m 传递给 cubeByVal 函数，使用的是值传递方式。cubeByBal 函数计算参数的立方，然后，使用 return 语句将计算结果返回给 main 函数。下面以图形化方式分析程序，如图 7.5 所示。

第一步：main 函数调用函数 cubeByVal 之前：

第二步：函数 cubeByVal 接受函数调用之后：

第三步：函数 cubeByVal 求得形参 n 的立方值之后以及遇到 return 之前：

第四步: 函数 cubeByVal 执行 return 之后:

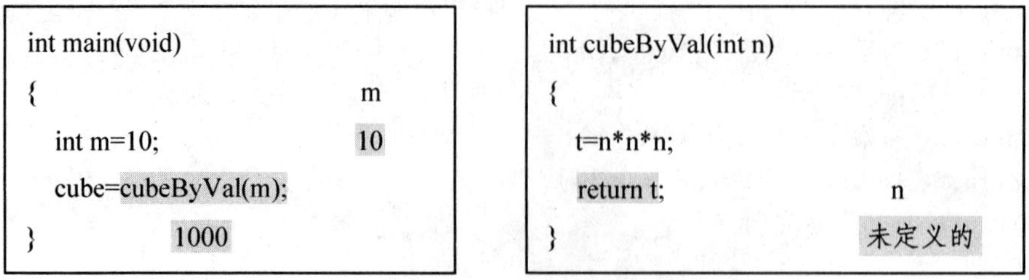

图 7.5　典型值传递方式的程序分析

【例 7.4】　以地址传递方式编写函数，计算一个整数的立方。

```
#include<stdio.h>
int main(void)
{
    int m=10;
    void cubeByAddr(int *pn);              /*函数声明语句*/
    printf("参数 m 原始值为:%d\n",m);
    cubeByAddr(&m);                        /*调用求一个整数立方值的函数*/
    printf("参数 m 现在值为:%d\n",m);
    return 0;
}
void cubeByAddr(int *pn)
{
    *pn=(*pn)*(*pn)*(*pn);   /*将 pn 所指向内存单元中的值取来相乘，再将结果放回*/
}
```

```
参数m原始值为:10
参数m现在值为:1000
```

例 7.4 使用的是地址传递，即是将变量 m 的地址传递给 cubeByAddr 函数。cubeByAddr 函数使用一个指向整型数据的指针变量 pn 作为函数参数，函数调用发生后,pn 就指向了 main 函数中变量 m 的内存单元，这样，在 cubeByAddr 函数中，通过对 pn 的引用即完成了立方的计算，然后，将计算结果赋给*pn（事实上它就是主函数中的变量 m），从而改变了主函数中变量 m 的值，即为原来数据的立方值。下面以图形化方式分析程序，如图 7.6 所示。

第一步: main 函数调用 cubeByAddr 函数之前:

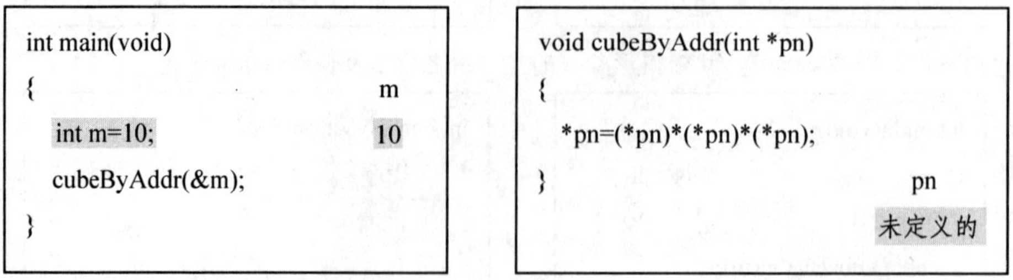

第二步：函数 cubeByAddr 接受调用之后以及计算*pn 的立方之前：

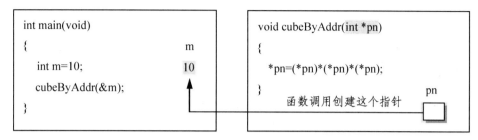

第三步：在求得形参*pn 的立方值之后以及程序将控制返回 main 函数之前：

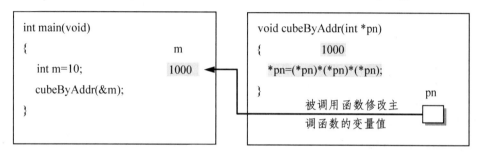

图 7.6 典型地址传递方式的程序分析

特别说明：

除非主调函数明确需要被调用函数来修改主调函数中的实参变量，否则都使用值传递方式向函数传递参数，这样可以防止主调函数中的实参被意外改写。

7.2.5 指针变量应用举例

【例 7.5】 输入 10 个整数，求其中的最大值、最小值和 10 个数的和值。

基本思路：由于一个函数最多只能返回一个值，因此，当一个函数需要"返回"多个值时，应另辟蹊径。一种方法是，定义两个全局变量 max 和 min，用于保存最大值和最小值（请自行编写程序）；第二种方法是，在函数中定义两个指针变量，分别用于指向最大值和最小值存放的内存地址。在这里用第二种方法，相关的源程序如下：

```
#include<stdio.h>
int func(int *pmax,int *pmin);  /*声明 func 函数*/
int main(void)
{
    int max,min,total;
    total=func(&max,&min);    /*调用 func 函数，让 pmax 指向 max,pmin 指向 min*/
    printf("10 个整数的最大值=%d,最小值=%d,和=%d\n",max,min,total);
    return 0;
}
int func(int *pmax,int *pmin)/*pmax 指向存放最大值变量，pmin 指向存放最小值变量*/
{
    int i,n,total;
```

```
    printf("请输入 10 个整数:\n");

    scanf("%d",&n);
    *pmax=*pmin=total=n;        /*将输入的第 1 个数分别作为最大值、最小值、和值*/
    for(i=1;i<10;i++)
    {
        scanf("%d",&n);         /*继续输入第 2 到第 10 个整数*/
        total+=n;
        if(n>*pmax)       *pmax=n;
        if(n<*pmin)       *pmin=n;
    }
    return total;
}
```

请输入10个整数:
30 90 20 40 100 50 80 70 60 10
10个整数的最大值=100, 最小值=10, 和=550

例 7.5 的主函数中,定义了三个变量 max,min 和 total 以存储任意 10 个整数中的最大值、最小值及和值。对于 func 函数,只能由 return 返回一个值 total,对于 10 个整数中的最大值和最小值则无法返回,因此采用了指针变量作为 func 的形参。func 函数被调用时,由指针变量 pmax 指向 max 变量,pmin 指向 min 变量,这样,运行 func 函数时,修改*pmax 和*pmin 实质就是修改主调函数中的 max 和 min。调用结束后,max 中存储了 10 个整数中的最大值,min 中存储了 10 个整数中的最小值。

7.3   指针表达式和指针运算

指针可以作为算术运算、赋值运算和关系运算表达式的有效操作数。但是,并非所有这些表达式中使用的运算符都可以处理指针变量。本节介绍哪些运算符可以使用指针作为操作数,及如何使用这些运算符。

指针只能参与有限的几种算术运算。指针可以进行增 1 (++) 和减 1 (--) 运算、给指针加上一个整数(+或+=)、从指针中减去一个整数(-或-=),以及用一个指针减去另外一个指针这几种算术运算,但前提是指针变量必须是指向一个数组空间,并且不越界。例如:

　　　　int a[5],*pa;

假定数组在内存中的首地址为 10000。如图 7.7 举例说明了数组 a 在以 4 个字节表示一个整数的机器上的存储情况。注意,指针变量 pa 可以使用下面的任何一条语句,使其指向数组 a。

　　　　pa=a;　　　/*因为数组名代表数组的首地址*/

　　　　pa=&a[0];

特别说明:

因为指针算术运算的结果依赖于指针所指向对象的字节数,所以,指针算术运算的结果是与机器相关的。

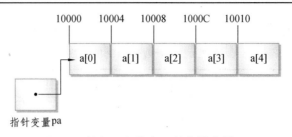

图 7.7　数组 a 和指向 a 的指针变量 pa

1. 指针加（或减）一个整数的算术运算

在传统的算术运算中，10000+4 的结果是 10004，但对于指针算术运算而言，情况就不是这样了。当给指针加上一个整数或从指针中减去一个整数时，指针的增减值并非简单地就是这个整数，而是这个整数乘以指针所指向的数据类型在内存中所占的字节数。例如，一个整型变量需要 4 个字节的存储单元来存储，那么语句

　　　　pa+=2;

得到的结果是 10008(10000+2*4)。在数组 a 中，指针变量 pa 此时将指向 a[2]，如图 7.8 所示。

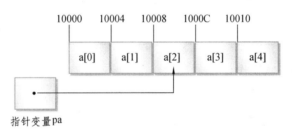

图 7.8　执行指针算术运算之后的指针变量 pa

如果指针要增 1 或减 1，那么可以使用增 1(++)和减 1(－－)运算符。下面的任何一条语句

　　　　++pa;　或　pa++;

都是将指针变量 pa 指向数组的下一个元素。而

　　　　－－pa;　或　pa－－;

则是将指针变量 pa 指向数组的前一个元素。对于

　　　　*pa++;

由于++和*同优先级，结合方向为自右而左，因此等价于

　　　　*(pa++);

作用是先得到 pa 指向的变量值（即*pa），然后再使 pa=pa+1。而下面的语句

　　　　*(++pa);

则是先使 pa 加 1，再取*pa。若 pa 初值为 a（即&a[0]），则

　　　　printf("%d\n",*(p++));

输出的是 a[0]的值，且 p 指向了元素 a[1]。而

　　　　printf("%d\n",*(++p));

p 先指向元素 a[1]，再输出 a[1]的值。

由于++和－－运算用于指针变量十分有效，可以使指针变量自动向前或向后移动。现以

表格形式给出指针变量的常用运算，见表 7.1，假设 int a[5],*pa=a;。

表 7.1　指针变量的常用运算

指针变量的初始值	表达式	指针变量所指向的内存单元	表达式的值
pa 指向数组的首地址 （即 pa=a）	pa++	使 pa 指向下一元素即 a[1]	
	pa+=1		
	*pa++	使 pa 指向下一元素即 a[1]	得到 pa 所指向内存单元的 值(即*pa)，是 a[0]
	*(pa++)		
	*(++pa)	使 pa 指向下一元素即 a[1]	得到 pa 所指向内存单元的 值(即*pa)，是 a[1]
	(*pa)++	pa 的指向不变，还是 a[0]	a[0]的值加 1，即(a[0])++
pa 指向数组 a 中第 i 个 元素(即 pa=&a[i])	*(p - -)	使 pa 指向前一元素即 a[i−1]	a[i]
	*(- - p)	使 pa 指向前一元素即 a[i−1]	a[i−1]
	*(p++)	使 pa 指向后一元素即 a[i+1]	a[i]
	*(++p)	使 pa 指向后一元素即 a[i+1]	a[i+1]

2. 两指针变量的相减操作

相同类型的指针变量之间可以进行相减操作。例如，如果指针变量 px 的值为地址 2000，py 的值为地址 2008（先前假定 px 和 py 都是指向整型数据的），则语句

　　　　n=py−px;

就是求 px 和 py 之间数组元素的个数，因此 n 为 2（不是 8）。

特别说明：

（1）除非是对于指向同一个数组的指针变量执行这样的算术运算，否则指针变量的算术运算是无意义的。

（2）对指针执行算术运算时，要特别注意数组的上、下边界，不能越界。

3. 指针变量之间的相互赋值

一个指针变量可以用另一个相同类型的指针来赋值，但 void 指针（即 void *）是一个例外。void 指针是一个无类型指针，可以指向任何数据类型的变量。所有指针类型都可以用 void 指针来赋值，一个 void 指针也可以用任意类型的指针来赋值。在这两种情形中，都无需使用强制转换运算符。如有定义 int a=10; float x=2.5; void *pa,*px;，则：

　　　　pa=&a;

　　　　px=&x;

是合法的。但是

　　　　printf("%d,%f\n",*pa,*px);

是不合法的。

因为不能通过 void 指针变量直接访问其所指变量的值。void 指针只是简单地指向一个未知数据类型的存储单元的起始地址，而从这个起始地址开始需要连取几个字节以及如何来组织相关数据，对编译器而言是未知的。因此若要访问 void 型指针变量所指变量的值必须使用强制类型转换。上述输出语句应修改为：

        printf("%d,%f\n", *(int *)pa, *(float *)px);
这样编译器就知道如何从指定的起始地址开始取数了。

4. 指针变量的关系运算

所有的关系运算符均可用于指针，但通常只有同类型的指针比较才有意义，其关系运算是依据指针值的大小（按无符号整数处理）进行的。相等比较是判断两个指针是否指向相同的变量；而不等比较是判断两个指针是否指向不同的变量。当指针与 0 比较时，表示指针值是否为空。

一般情况下，关系运算仅用于对数组的处理。如果两个指针变量指向的是同一个数组中的不同数组元素，用关系运算符来对这两个指针变量进行比较运算，就可以知道两个指针在同一数组中的前后关系。如果这两个指针变量不是指向同一数组的数组元素，这样的比较操作就没有意义。

7.4　指针与数组

在 C 语言中，指针与数组的联系极为密切，多数情况下二者可以互换使用。

一个数组包含若干数组元素，每个数组元素都在内存中占用独立的存储单元，它们都有相应的地址。指针变量既然可以指向变量，当然也可以指向数组元素（把某一数组元素的地址存放到一个指针变量中）。所谓数组元素的指针就是数组元素的地址，而数组名表示数组的首地址，可以看成是一个常量指针。

7.4.1　指向数组元素的指针

定义一个整型数组 a[5]和一个指向整型的指针变量 pa

        int a[5],*pa;
既然数组名代表数组的首地址，因此用以下语句给指针变量 pa 赋值

        pa=a;
等价于用数组的第一个元素的地址给 pa 赋值，即

        pa=&a[0];
表示 pa 指向数组 a，如图 7.9 所示。

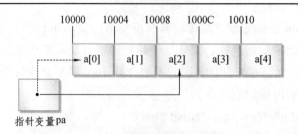

图 7.9 指向数组的指针变量 pa

数组元素 a[2] 也可以用如下的指针表达式来表示

*(pa+2)

表达式中的 2 代表指针的偏移量。当一个指针变量指向数组的起始位置时，给这个指针加上一个偏移量就表示要引用数组中的哪一个元素，这个偏移量的值与数组元素的下标是相同的。这种表示法被称为指针/偏移量表示法，由于*的优先级高于+，因此，必须加上一对圆括号，没有这对圆括号，上述表达式就表示将 2 与表达式*pa 的值相加了（例如设 pa 指向数组首部，那么就表示 a[0]+2）。就像数组元素可以通过指针表达式来引用一样，下面的地址

&a[2]

也可以写成如下的指针表达式

pa+2

也就是说，&a[2] 和 pa+2 都表示数组元素 a[2] 的地址。一般而言，所有带下标的数组表达式都可以写为指针加偏移量的表示形式。在这种情形下，可以把数组名当做指针使用。

特别说明：

（1）数组名代表的地址是一个地址常量，程序中不能改变其值。对于 int a[10];则数组名 a 始终是数组的第一个元素地址，是一个常量指针。因此，下面的表达式

a+=2;

是错误的，因为它试图用指针算术运算来改写数组名所代表的值。

（2）指针也完全可以像数组那样用下标的形式来引用。例如，若指针变量 pa 是用数组名 a 来赋值的，那么下面的表达式

pa[2]

就是数组元素 a[2]，这种表示法被称为指针/下标表示法。

【例 7.6】 使用 4 种方法引用数组元素示例。

前面介绍了 4 种引用数组元素的方法 ——数组下标法、将数组名当做指针的指针/偏移量表示法、指针下标表示法，以及指针的指针/偏移量表示法。现用这 4 种方法来引用数组元素。

```c
#include<stdio.h>
int main(void)
{
    int a[]={10,20,30,40,50};
    int i,*pa=a;            /*定义指针变量 pa，并初始化为数组 a 的首地址*/
    int offset;            /*定义指针的偏移量变量*/
```

```
    printf("输出数组 a 各元素值:\n");

    printf("方法 1:数组下标法\n");
    for(i=0;i<5;i++)
        printf("a[%d]=%d\n",i,a[i]);

    printf("方法 2:将数组名当做指针的指针/偏移量表示法\n");
    for(offset=0;offset<5;offset++)
        printf("*(a+%d)=%d\n",offset,*(a+offset));

    printf("方法 3:指针下标表示法\n");
    for(i=0;i<5;i++)
        printf("pa[%d]=%d\n",i,pa[i]);

    printf("方法 4:指针的指针/偏移量表示法\n");
    for(offset=0;offset<5;offset++)
        printf("*(pa+%d)=%d\n",offset,*(pa+offset));

    return 0;
}
```

```
方法1:数组下标法
a[0]=10
a[1]=20
a[2]=30
a[3]=40
a[4]=50
方法2:将数组名当做指针的指针/偏移量表示法
*(a+0)=10
*(a+1)=20
*(a+2)=30
*(a+3)=40
*(a+4)=50
方法3:指针下标表示法
pa[0]=10
pa[1]=20
pa[2]=30
pa[3]=40
pa[4]=50
方法4:指针的指针/偏移量表示法
*(pa+0)=10
*(pa+1)=20
*(pa+2)=30
*(pa+3)=40
*(pa+4)=50
```

通过例 7.6，对引用数组元素的 4 种方法进行比较：

（1）方法 1 和方法 2 执行效率是相同的。C 语言编译系统是将 a[i]转换为*(a+i)处理的，即先计算元素地址。因此用方法 1 和方法 2 找数组元素费时较多。

（2）方法 3 和方法 4 是采用指针变量直接指向数组元素的，因此，指针的指针/偏移量表示法也可用指针变量的自加操作形式，并且像 pa++这样的自加操作是比较快的，因为不必每次都计算地址。这种有规律地改变地址值(pa++)能大大提高程序执行效率。方法 4 可以修改为：

```
                    for(;pa<(a+5);pa++)
                        printf("%d ",*pa);
```

通过 pa 的自加操作，pa 值不断改变，从而指向不同元素

但要注意，若不用指针变量 pa，而用数组名 a（即 a++）是不行的。

（3）用下标法比较直观，能直接知道是第几个元素。例如，a[3]就是数组中序号为 3 的元素（注意序号是从 0 算起）。

（4）必须关注指针变量的当前值。如以下程序段

```
            for(pa=a;pa<(a+5);pa++)
                scanf("%d",pa);
```

```
            for(;pa<(a+5);pa++)
                printf("%d   ",*pa);
```

看起来是没有问题的，但运行后的结果是不可预料的。原因是指针变量 pa 的初始值是数组 a 首地址，但经过第一个 for 循环读入数据后，pa 已经指向了数组 a 的末尾。这样再接着执行第二个 for 循环时，pa 的值不是&a[0]，而是 a+5。因此第二个 for 循环开始时，判断条件 pa<(a+5)，已经不是一个"真"的条件，循环一次都不执行。

解决这个问题的办法就是在第二个 for 循环之前加一个赋值语句 pa=a; 将其改为：

```
            for(pa=a;pa<(a+5);pa++)
                printf("%d   ",*pa);
```

让指针变量 pa 重新指向数组 a 的开始处。为了进一步说明数组与指针的互换性，再给出例 7.7，各用 copy1 和 copy2 函数实现两个字符串的复制。

【例 7.7】 使用数组表示和指针表示来复制一个字符串。

```
#include<stdio.h>
void copy1(char s1[],char s2[]);
void copy2(char *s3,char *s4);

int main(void)
{
    char str1[20],str3[20];
    char *str2="Welcome";
    char str4[]="Hello";
    copy1(str1,str2);        /*调用 copy1 函数，使用数组表示法复制一个字符串*/
    printf("字符串 1=%s\n",str1);
    copy2(str3,str4);        /*调用 copy2 函数，使用指针表示法复制一个字符串*/
    printf("字符串 3=%s\n",str3);
    return 0;
}
```

```
void copy1(char s1[],char s2[])
{
    int i;
    for(i=0;s2[i]!='\0';i++)
        s1[i]=s2[i];        /*将字符数组 s2 中字符一个一个复制到 s1 中*/
    s1[i]='\0';
}

void copy2(char *s3,char *s4)
{
    for(;*s4!='\0';s3++,s4++)
        *s3=*s4;        /*将指针 s4 所指向的字符取出，并赋给指针 s3 所指向的存储单元*/
    *s3='\0';
```

字符串1=Welcome
字符串3=Hello

从例 7.7 我们可以看出，copy1 函数和 copy2 函数都是将一个字符串（也可能是一个字符数组）复制后存入一个字符数组中。尽管它们的函数原型是一致的，并且都完成相同的任务，但它们的实现方式却是不同的。

copy1 函数使用数组下标表示法将 s2 中的字符串复制到字符数组 s1 中。该函数定义了一个计数器变量 i 作为数组下标，for 循环体内执行全部的复制操作。copy2 函数使用指针和指针算术运算，将指针变量 s4 所指向的字符数组 str4 中的字符复制到指针变量 s3 所指向的字符数组 str3 中，此函数中不包含任何的变量初始化操作，在 for 循环体内由表达式*s3=*s4 执行复制操作。将指针 s4 所指向的字符取出，并赋值给指针 s3 所指向的存储单元，然后指针增值分别指向下一个存储单元，当遇到 s4 中的'\0'时，结束循环。

7.4.2　用数组名作函数参数

第 6 章"数组"介绍了用数组名作为函数参数的相关知识，若形参数组中各元素值发生变化，实参数组元素的值随之变化。现在我们用指针的知识来理解函数调用的地址传递方式。表 7.2 给出了变量名作为函数参数与用数组名作为函数参数的比较。

表 7.2　用变量名和函数名作为函数参数的比较

实参类型	形参类型	传递的信息	通过函数调用能否改变实参的值
变量名	变量名	变量的值	不能
数组名	数组名或指针变量	实参数组首元素的地址	能

需要特别说明的是：C 语言调用函数时数据传递的方法都是采用"单向传递"方式。当用变量名作为实参时传递的是变量的值，形参必须是同类型的变量。当用数组名作为实参时传递的是地址，形参必须为数组名或指针变量，以接收从实参传递过来的数组起始地址。

实际上，C 编译系统是将形参数组名作为指针变量来处理的。例如，fun 函数的形参如下：

```
        void fun(int a[], int n)
```
但在编译时是将形参数组 a 按指针变量来处理，相当于将 fun 函数写成

```
        void fun(int *a,int n)
```
以上两种写法是完全等价的。在该函数被调用时，系统会建立一个指针变量 a，用来存储从主调函数传递过来的实参数组的地址。如果在 fun 函数中用 sizeof(a)测试 a 所占的字节数，结果为 4（用 Visual C++）。这也证明了系统是把 a 作为指针变量来处理的。

特别说明：所有类型的指针变量在 32 位计算机系统中均占用 4 个字节的存储单元。

假定实参为数组 arr，那么发生函数调用后，形参 a 接收了实参数组的首元素地址后，a 就指向实参数组 arr 的首元素，也就是指向 arr[0]。因此，*a 就是 arr[0]。a+1 指向 arr[1]，a+2 指向 arr[2]，……也就是说，*(a+1)、*(a+2)……分别是 arr[1]、arr[2]……根据前面介绍过的知识，*(a+i)和 a[i]是等价的。这样，在调用函数期间，a[0]和*a 以及 arr[0]都代表数组 arr 序号为 0 的元素，依此类推，如图 7.10 所示。

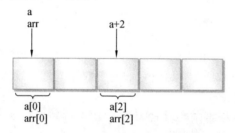

图 7.10　函数调用期间，形参数组与实参数组共享存储单元

由图 7.10 可以知道，若在函数调用期间，形参数组 a 中的值发生了变化，那么实参数组值同时变化（其实形参数组与实参数组是同一数组，它们共用同一段内存单元），因此，可以用这种方法调用一个函数来改变实参数组的值。

特别说明：

（1）在用数组名作为函数实参时，既然实际上相应的形参是指针变量，为什么还允许使用形参数组的形式呢？这是因为在 C 语言中，若有一个数组 a，则 a[i]和*(a+i)是等价的，即用下标法和指针法都可以访问一个数组。而用下标法比较直观，便于理解，因此，很多人（特别是初学者）愿意用数组名作为形参，以便与实参数组对应。从应用的角度来看，用户可以认为有一个形参数组，它从实参数组那里得到起始地址，因此形参数组与实参数组共用同一段内存单元。在调用函数期间，若改变了形参数组的值，实际上改变的是实参数组对应的值，函数调用结束后，在主调函数中就可以使用这些已经改变的值。但对 C 语言熟练的专业人员是更喜欢用指针变量作形参的。

（2）实参数组名代表一个固定的地址，是常量指针，但形参数组是作为指针变量，在函数调用开始时，其值等于实参数组首元素的地址。

归纳起来，如果有一个实参数组，要想在被调函数中改变此数组中元素的值，实参与形参的对应关系有以下 4 种情况。

（1）形参和实参都用数组名，如：

```
void   main()                        void   f(int x[],int n)
{   int a[10];                        {
```

```
    ...                                    ...
    f(a,10);                               }
}
```

由于形参数组名接收了实参数组首元素的地址，因此可以认为在函数调用期间，形参数组与实参数组共用一段内存单元，如图 7.11(a)所示。

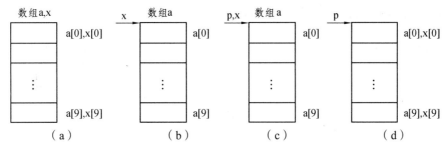

图 7.11　函数调用期间，实参数组与形参的内存单元使用

（2）实参用数组名，形参用指针变量，如：

```
void   main()                          void   f(int *x,int n)
{   int a[10];                         {
    ...                                    ...
    f(a,10);                               }
}
```

实参 a 为数组名，形参 x 为指向整型变量的指针变量，函数开始执行时，x 指向 a[0]，即 x=&a[0]，如图 7.11(b)所示。通过 x 值的改变，可以指向数组 a 的任一元素。

（3）实参形参都用指针变量，如：

```
void   main()                          void   f(int *x,int n)
{   int a[10],*p=a;                    {
    ...                                    ...
    f(p,10);                               }
}
```

实参 p 和形参 x 都是指针变量。先使实参指针变量 p 指向数组 a，即 p 的值是&a[0]。然后将 p 的值传递给形参指针变量 x，这样 x 的初始值也是&a[0]，如图 7.11(c)所示。通过 x 值的改变，可以指向数组 a 的任一元素。

（4）实参为指针变量，形参为数组名，如：

```
void   main()                          void   f(int x[],int n)
{   int a[10],*p=a;                    {
    ...                                    ...
    f(p,10);                               }
}
```

实参 p 为指针变量，它指向 a[0]。形参为数组名 x，编译系统把 x 作为指针变量处理，将 a[0]的地址传递给形参 x，使指针变量 x 指向 a[0]。也可以理解为形参数组 x 和实参数组 a

共用同一段内存单元，如图 7.11(d)所示。在函数执行过程中，可以使 x[i]的值发生变化，而 x[i]就是 a[i]。这样，主函数就可以使用改变了的数组元素值。

以上 4 种方法，其实质都是地址传递。其中（3）、（4）两种方法只是形式不同，实际上形参都是指针变量。

7.4.3　用数组名作函数参数应用举例

【例 7.8】　将数组 a 中 n 个整数按相反顺序存放，如图 7.12 所示。

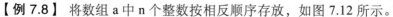

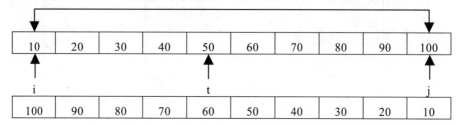

图 7.12　数组 a 中整数逆序存放

由图 7.12 可以知道算法为：将 a[0]与 a[n−1]对换，再将 a[1]与 a[n−2]对换……直到将 a[int(n−1)/2]与 a[n−int((n−1)/2)−1]对换。本例采用的是实参和形参都用数组名，发生函数调用后，形参数组 x 与实参数组 a 共用内存单元，数组 x 元素值改变，而 x[i]其实就是 a[i]，因此，主函数就可以使用这些变化了的元素值，即数组 a 中元素值实现了逆序存放。

```
#include<stdio.h>
int main(void)
{
    void inv(int x[],int n);        /*函数声明语句*/
    int i,a[10]={10,20,30,40,50,60,70,80,90,100};
    printf("原整数数组序列为:\n");
    for(i=0;i<10;i++)
        printf("%d  ",a[i]);
    printf("\n");
    inv(a,10);                      /*调用逆序函数，数组名 a 作为实参*/
    printf("逆序后序列为:\n");
    for(i=0;i<10;i++)
        printf("%d  ",a[i]);
    printf("\n");
    return 0;
}

void inv(int x[],int n)/*形参 x 是数组名，发生函数调用后，数组 x 与 a 共用内存单元*/
{
    int temp,i,j,t=(n−1)/2;
    for(i=0;i<=t;i++)
    {
```

```
        j=n-1-i;
        temp=x[i];
        x[i]=x[j];
        x[j]=temp;
    }
}
```

原整数数组序列为:

10 20 30 40 50 60 70 80 90 100

逆序后序列为:

100 90 80 70 60 50 40 30 20 10

例 7.8 中函数参数形式,可以是 7.4.2 中 4 种形式中的任一种,编程人员可根据自己的习惯进行选择。

【例 7.9】 用冒泡排序法对 N 个整数按由小到大的顺序排序。

在第 6 章中我们已经介绍了冒泡排序算法,并用函数参数均为数组名的形式完成了编程。现在我们用函数参数均为指针变量的形式实现,发生函数调用后,实参指针变量和形参指针变量均指向了待排序数组的首元素。

```
#include<stdio.h>
#define N 6
void good_bubble(int *b,int n)     /*good_bubble 完成 n 个整数的升序排列*/
{
    int i,j,flag,t;
    i=1;
    do                          /*i 为排序的趟数*/
    {
        flag=0;                 /*设置标志变量,用于判断本趟是否发生数据交换*/
        for(j=0;j<n-i;j++)
            if(*(b+j)>*(b+j+1))   /*升序排列,必须前小后大*/
            {
                t=*(b+j);
                *(b+j)=*(b+j+1);
                *(b+j+1)=t;
                flag=1;         /*有数据交换发生,即将 flag 置为 1*/
            }
        i++;
    }while(flag==1);/*本趟没有发生过数据交换,则待排序数据已排好序,结束排序*/
}

int main(void)
{
    int a[N],i;
    int *pa=a;                  /*定义指针变量 pa,且指向数组 a 的首元素*/
    printf("\n输入待排序的%d 个数:",N);
    for(;pa<a+N;pa++)
        scanf("%d",pa);
```

```
    pa=a;                              /*让 pa 再指回到数组 a 的首元素*/
    good_bubble(pa,N);                 /*调用冒泡法排序函数*/
    printf("从小到大排列的结果为:");
    for(i=0;i<N;i++)
        printf("%4d",a[i]);
    return 0;
}
```

输入待排序的6个数:40 90 30 10 20 50
从小到大排列的结果为: 10   20   30   40   50   90

7.4.4 用指针访问二维数组元素

使用指针访问二维数组任一元素的方法,与访问一维数组任一元素的方法是类似的。

1. 将二维数组作为一维数组使用

在 C 语言中,由于二维数组元素在内存中按行连续存放,因此,可将二维数组分配的连续内存作为一维数组来使用。例如,有如下的说明语句:

```
    int a[3][4]={{2,4,6,8},{10,12,14,16},{18,20,22,24}};
    int i,j,*p;
```

则下面两种方法均可访问到二维数组 a 中任一元素。

(1) 常量指针法。

```
    for(p=&a[0][0],i=0;i<3;i++,printf("\n"))
        for(j=0;j<4;j++,printf("\t"))
            printf("%d",*(p+4*i+j));
```

可见,若 p=&a[0][0],则数组元素 a[i][j]的指针可表示为

```
    p+4*i+j
```

但其算式复杂,难于理解。

(2) 变量指针法。

```
    for(p=&a[0][0],i=0;i<3;i++,printf("\n"))
        for(j=0;j<4;j++,printf("\t"))
            printf("%d",*p++);
```

通过指针变量 p 的自增运算,可访问二维数组中的所有元素。

以上两种方法尽管都能访问到二维数组中的所有元素,但没有体现二维数组的特点。

2. 指针与二维数组的关系

设有如下的二维数组说明:

```
    int a[3][4]={{2,4,6,8},{10,12,14,16},{18,20,22,24}};
```

在 C 语言中,可将二维数组的每一行看成一个元素,即数组 a 包含了 3 个元素 a[0]、a[1]、a[2]。数组名 a 是该一维数组 a 的指针,即 a[0]元素的指针,a+1 是 a[1]元素的指针,a+2 是 a[2]元素的指针,如图 7.13(a)所示。

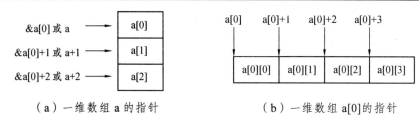

（a）一维数组 a 的指针　　　　　（b）一维数组 a[0] 的指针

图 7.13　二维数组的指针

由于 a[0] 又是一个一维数组，包含 4 个元素，即 a[0][0]、a[0][1]、a[0][2] 和 a[0][3]。因此 a[0] 就是一维数组 a[0] 的指针，即数组元素 a[0][0] 的指针，a[0]+1 是数组元素 a[0][1] 的指针，a[0]+2 是数组元素 a[0][2] 的指针，a[0]+3 是数组元素 a[0][3] 的指针，如图 7.13(b) 所示。a[1]、a[2] 依此类推。

有了以上的分析，可将指针与二维数组的关系概括为如图 7.14 所示。

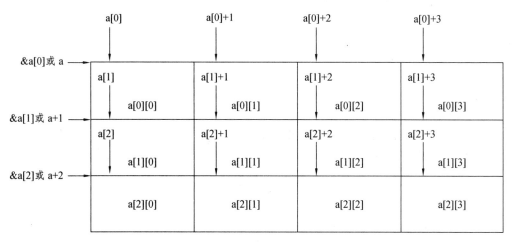

图 7.14　指针与二维数组的关系

其中，行方向的指针 a、a+1 和 a+2 称为行指针，是指向一维数组的指针（后面介绍），其指针类型为含有 4 个整型元素的一维数组；列方向的指针 a[0]、a[0]+1、a[0]+2、a[0]+3……a[2]+3 称为列指针，即数组元素的指针，其指针类型为整型。尽管 a 与 a[0]、a+1 与 a[1]、a+2 与 a[2] 的值相同，但类型是不相同的。

现在进行一般化说明，假设数组

　　　int a[M][N];

M 和 N 是已经定义的符号常量，则数组 a 中的任一元素 a[i][j] 的指针为（$0 \leqslant i < M, 0 \leqslant j < N$）：

（1）a[i]+j

（2）*(a+i)+j，因为 a[i] 等价于 *(a+i)

（3）*(&a[i])+j，因为 a+i 等价于 &a[i]

（4）&a[i][j]

元素 a[i][j] 的等价表示：

（1）*(a[i]+j)

（2）*(*(a+i)+j)

（3）（*(a+i))[j]

【例 7.10】 用指针访问二维数组元素示例。

编程验证访问二维数组元素的四种方法。

```c
#include<stdio.h>
#include<conio.h>

int main(void)
{
    int a[3][4]={{2,4,6,8},{10,12,14,16},{18,20,22,24}};
    int i,j,*p;

    printf("用指针输出数组的全部元素:\n");
    for(p=&a[0][0],i=0;i<3*4;i++)            /*将二维数组当做一维数组*/
    {
        if(i&&i%4==0)                         /*一行元素输出结束后，换行*/
            printf("\n");
        printf("%d\t",*p++);
    }

    printf("\n用指针输出数组的各个元素:\n");
    for(i=0,p=a[0];p<=a[2]+3;p++,i++)         /*将二维数组当做一维数组*/
    {
        if(i&&i%4==0)
            printf("\n");
        printf("%d\t",*p);
    }

    printf("\n用四种不同方法输出数组元素:\n");
    for(i=0;i<3;i++)
        for(j=0;j<4;j++)
            printf("a[%d][%d]: %d\t%d\t%d\t%d\n",i,j,*(a[i]+j),*(*(a+i)+j),
                                    (*(a+i))[j],a[i][j]);

    return 0;
}
```

```
用指针输出数组的全部元素:
2        4        6        8
10       12       14       16
18       20       22       24
用指针输出数组的各个元素:
2        4        6        8
10       12       14       16
18       20       22       24
```

```
用四种不同方法输出数组元素:
a[0][0]: 2         2         2         2
a[0][1]: 4         4         4         4
a[0][2]: 6         6         6         6
a[0][3]: 8         8         8         8
a[1][0]: 10        10        10        10
a[1][1]: 12        12        12        12
a[1][2]: 14        14        14        14
a[1][3]: 16        16        16        16
a[2][0]: 18        18        18        18
a[2][1]: 20        20        20        20
a[2][2]: 22        22        22        22
a[2][3]: 24        24        24        24
```

从例 7.10 知道, 要访问二维数组中任一元素用前面介绍的四种方法都是可行的。编程人员可根据自己的需要进行选择使用。并且有了以上的知识后, 还可以引入行指针来访问二维数组元素, 提高程序执行效率。

3. 用行指针访问二维数组元素

行指针是指向一维数组的指针, 我们可以定义行指针变量 (即指向一维数组的指针变量) 来访问二维数组中的所有元素。例如:

　　　int (*p)[4];

其中, (*p)指示 p 是一个指针变量, 再与[4]结合, 表示该指针变量指向一个含有 4 个整型元素的一维数组。特别要注意的是, 以上说明语句中的圆括号是不可少的。如果让 p 指向 a[0]:

　　　p=&a[0];

则 p+1 不是指向 a[0][1], 而是指向 a[1], 就是说 p 的增值是以一维数组的长度为单位的, 如图 7.15(a)所示。

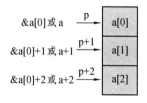
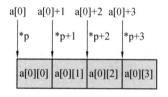

（a）行指针变量 p 增值　　（b）行指针变量 p 与所指一维数组的关系

图 7.15　二维数组的行指针变量

由于 p 是行指针变量, 故

　　　*p、*p+1、*p+2、*p+3

依次为 p 所指一维数组 4 个元素的指针。因此对 p 所指一维数组的 4 个元素的访问形式为

　　　*(*p)、*(*p+1)、*(*p+2)、*(*p+3)

等价写成一维数组元素形式

　　　(*p)[0]、(*p)[1]、(*p)[2]、(*p)[3]

如图 7.15(b)所示。类推到二维数组 a 中任一元素 a[i][j], 用行指针变量 p 访问的形式有:

　（1）*(p[i]+j)。

　（2）*(*(p+i)+j)。

（3）（*(p+i)）[j]。

（4）p[i][j]。

因为 p+i 是二维数组 a 的 i 行的起始地址（由于 p 是指向一维数组的指针变量，因此 p 加 1，就指向下一行）。现在分析：

　　　　*(p+2)+3

由于 p=a，因此*(p+2)就是 a[2]，*(p+2)+3 就是 a[2]+3，而 a[2]的值是 a 数组中 2 行 0 列元素 a[2][0]的地址（即：&a[2][0]），因此*(p+2)+3 就是 a 数组中 2 行 3 列元素 a[2][3]的地址，这是指向列元素的指针，可见，*(*(p+2)+3)即是 a[2][3]。

【例 7.11】 用行指针输出二维数组任一行任一列元素的值。

```
#include<stdio.h>
int main()
{
    int a[3][4]={{2,4,6,8},{10,12,14,16},{18,20,22,24}};
    int (*p)[4],row,column;                /*定义行指针变量 p*/
    p=a;                                   /*使得 p 指向数组首行*/
    printf("请输入要输出元素的行列位置:\n");
    scanf("%d,%d",&row,&column);
    printf("数组元素 a[%d][%d]=%d\n",row,column,*(*(p+row)+column));
    return 0;
}
```

请输入要输出元素的行列位置:
2,3
数组元素a[2][3]=24

*(p+row)是 a 数组 row 行 0 列元素的地址，是列指针（即数组元素 a[row][0]的指针），而 p+row 是 a 数组 row 行的起始地址，是行指针。尽管二者的值是相同的，但类型是不一样的，前者指向一个具体的元素，后者指向包含若干元素的一行。

因此，不能把*(p+row)+column 写成(p+row)+column。必须切记(p+row)+column 是 a 数组 row+column 行的起始地址。

特别说明：

（1）不能混淆行指针与列指针，务必注意指针变量的类型。行指针进行*运算后才是列指针。

（2）行指针变量 p 的定义 int (*p)[4];，可以比较一维整型数组 a 的定义 int a[4];来进行理解。对于数组 a，表示有 4 个元素，每个元素均为整型；对于行指针变量 p，表示*p 有 4 个元素，每个元素均为整型。即 p 所指的对象是有 4 个元素的一维数组，也就是说 p 是指向一维数组的指针。一定要记住，此时 p 只能指向一个包含 4 个元素的一维数组。p 不能指向数组中某一元素。

4. 用指向数组的指针作函数参数

一维数组名可以作为函数参数传递，多维数组名也可以作为函数参数传递。用指针变量作形参以接受实参数组名传递来的地址时，方法有：

（1）用指向变量的指针变量：实参传递的应该是二维数组元素的地址，即列指针。

（2）用指向一维数组的指针变量：实参传递的应该是二维数组每行的地址，即行指针。
特别说明：

指针变量的类型匹配问题。行、列指针之间是不能进行算术运算的，尽管在某些时候他们的值（表示的地址）可能是一样的，但必须将行指针进行*运算后，才能是列指针。

下面用程序说明二维数组的函数参数传递。

【例7.12】 计算3名学生各4门课程的总平均分，并输出第i个学生的各科成绩。然后查找有一门及以上课程高于90分的学生，且输出他们的全部课程成绩。

```c
#include<stdio.h>
int main(void)
{
    void average(int *p,int n);          /*声明求总平均成绩的函数*/
    void print(int (*p)[4],int n);       /*声明输出第i个学生成绩的函数*/
    void search(int (*p)[4],int n);      /*声明查找函数*/
    int score[3][4]={{85,75,95,65},{90,80,60,70},{79,69,99,89}};
    int i;
    average(*score,12);                  /*实参*score是列指针，表示首元素的地址*/
    printf("输入学生序号:");
    scanf("%d",&i);
    print(score,i);                      /*实参score是行指针，表示二维数组首行的地址*/
    search(score,3);                     /*实参score是行指针*/
    return 0;
}


void average(int *p,int n)  /*形参p得到首元素的地址，经过p++运算，可访问到数组中所
                              有元素*/
{
    int *p_end;
    float sum=0,aver;
    p_end=p+n-1;                     /*使得指针变量p_end指向二维数组最后一个元素*/
    for(;p<=p_end;p++)               /*通过p++运算，可遍历二维数组中所有元素*/
        sum=sum+(*p);
    aver=sum/n;
    printf("\n总平均成绩为:%.2f\n",aver);
}


void print(int (*q)[4],int n)  /*使得行指针变量q得到二维数组首地址，q+n运算，则指
                                向数组第n行*/
{
    int i;
    printf("第%d个学生各科成绩为:\n",n);
    for(i=0;i<4;i++)
        printf("%d ",*(*(q+n)+i));
    printf("\n");
```

```
}

void search(int (*q)[4],int n)
{
    int i,j,flag;          /*定义 flag 标志变量,若某学生有成绩高于 90,则置 flag 为 1*/
    for(i=0;i<n;i++)       /*i 变量增值,即每个学生进行循环*/
    {
        flag=0;            /*在检查每个学生成绩开始前,置标志变量为 0*/
        for(j=0;j<4;j++)
            if(*(*(q+i)+j)>=90)   /*一旦某学生有某一科成绩高于 90,结束该学生
                                     成绩的检测*/
            {
                flag=1;  break;
            }
        if(flag==1)
        {
            printf("课程高于 90 分的有第%d 位学生,各科成绩为:\n",i+1);
            for(j=0;j<4;j++)
                printf("%-5d",*(*(q+i)+j));
        }
        printf("\n");
    }
}
```

```
总平均成绩为:79.67
输入学生序号:2
第2个学生各科成绩为:
79 69 99 89
课程高于90分的有第1位学生,各科成绩为:
85    75    95    65
课程高于90分的有第2位学生,各科成绩为:
90    80    60    70
课程高于90分的有第3位学生,各科成绩为:
79    69    99    89
```

图 7.16 是二维数组 socre 的存储情况,列指针变量 p 经过增值运算后,可访问到数组中所有元素,而行指针变量 q 经过增值运算后,可访问到二维数组中所有行。

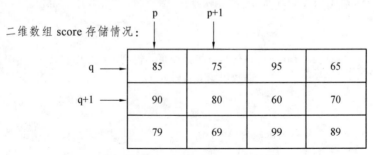

图 7.16　二维数组 score 的存储

通过例 7.12 知道，用指针变量存取数组元素速度快，程序简单明了。用指针变量作形参，所处理的数组大小可以变化，比用数组作形参更为灵活和方便，使得函数的通用性更强，因此熟练掌握数组和指针的关系，可以编写质量更高的程序，提高程序运行效率。

7.4.5 用指针处理字符串

字符串是存放于字符数组中的，字符串的处理与指针有着密切联系。从例 7.7 已经知道，用指针处理字符串时，并不关心存放字符串的数组的大小，而只关心是否已经处理到了字符串的结束标志'\0'。

1. 字符指针变量

定义字符指针变量：

    char *pch;
指针变量 pch 可以指向任何字符型数据，包括字符变量和字符数组，而字符串是存放于字符数组中的，因此 pch 可以指向一个字符串。让 pch 指向一个字符串采用的方式为：

    pch="Better!";
注意赋给 pch 的不是字符串"Better!"，也不是其中某个字符，而是存放"Better!"的内存地址的首地址，如图 7.17 所示。

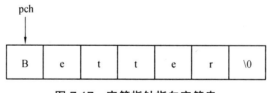

图 7.17 字符指针指向字符串

以上定义语句和赋值语句可合并为：

    char *pch="Better!";
再比较字符数组的初始化：

    char str[8]= {"Better!"};
不能等价于：

    char str[8];
    str= {"Better!"};   或者：   str[]={"Better!"};
因为数组名 str 是常量指针，不能修改其指向。因此要切记，数组仅在定义时可以整体赋初值，不能在赋值语句中整体赋值。

2. 字符指针与字符串的关系

如果定义字符数组来存放字符串，在编译时为字符数组分配内存单元，以存放字符串中每一个字符，有确定的地址。而定义一个字符指针变量时，给指针变量分配内存单元，在其中可以存放一个字符变量的地址。当用字符串初始化字符指针变量时，例如，下面的语句：

    char *pch="Better!";
在编译时，字符串"Better!"存放于内存中某一段单元内，而 pch 被分配有自己的内存单元，同时得到存放"Better!"内存单元的首地址，如图 7.17 所示。一定要注意的是，字符指针变量得到的是存放"Better!"的首地址，而不是得到了整个字符串。但通过 **pch** 的增值运算，可访问到存放"Better!"的所有内存单元。

【例 7.13】 改变字符指针变量值的示例。

```c
#include<stdio.h>
int main(void)
{
    char *pch="Better!";
    printf("1.输出 pch 当前指向的字符:%c\n",*pch);
    printf("2.输出 pch 当前指向的字符串:%s\n",pch);
    printf("\n");

    pch=pch+2;
    printf("3.输出 pch 当前指向的字符:%c\n",*pch);
    printf("4.输出 pch 当前指向的字符串:%s\n",pch);
    return 0;
}
```

```
1.输出pch当前指向的字符:B
2.输出pch当前指向的字符串:Better!

3.输出pch当前指向的字符:t
4.输出pch当前指向的字符串:tter!
```

从例 7.13 可以知道，字符指针变量 **pch** 的值是可以变化的。输出 **pch** 所指向的字符串时，从它当时所指向的内存单元开始输出各个字符，直到遇到'\0'结束。

特别说明：

（1）数组名虽然代表地址，但它是常量指针，其值是不能改变的，下面的语句表达：

```c
char str[8]= {"Better!"};/*正确*/
str=str+2;/*错误*/
printf("%s\n",str);
```

是错误的。数组名 **str** 是常量指针，是不可改变的。

（2）若定义了一个字符指针变量，并指向了一个字符串，也可用下标形式引用指针变量所指的字符串中的字符。

3. 用行指针变量处理多个字符串

对于多个字符串，可以用二维字符数组来存储处理。而行指针变量是指向一行的，即指向其中的一个字符串。下面的程序说明用行指针变量处理多个字符串的方法。

【例 7.14】 对任意输入的 N 个同学的姓名按升序排列。存储结构如图 7.18 所示。

```c
#include<stdio.h>
#include<stdlib.h>
#define N 6
```

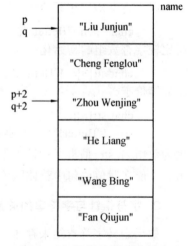

图 7.18 行指针指向字符串

```
int main(void)
{
    char name[N][20];                    /*定义二维字符数组，以接收同学姓名*/
    char (*p)[20];                       /*定义行指针变量p，指向的一行可有20个字符*/
    void sort(char (*q)[20],int n);      /*声明排序函数*/

    p=name;                              /*p指向name数组的首行*/
    printf("请输入%d个同学的姓名:\n",N);
    for(;p<name+N;p++)                   /*输入N个字符串*/
        gets(*p);

    p=name;                              /*p指回到name数组的首行*/
    sort(p,N);                           /*调用排序函数*/

    printf("%d个同学姓名升序排列结果为:\n",N);
    for(;p<name+N;p++)                   /*输出N个已排好序的字符串*/
        printf("%s\n",*p);
    return 0;
}


void sort(char (*q)[20],int n)
{
    char t[20];
    int i,j,min;
    for(i=0;i<n-1;i++)                   /*用选择法实现若干字符串的排序*/
    {
        min=i;                           /*假设待排序中第一个为最小*/
        for(j=i+1;j<n;j++)
            if(strcmp(*(q+min),*(q+j))>0)    min=j;
        if(i!=min)
        {
            strcpy(t,*(q+min));  strcpy(*(q+min),*(q+i));  strcpy(*(q+i),t);
        }
    }
}
```

```
请输入6个同学的姓名:
Liu Junjun
Cheng Fenglou
Zhou Wenjing
He Liang
Wang Bing
Fan Qiujun
6个同学姓名升序排列结果为:
Cheng Fenglou
Fan Qiujun
He Liang
Liu Junjun
```

```
Wang Bing
Zhou Wenjing
```

从例 7.14 可以知道，用字符指针处理字符串是非常方便灵活的，不需要关心字符串存储的实际单元，而只关注字符串的首地址。

7.5 指针数组

7.5.1 指针数组的定义

一个数组，若其元素均为指针类型，称为指针数组。也就是说，数组中的每一个元素都是一个指针变量，且类型相同。一维指针数组的定义形式为：

    类型名 *数组名[整型常量表达式];

由于 [ ] 的优先级高于*，数组名先与[整型常量表达式]构成一个数组，再与*结合，表明数组元素的数据类型是一个指针，类型名指明指针数组中每个元素所指变量的类型。例如：

    int *p[4];

首先 p 与[4]结合，形成 p[4]，即定义一个有 4 个元素一维数组。然后再与 p 前面的 int *结合，表示定义的是一个整型指针数组，每个数组元素都可以存放一个整型变量的地址。而 int (*p)[4] 表示定义一个数组指针，用于指向一个有 4 个元素的一维整型数组。

对于以下的语句序列：

    int i,a[4]={10,20,30,40};
    int *p[4]={a,a+1,a+2,a+3};
    for(i=0;i<4;i++)
        printf("%d\t",*p[i]);

定义了指针数组 p，并且初始化 p 的每个元素，分别指向数组 a 中的一个元素，如图 7.19 所示。

可见，上面程序段中，for 循环的输出结果为：

    10   20   30   40

也就是说，*p[i]是等价于 a[i]。

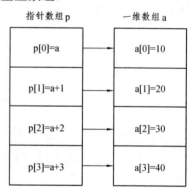

图 7.19 指针数组 p 与数组 a 的关系

7.5.2 通过指针数组访问二维数组

使用指针数组访问二维数组是非常方便的。假设有如下的定义：

    int a[3][4],*p[3],i,j;
    for(i=0;i<3;i++)
        p[i]=a[i];

则指针数组 p 的元素 p[i]与二维数组 a 的第 i 行关系如图 7.20 所示。这样，用指针数组 p 访问二维数组 a 中任一元素 a[i][j]可用如下 4 种形式之一：

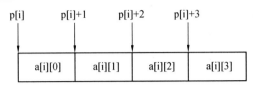

图 7.20　指针数组 p 与二维数组的关系

(1) *(p[i]+j)。

(2) *(*(p+i)+j)。

(3) (*(p+i))[j]。

(4) p[i][j]。

可见，以上形式与用指向二维数组的行指针变量访问二维数组中任一元素的方法是一样的。现在分析：

$$*(p+2)+3 \quad 和 \quad *(*(p+2)+3)$$

由于*(p+2)即是 p[2]，而 p[2]等价于 a[2]，故*(p+2)+3 就是 a[2]+3，而 a[2]的值是 a 数组中 2 行 0 列元素 a[2][0]的地址（即&a[2][0]），因此*(p+2)+3 就是 a 数组中 2 行 3 列元素 a[2][3]的地址，可见*(*(p+2)+3)就是 a[2][3]。

【例 7.15】　用指针数组访问二维数组元素示例。

```c
#include<stdio.h>
int main(void)
{
    int a[3][4]={{2,4,6,8},{10,12,14,16},{18,20,22,24}};
    int i,j,*p[3];
    printf("\n 用四种不同方法输出数组元素:\n");
    for(i=0;i<3;i++)
    {
        p[i]=a[i];
        for(j=0;j<4;j++)
            printf("a[%d][%d]: %d\t%d\t%d\t%d\n",i,j,*(p[i]+j),*(*(p+i)+j),
                                (*(p+i))[j],p[i][j]);
    }
    return 0;
}
```

```
用四种不同方法输出数组元素:
a[0][0]: 2        2        2        2
a[0][1]: 4        4        4        4
a[0][2]: 6        6        6        6
a[0][3]: 8        8        8        8
a[1][0]: 10       10       10       10
a[1][1]: 12       12       12       12
a[1][2]: 14       14       14       14
a[1][3]: 16       16       16       16
a[2][0]: 18       18       18       18
a[2][1]: 20       20       20       20
a[2][2]: 22       22       22       22
a[2][3]: 24       24       24       24
```

7.5.3　指针数组的应用

引入指针数组的目的是为了 处理若干个字符串，也就是说使用指针数组，可以使得字符串的处理变得更为方便灵活。

在例 7.14 中，采用了 行指针 来处理若干个字符串，规定了每行的长度（取决于待处理字符串的最大长度），其实需要处理的各字符串长度一般是不相等的（如人名，书名等）。这样按最长的字符串来定义二维数组，会浪费许多的内存单元。

因为每个字符串都可用一个指向字符型的指针变量来访问，那若干的字符串，就可以用指针数组中的元素分别指向各字符串，如图 7.21 所示。这样，如果想对字符串排序，则不必改动字符串的位置，只需改变指针数组中各元素的指向（即改变指针数组中各个元素的值，这些值是各个字符串的首地址）。移动指针变量的指向（改变指针变量的值）比移动字符串的存储所花时间是要少很多的，从而提高了程序运行效率。下面用指针数组来实现例 7.14 的功能。

【例 7.16】　对输入的 N 个同学的姓名按升序排列。存储结构如图 7.21 所示。

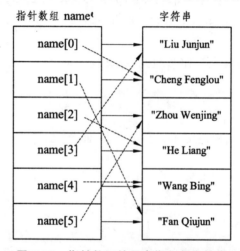

指针数组 name

字符串

name[0]　"Liu Junjun"
name[1]　"Cheng Fenglou"
name[2]　"Zhou Wenjing"
name[3]　"He Liang"
name[4]　"Wang Bing"
name[5]　"Fan Qiujun"

图 7.21　指针数组的元素指向各字符串

基本思路：由图 7.21 可以知道，指针数组 name 的每个元素都指向一个字符串，在 name[0]~name[5]所指范围内找到最小的字符串，并使 name[0]指向最小的字符串；接着在 name[1]~name[5]所指范围内找到最小的字符串，并使 name[1]指向最小的字符串；依此类推，直到确定 name[5]的指向为止。图 7.21 中，实线箭头和虚线前头分别为排序前和排序后数组 name 中各元素的指向。此算法使用指针数组，排序时仅交换了指向字符串的指针，不交换字符串，大大提高了执行速度。

```c
#include<stdio.h>
#include<stdlib.h>
#define N 6
int main(void)
{
    char *name[N]={"Liu Junjun","Cheng Fenglou","Zhou Wenjing","He Liang",
    "Wang Bing","Fan Qiujun");         /*定义字符型指针数组，并初始化*/
    void sort(char *name[],int n);     /*声明排序函数*/
```

```
        void print(char *name[],int n);      /*声明输出函数*/
        sort(name,N);                         /*调用排序函数*/
        print(name,N);                        /*调用输出函数*/
        return 0;
    }


void sort(char *name[],int n)
{
        char *t;
        int i,j,min;
        for(i=0;i<n-1;i++)                    /*用选择法实现若干字符串的排序*/
        {
            min=i;                            /*假设待排序中第一个为最小*/
            for(j=i+1;j<n;j++)
                if(strcmp(name[min],name[j])>0)    min=j;
            if(i!=min)                        /*交换指针数组中元素的指向*/
            {
                t=name[i];   name[i]=name[min];   name[min]=t;
            }
        }
}


void print(char *name[],int n)
{
        int i;
        for(i=0;i<n;i++)
            printf("%s\n",name[i]);
}
```
```
Cheng Fenglou
Fan Qiujun
He Liang
Liu Junjun
Wang Bing
Zhou Wenjing
```

比较例 7.16 和例 7.14 的算法可以知道,在例 7.14,存储字符串的数组内容发生了变化,由于各字符串是存储在二维字符数组中的,排序后,二维字符数组中的各行存储的字符串改变成了由小到大。要改变二维字符数组中的存储情况,就要不断进行交换和存取,浪费大量资源和时间,因此程序执行效率是不高的。例 7.16 中,在排序时,只是改变了指针数组中各元素的指向,而字符串的存储是保持不变的,这样就可以大大提高程序运行效率。

7.6 二级指针

指针变量存储在内存单元中,也有相应的地址。Visual C++中,所有类型的指针变量均占用 4 个字节的存储单元。例如：

     int *p;

定义了一个整型指针变量 p，而指针变量 p 本身也有指针值，为&p。若要保存指针变量的指针值&p，则需要使用二级指针变量，也就是指向指针的指针变量（简称为指向指针的指针）。

    二级指针变量定义形式为：

     数据类型 **变量名;

其中变量名前的 "**" 表示定义的是一个二级指针变量。例如：

     int a=10,*p=&a;

     int **q=&p;

表示定义了整型变量 a，一级整型指针变量 p 存放变量 a 的指针，二级指针变量 q 存放一级指针变量 p 的指针，如图 7.22 所示。此时，对 q 作一次取值运算（即*q）访问的是变量 p；对 q 作二次指针运算（即*(*q)）就可访问变量 a。将*q 称为一次间接地址，**q 称为二次间接地址。

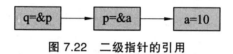

图 7.22   二级指针的引用

    在 7.5 节中介绍了指针数组的概念，用二级指针来访问字符指针数组是最为方便和直观的。如图 7.23 所示，name 是一个字符指针数组，其每个元素都是一个指针型数据，存放的是对应字符串的起始地址。数组名 name 是该指针数组的起始地址，name+i 是 name[i]的地址。*(name+i)就是第 i 个字符串的起始地址。若定义一个二级字符型指针变量 p，使其指向 name，就可以通过 p 来访问各字符串。例 7.17 就是二级指针的典型应用。

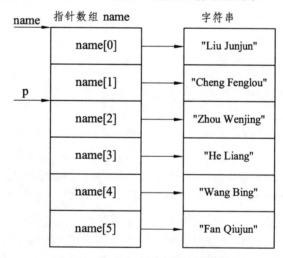

图 7.23   用二级指针访问指针数组

【例 7.17】 二级指针使用示例。

```c
#include<stdio.h>
#include<stdlib.h>
#define N 6
int main(void)
```

```
{
    char *name[N]={"Liu Junjun","Cheng Fenglou","Zhou Wenjing","He Liang",
    "Wang Bing","Fan Qiujun");          /*定义字符型指针数组,并初始化*/
    char **p;                           /*声明二级指针变量*/
    int i;
    printf("使用二级指针变量访问:\n");
    for(i=0;i<6;i++)
    {
        p=name+i;                       /*p 指向指针数组 name*/
        printf("%s\n",*p);
    }
    return 0;
}
```

使用二级指针变量访问:
Liu Junjun
Cheng Fenglou
Zhou Wenjing
He Liang
Wang Bing
Fan Qiujun

从例 7.17 可以知道,在第一次执行循环体时,赋值语句 p=name+i;使得二级指针变量指向 name 数组的首元素 name[0],因此*p 就是 name[0]的值,也就是第一个字符串的起始地址,用%s 控制输出即为字符串"Liu Junjun"。因 p=name+i;执行 6 次循环,依次输出各字符串。

C 语言对于指针的级数并无限制,在定义 n 级指针变量时,需要变量名前加 n 个"*"。但在实际应用中,很少使用三级及以上的指针变量。由前面介绍指针变量的概念时,已经说明了可以利用指针变量实现变量的"间接访问",如图 7.24 所示。但访问的级数愈多,理解就愈难,且易混乱和出错,因此一般只使用一级或二级指针变量。

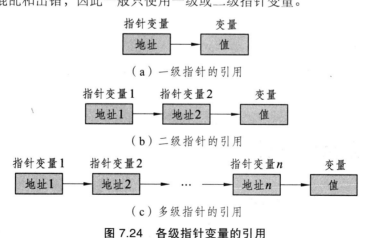

图 7.24 各级指针变量的引用

【例 7.18】 用二级指针变量访问指向整型变量的指针数组,如图 7.25 所示。

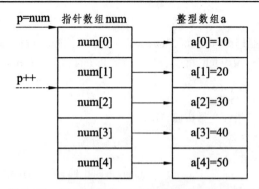

图 7.25 用二级指针访问指向整型的指针数组

```
#include<stdio.h>
int main(void)
{
    int a[5]={10,20,30,40,50};
    int *num[5]={&a[0],&a[1],&a[2],&a[3],&a[4]};  /*定义指针数组 num，并初始化*/
    int **p,i;                              /*定义二级指针变量 p*/

    p=num;                                  /*使得 p 指向指针数据 num*/
    printf("用二级指针变量 p 访问数组 a:\n");
    for(i=0;i<5;i++)
    {
        printf("%d   ",**p);
        p++;
    }
    printf("\n");
    return 0;
}
```

用二级指针变量p访问数组a:
10 20 30 40 50

从例 7.18 可以知道，在第一次执行循环体时，由于二级指针变量 p 指向 num 数组的首元素 num[0]，因此*p 就是 num[0]的值，也就是数组 a 的起始地址，那*(*p)即为 a[0]。执行 5 次循环，通过 p++运算，依次输出数组 a 中各元素的值。

7.7 指向函数的指针

7.7.1 函数指针变量的定义和使用

C 语言中，一个函数在装入内存时被分配一段连续的内存空间，这段连续内存空间的起始地址称为函数的入口地址，此入口地址又称为函数指针，用函数名表示。

可以定义一个指向函数的指针变量来存放一个函数的入口地址，指向函数的指针变量简称为函数指针。用一个指针变量指向函数，然后通过该指针变量即可调用该函数。指向函数的指针变量定义格式为：

类型标识符 (*变量名)(参数表);

其中，类型标识符是所指函数返回值的类型，(参数表)是所指函数的参数表。由(*变量名)的形式知道，在此定义的是一个指针变量，而(参数表)又表示是一个函数。因此，(*变量名)(参数表)表示该变量是一个指向函数的指针变量。例如：

int (*fp)(int a,int b);

定义了指向函数的指针变量 fp，所指向的函数有两个 int 型参数，并且函数返回值类型为 int 型。也就是说，凡是有两个 int 型形参，且返回值类型为 int 型的函数，均可用 fp 来指向，从而用 fp 来实现调用。

假设有函数名为 fun，返回值类型为 int 型，有两个 int 型形参，现有 fp=fun;它表示 fp 指向 fun，如图 7.26 所示。

特别说明：

（1）函数指针变量可指向与该指针变量具有相同返回值类型和相同参数（个数及类型顺序一致）的任一函数。

（2）函数名代表函数的入口地址，函数指针变量得到函数入口地址，就指向了该函数，如图 7.26 所示。通过函数指针变量调用函数的格式为：

(*指针变量名)(实参表)

（3）对于指向函数的指针变量，像 fp+n、fp++、fp－－等运算是没有意义的，只能做赋值和关系运算。

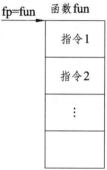

图 7.26　指向函数的指针变量

【例 7.19】 采用函数指针变量调用函数实现两个整数的交换。

```
#include<stdio.h>
int main(void)
{
    int a,b;
    void swap(int *pa,int *pb);         /*函数声明语句*/
    void (*fun)(int *pa,int *pb);       /*函数指针定义语句,fun 是一个函数指针变量*/
    printf("请任意输入两个整数:\n");
    scanf("%d,%d",&a,&b);
    fun=swap;                           /*函数指针变量 fun 指向函数 swap*/

    (*fun)(&a,&b);                       /*通过函数指针的引用调用 swap 函数*/

    printf("a=%d,b=%d\n",a,b);
    return 0;
}
void swap(int *pa,int *pb)
{
    int temp;
    temp=*pa;
    *pa=*pb;
```

(*fun)即是 swap,因此等价于 swap(&a,&b)

```
        *pb=temp;
}
请任意输入两个整数:
10,20
a=20,b=10
```

对于例 7.19 中的函数指针定义语句 void (*fun)(int *pa,int *pb);,说明 fun 是一个指向函数的指针变量,该函数有两个参数(均为指向整型的指针变量),函数值为 void 表示函数无返回值。注意,*fun 两侧的括号是不能省略的,表示 fun 先与*结合,为指针变量,然后再与后面的( )结合,表示此指针变量是用于存放函数入口地址的。若写成 void *fun(int *pa,int *pb);,则由于( )优先级高于*,就声明的是一个 fun 函数,其返回值是一个 void 指针(在 7.8 作介绍)。

7.7.2 用函数指针变量作函数参数

函数指针变量的主要用途是作函数的形参,用于设计通用算法函数。为了说明此问题,给出例 7.20。

【例 7.20】用函数指针变量实现多目标排序(升序还是降序由编程人员选择),如图 7.27 所示。

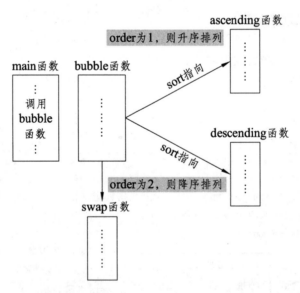

图 7.27 用函数指针实现多目标排序的简单示例图

由图 7.27 可以看出,由 main 函数调用 bubble 函数。而 bubble 函数将指向函数的指针变量 sort 作为形参,而 sort 指向的函数,或者是 ascending 函数,或者是 descending 函数。根据用户的输入选择是升序排列还是降序排列。若 order 为 1,则将指向 ascending 函数的指针传递给 bubble 函数,实现升序排列;若 order 为 2,则将指向 descending 函数的指针传递给 bubble 函数,实现降序排列。

```
#include<stdio.h>
#define SIZE 10
```

```
void bubble(int arr[],int size,int (*sort)(int a,int b));/*函数说明语句，其中参数
                                            sort 为函数指针*/
int ascending(int a,int b);          /*升序函数说明*/
int descending(int a,int b);         /*降序函数说明*/
int main(void)
{
    int a[SIZE],order,i;             /*order 的值决定升序还是降序排列*/
    printf("请输入待排序的%d 个整数:\n",SIZE);
    for(i=0;i<SIZE;i++)
        scanf("%d",&a[i]);
    printf("输入 1 完成升序排列,输入 2 完成降序排列:\n");
    scanf("%d",&order);
    printf("输出待排序的%d 个整数:\n",SIZE);
    for(i=0;i<SIZE;i++)
        printf("%5d",a[i]);
    printf("\n");
    if(order==1)
    {
        bubble(a,SIZE,ascending);     /*调用 bubble 函数完成升序排列*/
        printf("升序排列结果为:\n");
    }
    else
    {
        bubble(a,SIZE,descending);    /*调用 bubble 函数完成降序排列*/
        printf("降序排列结果为:\n");
    }
    for(i=0;i<SIZE;i++)
        printf("%5d",a[i]);
    printf("\n");
    return 0;
}


void bubble(int arr[],int n,int (*sort)(int a,int b))/*函数指针 sort 指向 ascending
                                            或 descending 函数*/
{
    int i,j;
    void swap(int *pa,int *pb);       /*交换函数说明语句*/
    for(i=1;i<n;i++)
    {
```

```
        for(j=0;j<n-1;j++)
        {
            if((*sort)(arr[j],arr[j+1]))  swap(&arr[j],&arr[j+1]);
        }
    }
}


void swap(int *pa,int *pb)
{
    int temp;
    temp=*pa;
    *pa=*pb;
    *pb=temp;
}


int ascending(int a,int b)
{
    return a>b;                       /*a>b 的值可能是 1 或 0*/
}


int descending(int a,int b)
{
    return a<b;                       /*a<b 的值可能是 1 或 0*/
}
```

```
请输入待排序的10个整数:
50 80 90 30 40 60 10 100 20 70
输入1完成升序排列,输入2完成降序排列:
1
输出待排序的10个整数:
    50    80    90    30    40    60    10   100    20    70
升序排列结果为:
    10    20    30    40    50    60    70    80    90   100
```

从例 7.20 中 bubble 排序函数的定义和调用可以知道，采用指向函数的指针变量，对进一步提高相关函数的通用性，具有非常重要的作用。因此，函数指针广泛用于通用算法函数的设计中，编写一个具有通用功能的函数来实现各种专用的功能。

7.8   指针函数

一个函数可以返回一个整型值、字符值、实型值等，也可以返回指针型的数据，也就是返回一个地址。一个函数返回的是一个指针值则称其为指针函数，定义形式为：

类型名　*函数名(参数表列);

例如：

int *fp(int a,int b);

由于()的优先级高于*，因此，fp 先与()结合成 fp()，这显然是函数形式，说明 fp 是一个函数名。而在此函数前加上*，表示此函数是指针型函数（函数返回值是一个指针）。int 表示返回的是一个整型指针。请注意与前面的函数指针变量 int (*fp)(int a,int b);相区别。

指针函数在使用时要注意：调用时要先在主调函数中定义一个适当的指针变量来接收函数的返回值。这个指针变量的类型应与指针函数返回的指针类型一致，若不一致，要用强制类型转换使其一致。下面通过一个程序来说明指针函数的应用。

【例 7.21】 输入 2006 年—2010 年各个月份的降水量，然后对指定年份的降水情况进行查询。

基本思路：定义一个二维数组 rain，它用于存储 2006—2010 年各个月份的降水量，通过行指针变量 p 可访问到 rain 数组中的各元素，如图 7.28 所示。采用指针函数实现查询功能，返回值就是一个指向 float 型的指针变量，可能指向数组 rain 中某行的第一个元素，这样就可由函数返回的指针值确定其指向，从而输出该行（也就是指定年份）中各月的降雨量。

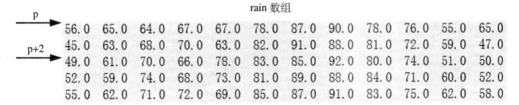

图 7.28　行指针变量 p 的指向

```
#include<stdio.h>
#define YEARS 5
#define MONTHS 12
float *search(float (*p)[MONTHS],int year);/*声明返回指针值的函数 search,有两个参数
                                           */
int main(void)
{
    float rain[YEARS][MONTHS],*pointer;    /*数组 rain 的第一维为年份,第二维为月份*/
    int year,month;
    printf("请输入各年各月的降雨量:\n");
    for(year=0;year<YEARS;year++)            /*输入各年各月的降雨量*/
    {
        printf("%d 年各月降雨量为:",2006+year);
        for(month=0;month<MONTHS;month++)
            scanf("%f",&rain[year][month]);
    }
    printf("\nYear Jan  Feb  Mar  Apr  May  Jun  Jul  Aug  Sep  Oct
Nov  Dec\n");
    for(year=0;year<YEARS;year++)            /*输出各年各月的降雨量*/
```

```
        {
            printf("%-6d",2006+year);              /*输出年份*/
            for(month=0;month<MONTHS;month++)      /*输出该年各月的降雨量*/
                printf("%-5.1f ",rain[year][month]);
            printf("\n");
        }
        printf("请输入一个年份(2006~2010):\n");
        scanf("%d",&year);
        pointer=search(rain,year);                 /*调用 search 函数,完成查找功能*/
        if(pointer==NULL)
            printf("年份无效!");
        else
        {
            printf("\nYear  Jan  Feb  Mar  Apr  May  Jun  Jul  Aug  Sep  Oct
                    Nov  Dec\n");
            printf("%-6d",year);
            for(month=0;month<MONTHS;month++)      /*输出该年各月的降雨量*/
                printf("%-5.1f ",*(pointer+month));
        }
        printf("\n");
        return 0;
}


float *search(float (*p)[MONTHS],int year)
{
        if(year<2006||year>2010)
            return(NULL);
        else
            return(*(p+(year-2006)));              /*当输入合法年号时,返回指针值*/
}
```

```
请输入各年各月的降雨量:
2006年各月降雨量为:56 65 64 67 67 78 87 90 78 76 55 65
2007年各月降雨量为:45 63 68 70 63 82 91 88 81 72 59 47
2008年各月降雨量为:49 61 70 66 78 83 85 92 80 74 51 50
2009年各月降雨量为:52 59 74 68 73 81 89 88 84 71 60 52
2010年各月降雨量为:55 62 71 72 69 85 87 91 83 75 62 58

Year  Jan   Feb   Mar   Apr   May   Jun   Jul   Aug   Sep   Oct   Nov   Dec
2006  56.0  65.0  64.0  67.0  67.0  78.0  87.0  90.0  78.0  76.0  55.0  65.0
2007  45.0  63.0  68.0  70.0  63.0  82.0  91.0  88.0  81.0  72.0  59.0  47.0
2008  49.0  61.0  70.0  66.0  78.0  83.0  85.0  92.0  80.0  74.0  51.0  50.0
2009  52.0  59.0  74.0  68.0  73.0  81.0  89.0  88.0  84.0  71.0  60.0  52.0
2010  55.0  62.0  71.0  72.0  69.0  85.0  87.0  91.0  83.0  75.0  62.0  58.0
请输入一个年份(2006~2010):
2009

Year  Jan   Feb   Mar   Apr   May   Jun   Jul   Aug   Sep   Oct   Nov   Dec
2009  52.0  59.0  74.0  68.0  73.0  81.0  89.0  88.0  84.0  71.0  60.0  52.0
```

程序中,search 函数定义为指针函数,它的形参 p 是指向有 MONTHS 个元素的一维数组的指针变量。p+2 指向 rain 数组中序号为 2 的行，*(p+2)指向 2 行 0 列元素，加了"*"后，指针从行控制转化为列控制了，如图 7.28 所示。search 函数返回值*(p+(year−2006))是一个指针值，指向 float 型变量（不是指向一维数组的）。main 函数调用 search 函数，将数组 rain 首行地址传递给形参 p，调用形式为：

> pointer=search(rain,year);

实参 rain 为二维数组名，是指向行的指针，这样形参 p 就指向了数组的首行；而 year 是要查找的年份，返回值采用 year−2006 的形式，这样就与 rain 数组的行下标保持一致。

调用 search 函数后，得到一个地址（指向 year−2006 行的开始元素处），赋给 pointer。这样通过 pointer 就可输出第 year 年各月的降雨量。

返回指针值的函数比较难于理解，其实只要把它当做一般的函数来处理就容易了。觉得指针难于理解的时候，就把它暂时当做整型来看，就好理解得多。

7.9 小 结

本章介绍了有关指针的数据类型：指向变量的指针（定义成：int *p;）；指向含 N 个元素的一维数组的指针（定义成：int(*p)[N];）；含 N 个指针元素的指针数组（定义成：int *p[N];）；指向函数的指针（定义成：int (*fp)(参数表);）；返回指针值的函数（定义成：int *fp (参数表);）。所有指针的数据类型见表 7.3。

表 7.3 变量的数据类型

变量定义	变量含义
int i;	定义一个整型变量 i
int *p;	p 为指向整型数据的指针变量
int a[N];	定义整型数组 a，它有 N 个元素
int (*p)[N];	p 为指向含有 N 个元素的一维数组的指针变量
int *p[N];	定义指针数组 p，它有 N 个指向整型的指针元素
int f();	f 为返回整型值的函数
int (*fp)();	fp 为指向函数的指针，该函数返回一个整型值
int *fp ();	fp 为返回值是指针值的函数，该指针指向整型数据
int **p;	定义一个指向指针的指针变量

指针是 C 语言中的一种重要数据类型，也是 C 语言的特色之一。正确而灵活地运用它，可以有效地表示复杂的数据结构；能动态分配内存；方便地使用字符串；有效而方便地使用数组；在调用函数时能获得 1 个以上的返回值；能直接处理内存单元地址，这对设计系统软件是非常必要的。掌握指针的应用，可以使程序简洁、紧凑、高效。每一个学习 C 语言的人，都需要深入地学习和掌握指针，也有人将指针称为 C 语言的精华。

本章的难点有以下三点：

1. 注意字符串指针变量与字符数组的区别

用字符数组和字符指针变量都可实现字符串的存储和运算，但是两者是有区别的。在使用时应注意以下几点：

（1）在 C 语言中，将用双引号括起来的字符串常量处理成一个无名字符数组，占用一段连续的内存空间，用'\0'作为字符串的结束标志。因此，可以将一个字符串常量赋值给一个字符指针变量，但不能将一个字符串常量整体赋值给一个字符数组，对数组元素的赋值只能逐个进行。

（2）用指针处理字符串。

  char *ps="Better!";

也可以写成：

  char *ps; ps="Better!";

而对数组可以在定义时初始化：

  static char st[]={"Better!"};

但不能写为：

  char st[20]; st={"Better!"}; /* 错，不能给数组整体赋值 */

而只能对字符数组元素逐个赋值。以上几点是字符串指针变量与字符数组在使用时的区别，从中也可看出使用字符指针处理字符串比用字符数组方便。

2. 注意指向由 m 个元素组成的一维数组的指针变量（行指针变量）和指针数组的区别

行指针变量把二维数组 a 分解为一维数组 a[0]，a[1]，a[2]，…之后，设 p 为行指针变量，可定义为：

  int (*p)[4];

表示 p 是一个指针变量，它指向包含 4 个元素的一维数组。若指向第一个一维数组 a[0]，其值等于 a，a[0]，或&a[0][0]等。而 p+i 则指向一维数组 a[i]。从前面的分析可得出*(p+i)+j 是二维数组 i 行 j 列的元素的地址，而*(*(p+i)+j)则是 i 行 j 列元素的值。而

  int *p[4];

则是一个指针数组，表示 p 是一个数组，有 4 个数组元素，每个元素都是一个指针变量，可以存放一个整型变量的地址。

3. 指向函数的指针变量和返回指针值的函数的区别

指向函数的指针变量称为函数指针。例如，定义函数指针 fp：

  int (*fp)(int a,int b);

表示 fp 是一个指向函数入口的指针变量，该函数的返回值（函数值）是整型，并有两个 int 型形参。假定 fp 得到的是 int max(int x,int y)函数的入口地址(fp=max;)，则用函数指针调用函数的一般形式为：

  (*fp)(a,b);

通过此调用语句，实现 max 函数的调用。而

  int *fp (int a,int b);

则是一个返回指针值的函数，返回一个整型指针。

使用指针时要特别小心，稍有不慎，错误就会在你不注意时形成。多多上机调试，以弄清一些细节，并积累经验。使用指针，千万不能疏忽。要深刻理解各种指针变量间的区别与联系。在很多使用指针的地方，大都会用到数组，因此要注意指针和数组的区别和联系。尤其在参数传递时，形参和实参值的使用。

习　　题

1. 选择题

（1）下列语句组中，正确的是（　　）。

（A）char *s; s="Olympic";　　　　　　　　（B）char s[7]; s="Olympic";

（C）char *s; s={"Olympic"};　　　　　　　（D）char s[7]; s={"Olympic"};

（2）设有定义 double a[10], *s=a;，以下能够代表数组元素 a[3]的是（　　）。

（A）(*s)[3]　　　　　　（B）*(s+3)　　　　　　（C）*s[3]　　　　　　（D）*s+3

（3）若有定义 int (*pt)[3];，则下列说法正确的是（　　）。

（A）定义了基类型为 int 的三个指针变量

（B）定义了基类型为 int 的具有三个元素的指针数组 pt

（C）定义了一个名为*pt、具有三个元素的整型数组

（D）定义了一个名为 pt 的指针变量，它可以指向每行有三个整数元素的二维数组

（4）下列函数的功能是（　　）。

```
void fun(char *a,char *b)
{ while((*b=*a)!='\0')
    { a++; b++; }
}
```

（A）将 a 所指字符串赋给 b 所指空间

（B）使指针 b 指向 a 所指字符串

（C）将 a 所指字符串和 b 所指字符串进行比较

（D）检查 a 和 b 所指字符串中是否有'\0'

（5）设有定义：char *c;，以下选项中能够使字符型指针 c 正确指向一个字符串的是（　　）。

（A）char str[]="string"; c=str;　　　　　　（B）scanf("%s",c);

（C）c=getchar();　　　　　　　　　　　　（D）*c="string";

（6）若有定义语句：double x[5]={1.0,2.0,3.0,4.0,5.0}, *p=x;，则错误引用 x 数组元素的是（　　）。

（A）*p　　　　　　（B）x[5]　　　　　　（C）*(p+1)　　　　　　（D）*x

（7）设有定义语句 int (*f)(int);，则以下叙述正确的是（　　）。

（A）f 是基类型为 int 的指针变量

（B）f 是指向函数的指针变量，该函数具有一个 int 类型的形参

（C）f 是指向 int 类型一维数组的指针变量

（D）f 是函数名，该函数的返回值是基类型为 int 类型的地址

（8）若有定义语句：int a[4][10],*p,*q[4];，且 0<=i<4，则错误的赋值是（　　）。

(A) p=a   (B) q[i]=a[i]   (C) p=a[i]   (D) p=&a[2][1]

（9）有以下程序

```
#include<stdio.h>
int main(void)
{ int m=1,n=2,*p=&m,*q=&n,*r;
  r=p;p=q;q=r;
  printf("%d,%d,%d,%d\n",m,n,*p,*q);
}
```

程序运行后的输出结果是（   ）。

(A) 1,2,1,2   (B) 1,2,2,1   (C) 2,1,2,1   (D) 2,1,1,2

（10）有以下程序

```
#include<stdio.h>
void fun(char *c,int d)
{ *c=*c+1;d=d+1;
  printf("%c,%c,",*c,d);
}
int main(void)
{char b='a',a='A';
  fun(&b,a);   printf("%c,%c\n",b,a);
  return 0;
}
```

程序运行后的输出结果是（   ）。

(A) b,B,b,A   (B) b,B,B,A   (C) a,B,B,a   (D) a,B,a,B

2. 填空题

（1）返回变量在内存中的存储地址用_____运算符。

（2）能够对指针变量进行初始化的三个值分别是_____，_____和_____。唯一能够给指针变量赋值的整数是_____。

（3）在向函数传递一个非数组变量时，为了实现地址传递，必须将这个变量的_____传递给函数。

（4）以下程序的功能是：借助指针变量找出数组元素中的最大值及其元素的下标值。请填空。

```
#include<stdio.h>
int main(void)
{ int a[10],*p,*s;
  for(p=a;p−a<10;p++)   scanf("%d",p);
  for(p=a,s=a;p−a<10;p++)   if(*p>*s)   s=_____;
  printf("Index=%d\n",s−a);
  return 0;
}
```

（5）以下函数按每行 8 个输出数组中的数据，请填空。

```
void fun( int *w,int n)
```

```
{ int i;
  for(i=0;i<n;i++)
  { _____;
    printf("%d   ",_____);
  }
  printf("\n");
}
```

(6) 请将以下程序中的函数声明语句补充完整。

```
#include <stdio.h>
int        ;
int main(void)
{ int x,y,z,(*p)();
  scanf("%d,%d",&x,&y);
  p=max;
  z=(*p)(x,y);
  printf("%d\n",z);
}
int max(int a,int b)
{ return (a>b?a:b);}
```

(7) 有以下程序

```
#include<stdio.h>
int main(void)
{ int a[]={1,2,3,4,5,6},*k[3],i=0;
  while(i<3)
  { k[i]=&a[2*i];
    printf("%d",*k[i]);
    i++; }
    return 0;
}
```

此程序运行的结果是_____。

(8) 有以下程序

```
#include<stdio.h>
#include<string.h>
int main(void)
{ char str[][20]={"One*World","One*Dream!"},*p=str[1];
  printf("%d,",strlen(p));
  printf("%s\n",p);
  return 0;
}
```

此程序运行的结果是_____。

(9) 有以下程序

```
#include <stdio.h>
#define N 5
int fun(int *s, int a, int n)
{ int j;
```

```
    *s=a; j=n;
    while(a!=s[j])  j--;
    return j;
 }
 int main(void)
 { int s[N+1],k;
   for(k=1; k<=N; k++)    s[k]=k+1;
   printf("%d\n",fun(s,4,N));
   return 0;
 }
```

此程序运行的结果是_____。

(10) 有以下程序

```
    #include <stdio.h>
    int fun(int (*s)[4],int n, int k)
    { int m, i;
     m=s[0][k];
     for(i=1; i<n; i++) if(s[i][k]>m) m=s[i][k];
     return m;
    }
    int main(void)
    { int a[4][4]={{1,2,3,4},{11,12,13,14},{21,22,23,24},{31,32,33,34}};
      printf("%d\n", fun(a,4,0));
      return 0;
    }
```

此程序运行的结果是_____。

实验 11   指针的基本操作

1. 在下面的每一个程序片断中找出错误，若错误可以被更正，给出正确的形式。

(1) int *number;
   printf("%d\n",*number);

(2) float *pa;
   long *pb;
   pb=pa;

(3) int *x,y;
   x=y;

(4) char s[]="Welcome!";
   int count;
   for(;*s!='\0';s++,count++)
     printf("%c",*s);

（5）int *pn,a;

　　void *pm=pn;

　　a=*pm+5;

（6）float x=10.0,px=&x;

　　printf("%f\n",px);

（7）char *s;

　　printf("%s\n",s);

2.（用指针方法处理）输入 10 个整数，将其中最小的数与第一个数对换，把最大的数与最后一个数对换。除 main 函数之外，写出 3 个函数：

（1）输入 10 个数的函数 input。

（2）处理函数 chang。

（3）输出 10 个数的函数 output。

3.（用指针方法处理）有 n 个人围成一圈，顺序排号。从第 1 个人开始报数（从 1～3 报数），凡报到 3 的人退出圈子。请编程完成上述操作，并输出最后留下的是原来第几号的那位。

4.（用指针方法处理）输入任一十进制整数，将其转换为指定的某一进制数。要求写出具有通用性的十进制转换为其他进制的转换函数。

5. 自定义判断同构数的函数：编写函数 int fun(int *x)，功能是判断整数 x 是否为同构数。若是同构数，函数返回 1；否则返回 0。

所谓"同构数"，是指这样的数，它出现在其平方数的右边。例如：输入整数 5，5 的平方数是 25，5 是 25 中右侧的数，因此 5 是同构数。

6. 自定义求最大公约数和最小公倍数函数：编写 gcd 函数，求出任两整数的最大公约数；编写 lcm 函数，求出任两整数的最小公倍数（函数参数为指针变量）

实验 12　用指针处理字符串

1. 当执行如下的 C 语句时，如果有输出的话，结果是什么？如果语句中存在错误，请改正，并给出输出结果。假设已经定义好下列变量：

　　char s1[50]="Better!",s2[50]="Best!",s3[50],*ps;

（1）printf("%c%s\n",tolower(s1[0]),&s1[1]);

（2）printf("%s\n",strcpy(s3,s2));

（3）printf("%s\n",strcat(strcat(strcat(s3,s1)," and "),s2));

（4）printf("%u\n",strlen(s1)+strlen(s2));

（5）printf("%u\n",strlen(s3));

2.（用指针方法处理）输入一个包含数字和非数字的字符串，例如"ab12cd345e67"，将其中连续的数字作为一个整数，依次存放到一数组 a 中。如 12 存入 a[0]，345 存入 a[1]，……统计共有多少个整数，并输出这些整数。

3.（用指针数组方法处理）编写一程序，输入任一月份，输出该月的英文名。例如，输入

"4"，则输出 "April"。

4. (用指针数组方法处理) 编写字符串排序函数 void sort(*p[],int N)，在主函数中输入 10 个不等长的字符串，调用 sort 函数，完成排序。

5. 编写一个用梯形积分法求 $\int_a^b f(x)\mathrm{d}x$ 的通用函数 fun。并在主函数中，调用该函数求 $\int_0^1 \sin x\mathrm{d}x$，$\int_1^{2.5} \dfrac{x}{1+x^2}\mathrm{d}x$ 和 $\int^1 \mathrm{e}^x\mathrm{d}x$ 的值。

算法提示：梯形积分法的计算公式为

$$\left[\frac{f(a)+f(b)}{2}+\sum_{i=1}^{n-1}f(a+i\times h)\right]\times h$$

其中，a 和 b 分别为积分的下限和上限，n 为积分区间的分隔数；$h=\dfrac{(b-a)}{h}$，h 为积分步长；$f(x)$ 为被积函数。为了使设计的积分函数 fun 具有通用性，必须将该函数涉及的可变数据（如积分的上限、下限、积分区间的分隔数）用变量加以抽象、可变函数（如被积函数）用函数的指针加以抽象，以形参的形式一一抽象表示。因此，fun 函数的原型可声明为：

        double fun(double (*f)(double), double a, double b,int n);

其中，f 为指向被积函数的指针；a 和 b 为积分区间；n 为积分区间的分隔数。函数返回值为积分值。

sin、exp 等函数已在系统的数学库函数中，程序开头要用#include<math.h>。

6. 使用函数指针来创建一个菜单驱动的系统，用户从菜单用选择（可以是 0～4 之一）完成：

0：结束程序执行。

1：任意两个整数的加法。

2：任意两个整数的减法。

3：任意两个整数的乘法。

4：任意两个整数的除尘法。

算法提示：每个菜单项的操作都是由不同的函数来完成的。指向每个函数的指针可存储在一个指针数组中，用户的选择将作为数组的下标，并且数组中的指针被用于调用相应的函数。在主函数中完成菜单项的创建，并接受用户的操作选择。

第 8 章　结构体与共用体

学习目标
◆ 掌握结构体、共用体和枚举类型的定义
◆ 掌握结构体、共用体和枚举类型变量的定义和使用
◆ 掌握结构体数组的定义及使用
◆ 了解结构体在函数中的使用
◆ 掌握单向链表的结构定义及基本操作的实现

8.1　引　言

第 2 章介绍了 C 语言中预定义的基本数据类型（整型、字符型、浮点型等），并在后续章节用于数值计算类的问题求解。第 6 章中介绍了一种构造数据类型 —— 数组，数组中的各个数据元素都属于同一种数据类型，可用于保存和处理大量同类型数据。

目前，计算机的应用已经不再局限于数值计算，而更多地运用于非数值计算类问题（如：控制、管理、数据处理等）的求解，计算机加工处理的对象也由纯粹的数值发展到了具有一定结构的数据，仅有基本数据类型是不够的。有时需要将不同类型的数据组合成一个有机的整体，以便于引用。例如，一个公司员工的工号、姓名、性别、部门、工资等，都与某一员工相联系，如果使用前面的简单变量很难反映它们之间的联系。为此，C 语言提供了自定义数据类型的几种方法：结构体、共用体、枚举、类型重定义（typedef）等。用户自定义了数据类型后，即可像使用基本数据类型一样，用于定义变量和使用变量。

8.2　结构体

结构体是 C 语言中由用户自定义的一种数据结构，相当于数据库中的记录，通常由若干个"成员"组成。把一组不同类型而又具有紧密联系的数据组成一个有机的数据整体，在程序设计过程中有助于提高程序的可读性和加快程序开发的效率，这个数据整体就称为结构体类型。

8.2.1　结构体类型的定义

定义一个结构体类型的一般形式为：

```
struct 结构体类型名
{
成员表
};
```

其中，struct 是定义结构体的关键字，其后紧跟着结构体类型名，它们合称为结构体类型，一般情况下，它们要联合使用而不能分开。结构体名是由用户自定义的标识符。成员表将定义该结构体类型包含的所有成员的名字，并标明成员的类型，成员的类型可以是基本类型，也可以是自定义的数据类型，成员的类型可以相同也可以不同。结构体的成员也称为域、数据项、属性或字段。

例如，记录员工信息的结构体类型可定义如下：

```
struct worker             /*定义员工结构体类型*/
{
    unsigned id;          /*工号*/
    char name[10];        /*姓名*/
    char sex;             /*性别*/
    char depart[20];      /*部门*/
    float wages;          /*工资*/
};
```

其中，worker 是自定义的结构体类型名，它包括 id、name、sex、depart、wages 等 5 个成员，成员的类型根据实际问题的需要来确定。结构体类型 struct worker 各成员在内存中依次存放，如图 8.1 所示。

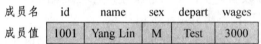

成员名   id   name   sex   depart   wages
成员值   1001   Yang Lin   M   Test   3000

图 8.1　结构体成员在内存中的存储

特别说明：定义结构体类型时，花括号内的成员名后要用"；"结束，且在"}"之后要加上结构体定义的结束符"；"。

8.2.2　结构体变量的定义

以上定义的结构体，实质上是定义了一种数据类型，它与 int，char 等基本类型处于同等地位，C 语言在程序执行过程中，对类型并不分配存储单元，因此不能对结构体类型(如 worker)进行赋值、存取、运算等操作，要使用结构体类型，必须定义结构体变量，只有对结构体变量才能进行赋值、存取、运算等操作。

要定义一个结构体变量，可以采用以下的三种方法。

1. 先定义结构体类型再定义变量名

假设已定义了某结构体类型，则可按如下形式来定义结构体变量：

```
struct 结构体名 变量表;
```

如上面已定义了一个结构体类型 struct worker，可以用它来定义变量，如：

　　　　　　struct worker w1,w2,w3；

其中，w1，w2，w3 为 struct worker 结构体类型的变量，即它们具有 struct worker 类型的结构。它们均具有工号、姓名、性别、部门、工资等 5 个成员，可用于存储 3 个员工的信息。

　　注意：将一个变量定义为标准类型（基本数据类型）与定义为结构体类型的区别：后者不仅要求指定变量为结构体类型，而且要求指定为某一特定的结构体类型（如 struct worker），而不能只指定为"struct"而不指定结构体名。而在定义变量为整型时，只需指定为 int 型即可。也就是说，可以定义许多种具体的结构体类型。

　　如果程序的规模比较大时，通常将对结构体类型的定义集中放到一个以.h 为后缀的"头文件"中，再用#include 命令将该头文件包含到本文件中来。

2. 在定义类型的同时定义变量

　　如果没有事先单独定义结构体类型，也可以在定义结构体类型的同时定义结构体变量。定义形式如下：

```
struct  结构体名
{
成员表
}变量表;
```

　　例如：

```
struct worker
{
    unsigned id;
    char name[10];
    char sex;
    char depart[20];
    float wages;
} w1,w2,w3;
```

它的作用与方法 1 相同。

3. 直接定义结构体类型变量

　　其一般形式为：

```
struct
{
成员表
}变量表;
```

按此方法定义结构体类型变量，并未定义结构体类型名，因此在后续程序中就不能再定义该类型的其他变量。

　　关于结构体类型的几点说明：

　　（1）结构体类型（如 worker）与结构体变量（如 w1）是两个不同的概念，不要混同。结构体类型只不过是一种类型标志，就像 int，char 一样，编译时并不对类型分配存储空间。

因此，不能对类型 worker 赋值、存取和运算，只能对结构体变量进行赋值、存取和运算。

（2）结构体类型可以嵌套定义，即结构体中的成员又可以是一个结构体类型的变量。如：可先定义日期结构体类型，再定义员工结构体类型，员工结构体类型的成员"出生日期"又可以是日期结构体类型的变量。

```
        struct date                    /*定义日期结构体类型*/
        {
            int month;
            int day;
            int year;
        };
        struct worker                  /*定义员工结构体类型*/
        {
            unsigned id;
            char name[10];
            char sex;
            char depart[20];
            struct date birthday;      /*出生日期，是日期结构型的变量*/
            float wages;
        } w1,w2,w3;
```

（3）结构体中的成员，可以单独使用，它的作用与普通变量是一样的，但要通过结构体变量或结构体指针变量进行引用。

（4）成员名可以与程序中其他地方使用的变量同名，二者分别代表不同的对象，互不影响。如在程序中定义了一个变量 wages，它与 struct worker 中的成员 wages 同名，但互不影响。

（5）定义结构体变量时，还可以对结构体变量的存储属性进行说明，有 extern，auto 和 static 三种形式。

8.2.3　结构体变量的引用和初始化

1. 结构体变量的引用

结构体变量是由若干相同或不同数据类型的数据组成的集合，在 ANSI C 中，可以将一个结构体变量整体赋值给另一个结构体变量。一般对结构体变量的使用，包括赋值、输入、输出、算术运算等都是通过引用结构体变量的成员来实现的。引用格式如下：

　　　　结构体变量名.成员名

其中，"."称为结构体成员运算符，其运算优先级最高，结合性为从左到右。

例如：假设已定义结构体变量 w1，并且已将一个员工信息存入该结构体变量，则该员工的工号、姓名、性别、部门、出生日期、工资分别用以下结构体成员表示：

　　　　w1.id、w1.name、w1.sex、w1.depart、w1.birthday、w1.wages

结构体变量占用内存空间的大小为该结构体各成员占用空间大小之和。如：8.2.2 定义的结构体变量 w1、w2 和 w3 在内存中各占 51 个字节（4+10+1+20+(4+4+4)+4=51）。结构体变量占用内存大小可以用运算符 sizeof 求出，但是目前很多编译系统为了提高数据存取的效率，对结构体成员分配空间时进行了 字节对齐，使得结构体变量占用的实际字节数往往大于各成员所占字节数之和。如：

```
printf("%d",sizeof(w1));
```

或

```
printf("%d",sizeof(struct worker));
```

屏幕上的输出结果为：52。结构体变量占用的字节数，不同编译系统求出的结果不一定相同。有关字节对齐的内容，本教材中不再详细介绍，读者可自行查阅相关文献资料。

结构体变量成员的引用应遵守以下规则：

（1）不能把结构体变量作为整体进行存取。

如：想输出结构体中的姓名、工资不能这样写：

```
printf("%s,%f",w1);
```

正确的格式应为：

```
printf("%s,%f",w1 .name, w1 .wages);
```

（2）如果结构体成员又是结构体变量，则要用若干个成员运算符，一级一级地找到最低一级的成员，才能对其进行赋值、存取和算术运算等操作。

如：输出出生日期可以写成：

```
printf("%d.%d.%d",w1.birthday.year ,w1.birthday.month,w1.birthday.day);
```

而不能直接用 w1.birthday 来访问 w1 中的成员 birthday，因为 birthday 本身也是一个结构体变量。

不能写成：

```
printf("%d.%d.%d.\n",w1.birthday);
```

（3）结构体成员可以像普通变量一样进行各种运算。如：

```
w1.wages=w1. wages +200;
```

（4）可以引用成员的地址，也可以引用结构体变量的地址 。如：

```
scanf("%c",&w1.sex);
printf("%o",&w1);
```

但是不能整体读入结构体变量。如：不能写成：

```
scanf("%d%s%c%s%d%d%d%f",&w1);
```

（5）若两个结构体变量的类型完全一致，则可以相互赋值。如：

```
w2=w1;
```

此语句可将 w1 中各个成员的值赋值给 w2 中对应的各个成员。

【例 8.1】 从键盘上输入员工信息并在屏幕上显示该员工的基本信息，其中包括：工号、姓名、性别、部门、出生日期、工资。

```
#include<stdio.h>
struct date                          /*定义日期结构体类型*/
{
    int month;
```

```
    int day;
    int year;
};
struct worker                           /*定义员工结构体类型*/
{
    unsigned id;
    char name[10];
    char sex;
    char depart[20];
    struct date birthday;               /*出生日期，是日期结构型的变量*/
    float wages;
};
int main(void)
{
    struct worker w1;
    printf("请输入一个员工的信息！\n");
    printf("工号:");scanf("%u",&w1.id);getchar();
    printf("姓名:");gets(w1.name);
    printf("部门:");gets(w1.depart);
    printf("工资:");scanf("%f",&w1.wages);getchar();
    printf("性别:");scanf("%c",&w1.sex);
    printf("出生日期(年.月.日):");
    scanf("%d.%d.%d",&w1.birthday.year,&w1.birthday.month,&w1.birthday.day);
    printf("该员工的完整信息如下：\n");
    printf("工号 姓名       性别 部门                  出生日期   工资");
    printf("\n%-6u%-10s%-5c%-20s",w1.id,w1.name,w1.sex,w1.depart);
    printf("%-4d.",w1.birthday.year);
    printf("%2d.",w1.birthday.month);
    printf("%2d",w1.birthday.day);
    printf("%8.2f\n",w1.wages);
    return 0;
}
```

```
请输入一个员工的信息！
工号:1001
姓名:LiYang
部门:Test
工资:3000
性别:M
出生日期(年.月.日):1986.6.1
该员工的完整信息如下：
工号 姓名       性别 部门                  出生日期   工资
1001 LiYang     M    Test                  1986. 6. 1 3000.00
```

本程序运行时，请特别注意输入数据的格式，性别只能输入一个字符，如"F"或"M"，出生日期要用点"."间隔年月日。请思考如下问题：

（1）输入姓名的语句：gets(w1.name);能否用 scanf("%s",w1.name);代替?

（2）如果性别要输入汉字"男"和"女"，结构体成员 sex 的类型要如何定义？

2. 结构体变量的初始化

在定义结构体变量的同时，可以给它的每个成员赋初值，即对结构体变量初始化。结构体变量的初始化的一般形式如下：

struct 结构体名　结构体变量={初始数据};

其中，初始数据之间用逗号分隔，数据个数与结构体成员的个数应相同，且按先后顺序和结构体类型成员类型一一对应赋值。如：

```
struct worker
{
    unsigned id;
    char name[10];
    char sex;
    char depart[20];
    float wages;
}w1={10002,"杨阳",'M',"技术开发部",5600};
```

结构体变量初始化后，初始成员的值将依次存储在各成员对应的内存单元中，如图 8.2 所示。

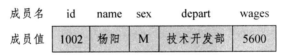

成员名	id	name	sex	depart	wages
成员值	1002	杨阳	M	技术开发部	5600

图 8.2　结构体变量初始化结果图

【例 8.2】　为一结构体变量初始化后，显示其每个成员的值。

```
#include<stdio.h>
struct date                        /*定义日期结构体类型*/
{
    int month;
    int day;
    int year;
};
struct worker                      /*定义员工结构体类型*/
{
    unsigned id;
    char name[10];
    char sex;
    char depart[20];
    struct date birthday;          /*出生日期，是日期结构体型的变量*/
    float wages;
}w1={10002,"杨阳",'M',"技术开发部",5,4,1985,5600};
int main(void)
{
```

```
        printf("该员工的完整信息如下：\n");
        printf("工号　姓名　　　　性别 部门　　　　　　　　出生日期　工资");
        printf("\n%-6u%-10s%-5c%-20s",w1.id,w1.name,w1.sex,w1.depart);
        printf("%-4d.",w1.birthday.year);
        printf("%2d.",w1.birthday.month);
        printf("%2d",w1.birthday.day);
        printf("%8.2f\n",w1.wages);
        return 0;
}
```

```
该员工的完整信息如下：
工号　姓名　　　　性别 部门　　　　　　　　出生日期　工资
10002 杨阳　　　　M　　 技术开发部　　　　　1985. 5. 4 5600.00
```

8.2.4　结构体数组的定义与引用

　　一个结构体变量一次只能存储一个员工的信息，但是一个公司的员工数量少则几十、多则成百上千，所有员工的信息该如何存储和处理呢？由前面我们知道，具有相同数据类型的数据可以组成数组，同样具有同一结构体类型的若干变量也可以构成数组，称为结构体数组。数组中的每一个元素都是同一种结构体类型的变量。

1. 结构体数组的定义

　　结构体数组的定义与结构体变量的定义类似，也有三种方式：

　　（1）先定义结构体类型，再定义结构体数组，如：

```
        struct worker
        {
            unsigned id;
            char name[10];
            char sex;
            char depart[20];
            float wages;
        };
        struct worker work[3];
```

　　以上定义了包含 3 个元素的结构体数组 work，可以存储 3 个员工的信息。每一个数组元素 work[0]、work[1]、work[2]均为 struct worker 类型的结构体变量。若员工数量较多，可以先预定义员工数量的最大值 N，再定义结构体数组。如：

```
        #define N 500
        struct worker work[N];
```

　　（2）在定义结构体类型的同时定义结构体数组，如：

```
        struct worker
        {
            unsigned id;
```

```
        char name[10];
        char sex;
        char depart[20];
        float wages;
    }work[3];
```
（3）直接定义结构体数组，如：
```
    struct
    {
        unsigned id;
        char name[10];
        char sex;
        char depart[20];
        float wages;
    } work[3];
```

2. 结构体数组的初始化

结构体数组也可以初始化，初始化的形式与多维数组类似。

如：struct worker work[3]={{1001, "王胜", 'M', "后勤部",1500},
　　　　　　　　　　　　{1002, "李纪宇", 'M', "开发部",3200},
　　　　　　　　　　　　{1003, "刘玉", 'F', "测试部",3000}};

经过上述结构体数组初始化，结构体数组中各元素将连续存放在内存中，如图 8.3 所示。

定义数组时，若给所有的元素赋初值，则数组长度可以省略，即写成如下形式：

　　　　stu[ ]={{...},{...},{...}};

编译时，系统会根据给出的初值个数来确定数组的长度。

下面通过一个例子来说明结构体数组的定义和引用。

【例 8.3】 初始化一个结构体数组，然后显示其每个成员的值。

```
#include<stdio.h>
struct worker
{
    unsigned id;
    char name[10];
    char sex;
    char depart[20];
    float wages;
};

int main(void)
```

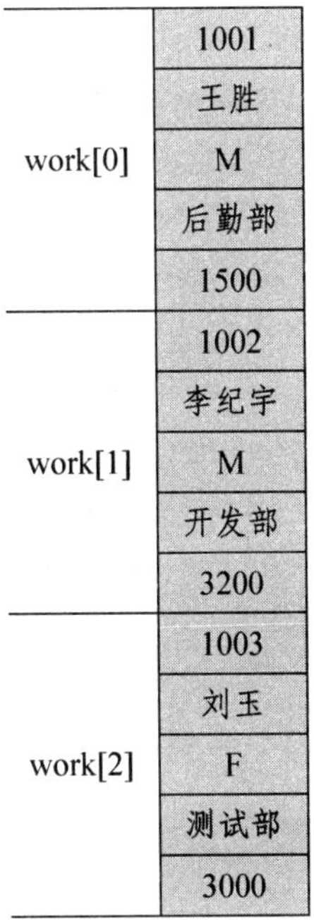

	1001
	王胜
work[0]	M
	后勤部
	1500
	1002
	李纪宇
work[1]	M
	开发部
	3200
	1003
	刘玉
work[2]	F
	测试部
	3000

图 8.3　结构体数组在内存中的存储

```
{int i;
    struct worker work[3]={  {1001,"王胜", 'M',"后勤部",1500},
                             {1002,"李纪宇",'M',"开发部",3200},
                             {1003,"刘玉", 'F',"测试部",3000}};

    printf("员工信息表如下：\n");
    printf("\t 工号        姓名        性别   部门                    工资\n");
    for(i=0;i<3;i++)
    printf("work[%d]:%−10u%−12s%−6c%−22s%7.2f\n",
       i,work[i].id,work[i].name,work[i].sex,work[i].depart,work[i].wages);
    return 0;
    }
```

```
员工信息表如下：
        工号         姓名          性别   部门                    工资
work[0]:1001        王胜          M      后勤部                  1500.00
work[1]:1002        李纪宇        M      开发部                  3200.00
work[2]:1003        刘玉          F      测试部                  3000.00
```

8.2.5　结构体与指针

1. 指向结构体变量的指针

如果用一个指针变量指向结构体变量，则该指针变量的值为该结构体变量在内存中的起始地址，可以通过结构体指针访问结构体变量。

结构体指针变量定义的一般形式为：

    struct 结构体类型名 *结构体指针变量名;

例如：

```
struct worker
{
    unsigned id;
    char name[10];
    char sex;
    char depart[20];
    float wages;
}w1={10002,"杨阳",'M',"技术开发部",5600};

struct worker *p=&w1;
```

结构体指针 p 指向结构体变量 w1，即指向 w1 的起始地址，如图 8.4 所示。定义了结构体指针变量并给它赋值后，就可以通过指针变量访问结构体变量各个成员的值。

访问结构体变量各个成员有如下三种等价的形式：

（1）结构体变量.成员名

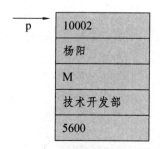

图 8.4　指向结构体变量的指针变量

（2）(*结构体指针变量).成员名

（3）结构体指针变量->成员名

其中，"->"为指向成员运算符，其运算优先级与"."一样，是优先级最高的运算符，其结合性为从左到右。

如：要访问结构体变量 w1 的成员 id，可以用如下三种形式：

（1）w1.id

（2）(*p).id

（3）p->id

【例 8.4】 使用三种方式访问结构体变量的成员。

```c
#include<stdio.h>
struct date                         /*定义日期结构体类型*/
{
    int month;
    int day;
    int year;
};
struct worker                       /*定义员工结构体类型*/
{
    unsigned id;
    char name[10];
    char sex;
    char depart[20];
    struct date birthday;           /*出生日期,是日期结构型的变量*/
    float wages;
};
int main(void)
{
    struct worker w1={10002,"杨阳",'M',"技术开发部",5,4,1985,5600},*p;
    p=&w1;
    printf("1.\"结构体变量.成员名\"访问结构体变量成员,结果如下：\n");
    printf("工号  姓名       性别 部门                出生日期   工资");
    printf("\n%-6u%-10s%-5c%-20s",w1.id,w1.name,w1.sex,w1.depart);
    printf("%-4d.",w1.birthday.year);
    printf("%2d.",w1.birthday.month);
    printf("%2d",w1.birthday.day);
    printf("%8.2f\n\n",w1.wages);

    printf("2.\"(*结构体指针变量).成员名\"访问结构体变量成员,结果如下：\n");
    printf("工号  姓名       性别 部门                出生日期   工资");
    printf("\n%-6u%-10s%-5c%-20s",(*p).id,(*p).name,(*p).sex,(*p).depart);
    printf("%-4d.",(*p).birthday.year);
    printf("%2d.",(*p).birthday.month);
```

```
printf("%2d",(*p).birthday.day);
printf("%8.2f\n\n",(*p).wages);

printf("3.\"结构体指针变量->成员名\"访问结构体变量成员,结果如下：\n");
printf("工号  姓名        性别 部门                出生日期   工资");
printf("\n%—6u%—10s%—5c%—20s",p->id,p->.name,p->sex,p->depart);
printf("%—4d.",p->birthday.year);
printf("%2d. ",p->birthday.month);
printf("%2d",p->birthday.day);
printf("%8.2f\n\n",p->wages);return 0;
}
```

```
1."结构体变量.成员名"访问结构体变量成员,结果如下：
工号  姓名        性别 部门            出生日期   工资
10002 杨阳        M    技术开发部      1985. 5. 4 5600.00

2."(*结构体指针变量).成员名"访问结构体变量成员,结果如下：
工号  姓名        性别 部门            出生日期   工资
10002 杨阳        M    技术开发部      1985. 5. 4 5600.00

3."结构体指针变量->成员名"访问结构体变量成员,结果如下：
工号  姓名        性别 部门            出生日期   工资
10002 杨阳        M    技术开发部      1985. 5. 4 5600.00
```

从程序的运行结果可以看出，程序中三种访问结构体变量成员的方式是等价的。

2. 指向结构体数组元素的指针

可以用指针指向普通的数组，也可以用指针指向结构体数组及其数组元素。指向结构体数组的指针的值即为该结构体数组在内存区的起始地址。采用结构体指针访问数组可以提高访问效率。

例如：

```
struct worker work[20],*p;
p=work;
```

上述代码定义了一个长度为 20 的结构体数组 work，并定义了一个结构体指针变量 p，通过语句 p=work;使得指针变量 p 指向了数组 work 的起始地址，也是数组元素 work[0]的地址。p 指向 work[0]，那么，p+1 指向 work[1]，p+i 指向 work[i]（0≤i<20）。

【例 8.5】 使用指向结构体数组元素的指针变量访问数组元素。

```
#include<stdio.h>
struct worker
{
    unsigned id;
    char name[10];
    char sex;
    char depart[20];
    float wages;
};
```

```
int main(void)
{
    int i;
    struct worker *p,work[3]={{1001,"王胜",'M',"后勤部",1500},
                              {1002,"李纪宇",'M',"开发部",3200},
                              {1003,"刘玉",'F',"测试部",3000}};

    printf("员工信息表如下：\n\t");
    printf("       工号      姓名        性别  部门                    工资\n");
    for(p=work;p<work+3;p++)
    printf("地址(%d):%-10u%-12s%-6c%-22s%7.2f\n",
    p,p->id,p->name,p->sex,p->depart,p->wages);
    return 0;
}
```

```
员工信息表如下：
          工号      姓名      性别  部门                      工资
地址(1244928):1001    王胜      M    后勤部                  1500.00
地址(1244968):1002    李纪宇    M    开发部                  3200.00
地址(1245008):1003    刘玉      F    测试部                  3000.00
```

3. 结构体指针变量作函数的参数

在程序设计过程中，常常要将结构体类型的数据传递给一个函数。若直接用结构体变量作函数的参数，形参和实参之间是值传递，形参和实参各自占用独立的存储空间，空间开销大，而形参值的改变不会导致实参值的改变，无法实现对实参值的修改。因此，通常可以使用指向结构体变量的指针作为函数的参数，以实现形参和实参间地址的传递，通过修改形参值就可以改变实参的值，从而实现结构体类型的数据在函数间的传递。

【**例 8.6a**】　用结构体变量作函数的参数。

```
#include <stdio.h>
#include <string.h>
struct student
{
    int id;
    char name[10];
    float score;
};
void fun(struct student b)
{
    b.id=2011002;
    strcpy(b.name,"WangLiqing");
    b.score=80.5;
}
int main(void)
{
    struct student a={2011001,"MaLin",95.0};
    printf("%d %s %4.1f\n",a.id,a.name,a.score);
```

```
        fun(a);
        printf("%d %s %4.1f\n", a.id, a.name, a.score);
        return 0;
}
```

```
2011001 MaLin 95.0
2011001 MaLin 95.0
```

本程序中使用结构体变量作函数的参数，从运行结果可以看出：调用函数 fun 前后实参 a 的值没有变化，原因是**实参 a 和形参 b 之间是单向值传递**，形参值的修改不会影响实参的值。如果希望实参 a 的值随着形参 b 的变化而变化，就可以使用指向结构体变量的指针变量作函数的参数，对例 8.6a 作修改，得到如例 8.6b 所示程序。

【例 8.6b】 用结构体指针变量作函数的参数。

```
#include <stdio.h>
#include <string.h>
struct student
{
        int id;
        char name[10];
        float score;
};
void fun(struct student *b)
{
        b->id=2011002;
        strcpy(b->name, "WangLiqing");
        b->score=80.5;
}
int main(void)
{
        struct student a={2011001, "MaLin", 95.0};
        printf("%d %s %4.1f\n", a.id, a.name, a.score);
        fun(&a);
        printf("%d %s %4.1f\n", a.id, a.name, a.score);
        return 0;
}
```

```
2011001 MaLin 95.0
2011002 WangLiqing 80.5
```

通过本程序的运行结果，可以看到当指向结构体变量的指针作函数形参时，实参为结构体变量的地址，实参和形参之间是地址传递，因此对形参的修改有效地实现了实参值的修改。

8.3 共用体

共用体又称联合体，是一种与结构体类似的用户自定义数据类型，用关键字 union 说明。在实际问题求解过程中，为了方便有时需要将不同类型的值存储在同一个变量中，而某一时刻该变量仅含有一个特定类型的值，这种情况下就可以用到共用体类型的变量，其特点为所有成员共用同一段内存空间。

1. 共用体类型的定义

共用体类型的定义除了用关键字 union 代替 struct，其他内容与结构体的定义形式完全相同。定义共用体的一般形式为：

```
union  共用体名
{
类型    成员名1;
类型    成员名2;
……
类型    成员名n;
};
```

其功能是：定义一个共用体类型，其中可以有 n 个不同类型的成员，这些成员存放在同一个地址开始的内存单元中，共占同一段内存，存储单元的大小为最大成员的长度。

例如：

```
union    data
{
    int    i;
    char ch;
    float f;
};
```

定义了一个名为 data 的共用体，它有三个成员，分别为 i，ch，f。

2. 共用体变量的定义

共用体变量的定义与结构体变量的定义一样，具有三种形式：

(1) 先定义共用体类型再定义变量名。

如：

```
union    data
{
    int    i;
    char ch;
    float f;
};
union    data    a,b,c;
```

(2) 在定义类型的同时定义变量。

```
union    data
{
    int    i;
    char ch;
```

```
        float f;
    }a,b,c;
```
（3）直接定义共用体类型变量。

```
    union
    {
        int    i;
        char ch;
        float f;
    }a,b,c;
```

经过上述三种形式中的任意一种形式定义了共用体变量 a、b、c 后，a、b、c 所占空间大小为共用体类型成员所占最大字节数，即 4 个字节。给变量 a、b、c 赋予整型值或赋予单精度实型值时使用 4 个字节，赋予字符型的值则只使用前 1 个字节。

另外，共用体类型可以出现在结构体类型的定义中，结构体类型也可以出现在共用体类型定义之中。可以定义共用体数组，数组也可以作为共用体的成员。

3. 共用体变量及其引用

定义了共用体变量后就可以引用它，但是不能直接引用共用体变量，只能引用共用体变量中的成员，与结构体类型相似，引用可以通过运算符"**.**"和"**->**"来进行。

例如，对于上面的例子，定义了 union data a,b,c；后，下面的引用是正确的。

```
    a.i=1001；
    a.ch='M'；
    printf("%c",a.ch)；
```
但是
```
    b=1；
    printf("%d",b)；
```
是不正确的。

特别说明：

（1）不允许对共用体变量整体赋值，也不允许对共用体变量进行初始化。

（2）同一个内存段可以存放几种不同类型的成员，但在某一时刻只能存放一个成员。因此，共用体变量中起作用的是最后一次存放的成员，在存入一个新成员后原有的成员就失去作用。如有：

```
    a.i=1001；
    a.ch='M'；
    a.f=13.45；
```
赋完值后，最终只有 a.f 有效，而 a.i 和 a.ch 已经失去意义了。

（3）"结构体"与"共用体"变量的定义形式相似，但它们的含义不同。结构体变量所占内存长度等于各成员所占的内存长度之和，每个成员分别占有自己的内存单元。共用体变量所占的内存长度等于最长的成员的长度，所有成员共用一段内存。

【例 8.7】 混合计分制成绩管理。

　　假设某高校学生成绩管理系统中，一个学生的信息包括学号、姓名和某门课的成绩。而成绩又有三种表示形式：

（1）百分制（0～100 分），适用于大部分课程；

（2）二级制（通过、不通过），适用于选修课；

（3）四级制（优秀、良好、及格、不及格），适用于毕业设计和实习等实践课程。

要求编写程序，输入一个学生信息并显示出来。

```c
#include <stdio.h>
struct student
{
    long id;
    char name[20];
    int type;/*成绩类别：0:百分制，1:二级制，2:四级制*/
    union
    {
        float g100;
        char g2;
        int g4;
    }score;
};
int main(void)
{
    struct student stu;
    printf("请输入一个学生信息：\n 学号:");
    scanf("%ld",&stu.id);
    getchar();
    printf("姓名:");
    gets(stu.name);
    printf("成绩类别(0:百分制 1:二级制 2:四级制):");
    scanf("%d",&stu.type);
    switch(stu.type)
    {
        case 0:  printf("请输入百分制成绩(0-100)：");
                 scanf("%f",&stu.score.g100);
                 printf("输出:%ld %s %7.2f\n",stu.id,stu.name,stu.score.g100);
                 break;
        case 1:  printf("请输入二级制成绩(P or F)：");
                 getchar();
                 scanf("%c",&stu.score.g2);
                 printf("输出:%ld %s  ",stu.id,stu.name);
                 switch(stu.score.g2)
                 {
                     case 'P':
                     case 'p':printf("通过\n");break;
                     case 'F':
```

```
                        case 'f':printf("不通过\n");break;
                        default:printf("成绩输入出错!\n");break;
                    }
                    break;
        case 2:    printf("请输入四级制成绩(1:优秀 2:良好 3:及格 4:不及格)");
                    scanf("%d",&stu.score.g4);
                    printf("输出: %ld %s ",stu.id,stu.name);
                    switch(stu.score.g4)
                    {
                        case 1:printf("优秀\n");break;
                        case 2:printf("良好\n");break;
                        case 3:printf("及格\n");break;
                        case 4:printf("不及格\n");break;
                        default:printf("成绩输入出错!\n");break;
                    }
                    break;
        default:printf("成绩类别出错!\n");break;
        }
    return 0;
}
```

```
请输入一个学生信息:
学号:20100001
姓名:Yang HuaLi
成绩类别(0:百分制 1:二级制 2:四级制):0
请输入百分制成绩(0-100): 100
输出: 20100001 Yang HuaLi  100.00
请输入一个学生信息:
学号:20100002
姓名:Xuan Xuan
成绩类别(0:百分制 1:二级制 2:四级制):1
请输入二级制成绩(P or F): P
输出: 20100002 Xuan Xuan  通过
请输入一个学生信息:
学号:20100003
姓名:Hu LaoShi
成绩类别(0:百分制 1:二级制 2:四级制):2
请输入四级制成绩(1:优秀 2:良好 3:及格 4:不及格)1
输出: 20100003 Hu LaoShi 优秀
```

本程序中二级制成绩和四级制成绩并未直接定义为字符数组类型,而是定义为简单的字符型和整型,目的是为了提高数据输入的效率和节约数据的存储空间,仅在数据输出时简单地将字符或整数转换成字符串输出。特别注意程序中出现的语句:getchar();请思考其作用是什么,如果没有该语句会出现什么问题?

8.4   枚举类型

如果变量的取值范围是有限的,就可定义该变量为枚举类型。例如,月份只能取 1～12 月;

星期的取值只能是星期一至星期日；逻辑变量只能取 0, 1 两个值。为了支持这种数据的表示，ANSI C 引入了枚举类型，用关键字 enum 表示。枚举就是将变量有限个可能的值一一列出。

1. 枚举类型的定义

枚举类型定义的一般形式为：

　　　enum 枚举类型名{枚举元素 1,枚举元素 2,…,枚举元素 n};

定义一个枚举类型，{}中的值称为枚举元素或枚举常量，是由用户自行定义的标识符，也称为枚举值。在编译时按顺序分配给它们的值为 0、1、2、3、4、…

例如：

　　　enum day{sun,mon,tue ,wed,thu,fri,sat};

定义了一个枚举类型 enum day，{} 中列出了此类型数据可以取的值是 sun～sat 七个，其中 sun 的值为 0, mon 的值为 1,…,sat 的值为 6。

枚举元素的值在定义时也可以由程序指定，如：

　　　enum day {sun=7,mon=1,tue,wed,thu,fri,sat};

定义 sun 为 7，　mon 为 1，后面的值顺序加 1，sat 则为 6。

枚举类型定义之后，就可以定义相应的枚举变量。

2. 枚举变量的定义

枚举类型的变量定义形式如下：

　　　enum 枚举类型名　枚举变量名;

例如，有了上面的类型定义后，可定义如下变量：

　　　enum day a,b ;

或直接定义，如：

　　　enum {sun,mon,tue ,wed,thu,fri,sat}a,b;

3. 枚举变量的引用

对枚举类型变量的引用方式如下：

（1）直接将枚举常量的值赋给枚举变量；如：

　　　a=mon;　　　　　printf("%d",a);　　　/*将输出整数 1*/

（2）可将枚举变量和枚举常量的值进行判断比较；如：

　　　if (a==mon)…

　　　　　if(a>sun)…

特别说明：

（1）不能给枚举元素（常量）赋值。如：sun=7;mon=1; 是错误的。

（2）不能将一个整数值直接赋给一个枚举变量。如：a=2;b=6; 是错误的。因为整数和枚举变量属于不同类型。若要赋值必先进行强制类型转换。如：

　　　a=(enum day)7;　 b=(enum day)6;

（3）枚举变量可以进行加减整型数据的运算。如：

　　　d=(enum day)(n+1);

（4）可以通过 printf 函数输出枚举变量的值，但不能直接输出枚举元素对应的标识符。如果要输出枚举值的标识符，可以将枚举值转换为相应字符串进行输出。

【**例 8.8**】 枚举类型应用举例。

```
#include <stdio.h>
int main(void)
{
        enum day{sun,mon,tue,wed,thu,fri,sat};
        enum day nextd;
        char weekday[7][4]={"sun","mon","tue","wed","thu","fri","sat"};
        int d;
        printf("今天是星期几？ ");
        scanf("%d",&d);
        nextd=(enum day)((d+1)%7);
        printf("明天是:星期%d(%s)\n",nextd,weekday[(int)nextd]);
        return 0;
}
```

```
今天是星期几？0
明天是:星期1(mon)
```

此程序功能是输入今天是星期几，返回下一天是星期几。它可以推广到求解过 n 天后是星期几的问题。如求过 3 天是星期几，则 nextd=(enum day)((d+3)%7);其中的取余数运算（%）可以保证无论 d 的取值是多少，枚举变量 nextd 的取值始终在范围 0～6。字符数组 weekday 的作用是便于将枚举常量转换为其对应的字符串输出，也可使用 switch 语句实现该功能。

8.5　类型重定义符 typedef

为了便于程序的移植和求解实际问题的需要，用户除了可以使用 C 语言提供的标准类型（如 int，char 和 float 等）和自定义的数据类型（如数组、结构体、共用体和枚举），还允许使用 typedef 定义新的数据类型名，以取代已有的类型名。

类型重定义的一般形式为：

typedef 原数据类型名 新类型名;

如：typedef int AGE;其作用是定义新类型名 AGE，类型 AGE 等价于基本数据类型名 int，以后，就可以利用 AGE 定义 int 型变量了。如：

AGE a1;

等价于：

int a1;

使用类型重定义的优点是能够提高程序的可读性。由上述语句可以看出，当用 AGE 定义变量 a1 时，可以判断出 a1 变量可能表示人的年龄。

用 typedef 不但可以定义简单数据类型，还可以定义比较复杂的数据类型，如结构体、数组、指针、函数等。下面分别举例加以介绍。

1. 简单数据类型

例如：定义新数据类型 ID、SEX、SCORE 如下：

```
typedef long ID;
typedef char SEX;
tepedef float SCORE;
```

这样就可以使用 ID、SEX 和 SCORE 分别代替基本数据类型 long、char 和 float，使用它们可以定义变量和数组等。如：

```
ID i,j,k;
SEX a,b;
SCORE s[3];
```

在上面的定义中，变量 i，j，k 被定义成了 long 类型，可以表示学号，工号等编号信息；变量 a、b 被定义成了 char 类型，可以表示性别；一维数组 s 长度为 3，可用于存储 3 个成绩。它们等价于如下定义：

```
long i,j,k;
char a,b;
float s[3];
```

2. 结构体类型

例如：三维空间的坐标点可定义为一种数据类型表示如下：

```
typedef struct{
int x,y,z;
} POINT;
```

这样就可以用新类型名 POINT 定义结构体变量，每个结构体变量表示三维空间中的一个点，它包含三个成员，可分别表示该点的 x 坐标值、y 坐标值和 z 坐标值。如：

```
POINT p1,p2,p3;
```

等价于如下定义：

```
struct{
int x,y,z;
} p1,p2,p3;
```

3. 数　组

例如：假设经常要定义长度为 30 的字符数组，可以自定义数组类型如下：

```
typedef char ARRAY[30];
```

然后，就可以用 ARRAY 定义变量，如：

```
ARRAY a,b,c;
```

这样定义以后，变量 a、b 和 c 都是长度为 30 的一维字符数组。等价于：

```
char a[30],b[30],c[30];
```

4. 指　针

例如：C 语言中可以用字符指针指向一个字符串，如果经常要使用到字符指针，就可以定义一种数据类型来表示字符指针。可定义如下：

      typedef char *STRING;

这样就可以用新类型 STRING 来定义指向字符串的字符指针变量。如：

      STRING addr,name;

等价于：

      char *addr,*name;

定义了字符指针变量就可以将一个字符串常量的地址赋给该指针变量，即使该字符指针指向字符串。还可以使用库函数 puts 进行字符串的输出。

如：

      addr=" SouthWest JiaoTong University";

      name="Yang Huali";

      puts(addr);

      puts(name);

5. 函　数

typedef 还可用于函数类型的定义，如；

      typedef int FUN();

这样就可对同类型的函数简化定义如下：

      FUN a；

等价于：

      int a();

特别说明：

（1）typedef 不能创造新的类型，只能为已有的类型增加一个类型名；

（2）typedef 只能用来定义类型名，而不能用来定义变量。

8.6　单链表

如果要处理大量同类型的数据，一般会利用数组来存储数据，在无法确定数据个数的情况下，通常会预先设置一个足够长的数组，从而导致大量内存空间的浪费。为了实现按需分配内存空间，C 语言提供了动态管理内存空间的库函数，可以在需要时分配适当大小的内存空间，使用完毕还可以释放该空间。单链表就是一种典型的通过动态分配内存空间来存储数据的数据结构。有关单链表的内容在计算机类的专业基础课《数据结构》中会有详细的介绍，它还可延伸为循环单链表、双向链表、循环双向链表、二叉链表等更复杂的数据结构。

ANSI C 标准建议在"stdlib.h"头文件中包含动态存储管理函数的相关信息，但许多 C 语言编译要求用"malloc.h"，在使用时应根据具体的编译环境进行选择。一般在 C 语言程序中加入：#include<malloc.h>，就可以使用动态存储管理的库函数了。

下面介绍两个常用的动态存储管理函数。

1. 动态分配内存空间函数 malloc

函数原型为：

> void *malloc(unsigned size);

功能：在内存中动态分配一个大小为 size 字节的内存区。若分配成功则返回所分配的内存区地址，若内存不够，返回空指针 NULL（值为 0）。

ANSI 标准要求动态分配系统返回 void 指针，void 指针具有一般性，可以指向任何类型的数据。但用户在使用时应根据实际情况，用强制类型转换的方法把 void 转换成所需的类型。因此，通常情况下使用格式为：

> type *p;
>
> p=(type *)malloc(unsigned size);

其中，type 为数据类型，在实际运用时，type 要用可使用的数据类型来代替。

例如：

> int *p;
>
> char *q;
>
> struct student *s;
>
> p=(int *)malloc(sizeof(int));
>
> q=(char *)malloc(n*sizeof(char));
>
> s=(struct student *)malloc(m*sizeof(struct student));

其中，指针 p 指向动态分配得到的一个整型数所需内存空间，一般为 2 字节或 4 字节；指针 q 指向可以存储 n 个字符的一组连续的内存空间，可以理解为指向一维字符数组的指针；指针 s 指向可以存储 m 个学生类型数据的一组连续的内存空间，可以理解为指向一维结构体数组的指针。

2. 释放内存空间函数 free

函数原型为：

> void free(void *p);

功能：释放 p 所指的内存区，无返回值。

例：释放上面由 malloc 函数所分配的空间：

> free(p);
>
> free(q);
>
> free(s);

8.6.1 链表的定义

链表用一组任意的内存单元来存储数据，它根据需要开辟内存单元，动态地进行存储分配，其结构形式如图 8.5 所示。链表中每一个元素称为一个"结点"，每个结点都可分为两个部分：要处理的数据（数据域）、下一个结点的地址（指针域）。

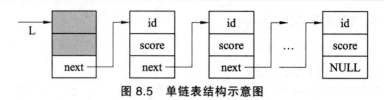

图 8.5   单链表结构示意图

通常为了操作方便，会在链表前面添加一个头结点，并用头指针指向头结点，头指针通常用标识符"head"、"L"或"first "表示。该结点的数据域通常不存储数据元素的值（图中用阴影表示），指针域用来存储第一个元素所在结点（首元结点）的地址。

由图 8.5 可以看出，链表中各元素在内存中可以是不连续存储的。要想找出某一元素，需先找到前一个元素（称为直接前驱），根据它提供的下一个元素地址（指针）才能找到下一个元素（称为直接后继）。若不提供"头指针"，整个链表都无法访问。

前面介绍了结构体变量，它包含若干成员。这些成员可以是整型类型、字符类型、数组类型，还可以是指针类型。这个指针类型可以指向其他结构体类型，也可以指向它所在的结构体类型。如果要将一组学生的成绩用如图 8.5 所示的单链表存储，再对数据进行必要的处理，就可以采用 C 语言定义单链表数据类型：

```
typedef struct Node{
    long id;
    float score;
    struct Node   *next;   /*指针域*/
}LNode, *LinkList;
```

其中，成员 id 用于存储结点（一个结构体变量）中学生的学号，score 为该学生的成绩，成员 next 为指针类型，指向 struct Node 类型变量，即指向与所在结点同类型的结构体变量。LNode 和 LinkList 为用户自定义的单链表数据类型名及其指针，定义了类型后，指向单链表结点的指针 p 可用如下三种等价的方式进行定义：

（1）struct Node *p;

（2）LNode *p;

（3）LinkList p;

按上述三种方式中的任意一种定义指针 p 后，结点中各成员均可采用如 p->id 或(*p).id 两种方式引用。结点的指针域 next 为空(NULL)，表示该结点无直接后继结点，称该结点为表尾结点，如图 8.5 所示的最后一个结点。上述定义的单链表为空表时可用图 8.6 表示。

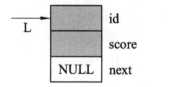

图 8.6   仅含头结点的单链表(空表)

8.6.2   链表的建立

链表的建立是指从无到有地建立起一个链表，首先要给每一个结点开辟所需的存储空间，然后再输入各结点的数据，并建立起前后相连的关系。单链表的建立通常可以有两种常见的方法：正向建立（也称尾插法）和逆向建立（也称头插法）。其中带头结点的单链表的正向建立算法如下：

（1）首先建立仅包含一个头结点的空单链表，如图 8.6 所示。

（2）逐个建立新结点，链接到单链表的表尾，成为新的表尾结点。

【例 8.9】 建立一个存储学生数据的单向链表，输入学号为－1 时结束。

```c
#include<stdio.h>
#include<malloc.h>
#include<stdlib.h>

/*单链表数据类型定义*/
typedef struct Node{
    long id;                  /*学号*/
    float score;              /*成绩*/
    struct Node *next;    /*指针域*/
}LNode, *LinkList;

LinkList CreateList()
{/*尾插入法建立单链表*/
    LinkList L,p,r;
    int id;
    printf("请按学号升序排列输入学生成绩表,以学号-1 结束!\n");
    L=(LinkList)malloc(sizeof(LNode));
    L->next=NULL;
    r=L;
    while(1)
    {
        printf("请输入学号:");
        scanf("%d",&id);
        if(id==-1) break;
        p=(LinkList)malloc(sizeof(LNode));
        p->id=id;
        printf("请输入成绩:");
        scanf("%f",&p->score);
        p->next=NULL;
        r->next=p;
        r=p;
    }
    return L;
}

int main(void)
{
    LinkList L;
    L=CreateList();
    return 0;
```

```
}
```

请按学号升序排列输入学生成绩表,以学号-1结束!
请输入学号:20100001
请输入成绩:89
请输入学号:20100003
请输入成绩:65
请输入学号:20100004
请输入成绩:74
请输入学号:20100009
请输入成绩:86
请输入学号:20100012
请输入成绩:69
请输入学号:-1

在主函数中调用 CreateList 函数之后,就建立了一个单链表 L,但是该程序只能输入数据,没有任何输出数据,要验证链表创建是否成功,需要将链表中的数据逐一输出,即遍历单链表。

8.6.3 链表的遍历

链表的遍历,就是将链表中各结点的数据按一定的顺序依次输出,以便于查看表中存储的数据。遍历单链表的算法如下:

(1) 设指针 p 指向头结点的下一个结点(首元结点)。

(2) 若指针 p 不为空,则输出结点中的数据。

(3) 指针 p 指向当前结点的下一个结点。

(4) 若指针 p 不为空,重复(2)和(3),直到 p 为空,则链表遍历结束。

【例 8.10】 编写单链表的遍历函数。

```
void TaverList(LinkList L)
{/*遍历单链表*/
    LinkList p=L->next;
    printf("成绩表:\n 学号      成绩\n");
    while(p)
    {
        printf("%-8d %-6.2f\n",p->id,p->score);
        p=p->next;
    }
    printf("\n");
}
int main(void)
{
    LinkList L;
    L=CreateList();        /*创建*/
    TaverList(L);          /*遍历*/
    return 0;
}
```

```
请按学号升序排列输入学生成绩表,以学号-1结束!
请输入学号:20100001
请输入成绩:89
请输入学号:20100003
请输入成绩:65
请输入学号:20100004
请输入成绩:74
请输入学号:-1
成绩表:
学号      成绩
20100001 89.00
20100003 65.00
20100004 74.00
```

在主函数中建立单链表之后，再调用 TraverList 函数对单链表进行遍历，即可输出建立的学生成绩表。

8.6.4　链表的插入

若已经建立了一个学生成绩链表，且各结点按学号升序排列，现在要在单链表中插入一个学号为 id 的学生的成绩信息，且保持链表仍然按学号有序。可按如下算法实现：

（1）查找插入的位置，即找到新结点的前驱结点。

（2）若链表中不存在学号为 id 的结点，则为新结点分配结点空间，并存入数据。

（3）将新结点插入在第（1）步找到的直接前驱结点之后。

【例 8.11】　编写函数实现在单链表中插入指定学号的学生信息。

```c
LinkList ListInsert(LinkList L)
{/*在带头结点的有序单链表中插入学号为 id 的学生信息*/
    int id;
    LinkList q,p=L;
    printf("请输入要插入的学生学号:");
    scanf("%d",&id);
    while(p->next&&p->next->id<id )        /*找插入位置*/
        p=p->next;                         /*指针 p 指向下一个结点*/
    if(p->next&&p->next->id==id)
    {
        printf("学号为%d 的学生信息已经存在!\n",id);
        return (L);
    }
    q=(LinkList)malloc(sizeof(LNode));     /*创建新结点*/
    q->id=id;
    printf("请输入成绩:");
    scanf("%f",&q->score);
    q->next=p->next;
    p->next=q;
    return (L);
```

```
}
```

8.6.5　链表的删除

如果要删除一个按学号升序排列的单链表中指定学号为 id 的学生信息, 则可用如下算法实现:

（1）找到学号为 id 的结点的前一个结点, 即找到直接前驱。

（2）修改被删除结点的前驱结点的指针域, 使其指向学号为 id 的结点的后继结点。

【例 8.12】　编写函数实现在单链表中删除指定学号的学生信息。

```
LinkList ListDelete (LinkList L)
{/*在单链表中删除指定学号的结点*/
    int id;
    LinkList q,p=L;
    printf("请输入要删除的学生学号:");
    scanf("%d",&id);
    while(p->next&&p->next->id!=id)
        p=p->next;                    /*找学号为 id 的前一个结点*/
    if(!(p->next))
    {
        printf("学号为%d 的学生不存在!无法删除!\n",id);
        return 0;
    }
    q=p->next;  p->next=q->next;    /*重新链接*/
    free(q);                        /*释放 q 结点*/
    printf("学号为%d 的学生信息删除成功!\n",id);
    return(L);
}
```

8.6.6　链表的统计

统计学生成绩表中的最高分、最低分和平均分是学生成绩管理的常见操作, 可以在一个函数中同时求解这三个问题。为了使每一个函数的功能相对独立, 可编写相关函数如例 8.13 所示。

【例 8.13】　编写函数统计单链表最高分、最低分和平均分。

```
int SMenu()
{/*统计子菜单*/
    int n;
    printf("***********欢迎使用统计功能***********\n");
    printf("    1.最高分  2.最低分  3.平均分  0.退出\n");
    printf("**********************************\n");
    scanf("%d",&n);
    return(n);
```

```
}
void Max(LinkList L)
{/*求最高分*/
    LinkList p=L->next;
    float max=0;
    long maxid=0;
    while(p)
    {
        if(max<p->score)
        {
            max=p->score;
            maxid=p->id;
        }
        p=p->next;
    }
    printf("最高分学生信息：学号=%ld,成绩=%5.2f\n",maxid,max);
}
void Min(LinkList L)
{/*求最低分*/
    LinkList p=L->next;
    float min=100;
    long minid=0;
    while(p)
    {
        if(min>p->score)
        {
            min=p->score;
            minid=p->id;
        }
        p=p->next;
    }
    printf("最低分学生信息：学号=%ld,成绩=%5.2f\n",minid,min);
}
void Ave(LinkList L)
{/*求最平均分*/
    LinkList p=L->next;
    float ave=0;
    long count=0;
    while(p)
    {
        ave+=p->score;
        count++;
        p=p->next;
```

```
    }
    ave=ave/count;
    printf("共%d 人，平均分=%5.2f\n",count,ave);
}


void Statistics(LinkList L)
{/*统计函数*/
    int choice;
    while(1)
    {
        choice=SMenu();
        switch(choice)
        {
            case 1:Max(L);break;    /*求最高分*/
            case 2:Min(L);break;    /*求最低分*/
            case 3:Ave(L);break;    /*求最平均分*/
            case 0:return;          /*退出子系统*/
        }
    }
}
```

8.6.7　单链表完整示例程序

【例 8.14】 采用单链表存储结构，编写程序实现一个简易学生成绩管理系统。

前面例 8.9 至例 8.13 给出了单链表数据类型的定义和基本操作实现的函数，为了演示这些基本操作，并且使得程序运行界面更加友好，在此添加一个系统主菜单函数 Menu，并在主函数中调用相关函数，即可实现学生成绩信息的基本管理。在本例中仅给出函数 Menu 和 main 的定义，要运行程序，只需将例 8.9 到 8.13 给出的单链表数据类型的定义和基本操作实现的函数加在如下代码之前，即可运行。

```
int Menu()
{/*系统主菜单*/
    int n;
    printf("****************学生成绩管理系统****************\n");
    printf("      1.创建 2.遍历 3.添加 4.删除 5.统计 0.退出\n");
    printf("********************欢迎访问********************\n");
    scanf("%d",&n);
    return(n);
}


int main(void)
{
    int choice;
    LinkList L;
```

```
    while(1)
    {
        choice=Menu();
        switch(choice)
        {
            case 1: L=CreateList();break;        /*创建*/
            case 2: TaverList(L);break;          /*遍历*/
            case 3: L=ListInsert(L);break;       /*添加*/.
            case 4: L=ListDelete(L);break;       /*删除*/
            case 5: Statistics(L);break;         /*统计*/
            case 0: printf("\n 谢谢使用!\n");
                    exit(-1);break;              /*退出系统*/
        }
    }
    return 0;
}
```

```
*****************学生成绩管理系统*****************
      1.创建 2.遍历 3.添加 4.删除 5.统计 0.退出
*********************欢迎访问*********************
1
请按学号升序排列输入学生成绩表,以学号-1结束!
请输入学号:20100001
请输入成绩:89
请输入学号:20100003
请输入成绩:65
请输入学号:20100004
请输入成绩:74
请输入学号:20100012
请输入成绩:69
请输入学号:-1
*****************学生成绩管理系统*****************
      1.创建 2.遍历 3.添加 4.删除 5.统计 0.退出
*********************欢迎访问*********************
2
成绩表:
学号      成绩
20100001 89.00
20100003 65.00
20100004 74.00
20100012 69.00
*****************学生成绩管理系统*****************
      1.创建 2.遍历 3.添加 4.删除 5.统计 0.退出
*********************欢迎访问*********************
3
请输入要插入的学生学号:20100002
请输入成绩:70
*****************学生成绩管理系统*****************
      1.创建 2.遍历 3.添加 4.删除 5.统计 0.退出
*********************欢迎访问*********************
2
成绩表:
学号      成绩
20100001 89.00
20100002 70.00
20100003 65.00
20100004 74.00
20100012 69.00
```

```
***************学生成绩管理系统***************
      1.创建  2.遍历  3.添加  4.删除  5.统计  0.退出
***************欢迎访问***************
4
请输入要删除的学生学号:20100004
学号为20100004的学生信息删除成功!
***************学生成绩管理系统***************
      1.创建  2.遍历  3.添加  4.删除  5.统计  0.退出
***************欢迎访问***************
2
成绩表:
学号      成绩
20100001  89.00
20100002  70.00
20100003  65.00
20100012  69.00
***************学生成绩管理系统***************
      1.创建  2.遍历  3.添加  4.删除  5.统计  0.退出
***************欢迎访问***************
5
***************欢迎使用统计功能***************
      1.最高分  2.最低分  3.平均分  0.退出
***************
1
最高分学生信息:学号=20100001,成绩=89.00
***************欢迎使用统计功能***************
      1.最高分  2.最低分  3.平均分  0.退出
***************
2
最低分学生信息:学号=20100003,成绩=65.00
***************欢迎使用统计功能***************
      1.最高分  2.最低分  3.平均分  0.退出
***************
3
共4人,平均分=73.25
***************欢迎使用统计功能***************
      1.最高分  2.最低分  3.平均分  0.退出
***************
0
***************学生成绩管理系统***************
      1.创建  2.遍历  3.添加  4.删除  5.统计  0.退出
***************欢迎访问***************
0
谢谢使用!
```

8.7 小 结

    本章介绍了结构体、共用体、枚举等用户自定义数据类型的定义、变量的定义和引用、结构体数组的定义和使用等知识,并通过典型的实例加以应用。还详细介绍了单链表的定义和基本操作的简单应用。

    结构体与共用体变量的定义形式相似,但它们的含义不同。结构体变量所占内存长度是各成员所占的内存长度之和,每个成员分别占有自己的内存单元。共用体变量所占的内存长度等于最长的成员的长度,所有成员共用一段内存。

    结构体变量和共用体变量都不能进行整体存取,但是结构体变量可以初始化,而共用体变量不允许进行初始化。

成员运算符"."的左侧必须为结构体变量名或共用体变量名，指向成员运算符"->"的左侧必须为指向结构体变量或共用体变量的指针变量。

结构体和共用体的定义都允许嵌套，还可以让结构体和共用体互相嵌套定义。

枚举类型可以直观形象地表示有限个数的数据。

用 typedef 可以给已定义的类型取一个别名，并不会产生新的数据类型，可以增强程序的可读性。

链表是一种很重要的数据结构，可以根据需要实现存储空间的动态分配，被广泛应用于各种数据处理领域。

习　　题

1. 选择题

(1) 以下结构体类型说明和变量定义中正确的是（　　）。

(A) typedef struct
　　{int n; char c;}REC;
　　REC t1,t2;

(B) struct REC;
　　{int n; char c;}REC;
　　REC t1,t2;

(C) typedef struct REC ;
　　{int n=0; char c='A';}t1,t2;

(D) struct {int n;char c;}
　　　REC t1,t2;

(2) 有以下程序

```
#include <stdio.h>
struct st
{ int x, y;} data[2]={1,10,2,20};
int main(void)
{   struct st *p=data;
    printf("%d,", p->y);
    printf("%d\n", (++p)->x);
    return 0;
}
```

程序的运行结果是（　　）。

(A) 10,1　　　　　(B) 20,1　　　　　(C) 10,2　　　　　(D) 20,2

(3) 有以下程序

```
#include <stdio.h>
int main(void)
{ struct STU
  { char name[9];
   char sex;
   double score[2];
  };
  struct STU a={"Zhao",'m',85.0,90.0}, b={"Qian",'f',95.0,92.0};
```

```
    b=a;
    printf("%s,%c,%2.0f,%2.0f\n", b.name, b.sex, b.score[0], b.score[1]);
    return 0;
    }
```

程序的运行结果是（　　）。

(A) Qian,f,95,92   (B) Qian,m,85,90

(C) Zhao,f,95,92   (D) Zhao,m,85,90

(4) 有以下程序

```
    #include <stdio.h>
    struct ord
    { int x,y;} dt[2]={1,2,3,4};
    int main(void)
    {  struct ord *p=dt;
       printf("%d, ",++p->x);  printf("%d\n",++p->y);
       return 0;
    }
```

程序的运行结果是（　　）。

(A) 1,2   (B) 2,3   (C) 3,4   (D) 4,1

(5) 下面结构体定义语句中，错误的是（　　）。

(A) struct ord   (B) struct ord

   {int x;int y;int z;};   {int x;int y;int z;}

   struct ord a;   struct ord a;

(C) struct ord   (D) struct

   {int x;int y;int z;} n;   {int x;int y;int z;} a;

(6) 有以下程序

```
    #include<stdio.h>
    #include<string.h>
    struct A
    { int a;char b[10];double c;};
    struct A f(struct A t);
    int main(void)
    {  struct A a={1001,"ZhangDa",1098.0};
       a=f(a);
       printf("%d,%s,%6.1f\n", a.a, a.b, a.c);
       return 0;
    }
    struct A f(struct A t)
    {t.a=1002;
     strcpy(t.b,"ChangRong");
     t.c=1202.0;
     return t;
    }
```

程序运行后的输出结果是（　　）。

（A）1001,ZhangDa,1098.0　　　　　　　（B）1002,ZhangDa,1202.0

（C）1001,ChangRong,1098.0　　　　　　（D）1002,ChangRong,1202.0

（7）以下关于 C 语言数据类型使用的叙述中错误的是 （　）。

（A）若要准确无误的表示自然数，应使用整数类型。

（B）若要保存带有多位小数的数据，应使用双精度类型。

（C）若要处理如 "人员信息" 等含有不同类型的相关数据，应自定义结构体类型。

（D）若只处理 "真" 和 "假" 两种逻辑值，应使用逻辑类型。

（8）设有定义

```
struct complex
{ int real, unreal ;} data1={1,8}, data2;
```

则以下赋值语句中的错误的是 （　）。

（A）data2=data1;　　　　　　　　（B）data2=(2,6);

（C）data2.real1=data1.real;　　　（D）data2.real=data1.unreal;

（9）有以下程序

```
#include <studio.h>
#include <string.h>
struct A
{int a; char b[10];double c;};
void f(struct A t);
int main(void)
{   struct A a={1001, "ZhangDa",1098.0};
    f(a);
    printf("%d,%s,%6.1f\n",a.a,a.b,a.c);
    return 0;
}
void f(struct A t)
{
    t.a=1002;
    strcpy(t.b, "ChangRong");
    t.c=1202.0;
}
```

程序运行后的输出结果是 （　）。

（A）1001,ZhangDa,1098.0　　　　　　（B）1002,ChangRong,1202.0

（C）1001,ChangRong,1098.0　　　　　（D）1002,ZhangDa,1202.0

（10）有以下定义和语句

```
struct  workers
{ int num;
  char name[20];
  char c;
  srruct{int day;int month;int year;} s;
};
```

```
struct workers w,*pw;
pw=&w;
```

能给 w 中 year 成员赋 1980 的语句是 (　　)。

(A) *pw.year=1980;　　　　　　　　(B) w.year=1980;

(C) pw->year=1980;　　　　　　　　(D) w.s.year=1980;

2. 填空题

(1) 以下程序中 fun 函数的功能是：统计 person 所指结构体数组中所有性别（sex）为'M' 的记录的个数，存入变量 n 中，并作为函数值返回。请填空：

```
#include<stdio.h>
#define N 3
typedef struct
{int num;char nam[10]; char sex;}SS;
 int fun(SS person[])
{ int i,n=0;
  for(i=0;i<N;i++)
  if(_____=='M') n++;
  return n;
}
int main(void)
{ SS W[N]={{1,"AA",'F'},{2, "BB",'M'},{3, "CC",'M'}};
  int n;
  n=fun(W); printf('n=%d\n",n);
  return 0;
}
```

(2) 下列程序的运行结果为_____。

```
#include <stdio.h>
#include <string.h>
struct A
{ int a;
  char b[10];
  double c;
};
void f (struct A *t);
int main(void)
{ struct A a=(1001, "ZhangDa",1098.0);
  f(&a);
  printf("%d,%s,%6.1f\n",a.a,a.b,a.c);
  return 0;
}
void f(struct A *t)
{strcpy(t->b, "ChangRong");}
```

(3) 以下程序把三个 NODETYPE 型的变量链接成一个简单的链表，并在 while 循环中输出链表的结点数据域中的数据，请填空。

```
#include <stdio.h>
struct node
{ int data;
  struct node *next;
};
typedef struct node NODETYPE;
int main(void)
{ NODETYPE a,b,c,*h,*p;
  a.data=10;b.data=20;c.data=30;h=&a;
  a.next=&b;b.next=&c;c.next='\0';
  p=h;
  while(p)
  { printf("%d",p->data);
    _____;
  }
  return 0;
}
```

（4）设有定义

```
struct person
{ int ID;char name[12];}p;
```

请将 scanf("%d",_____);语句补充完整,使其能够为结构体变量 p 的成员 ID 正确读入数据。

（5）有以下程序

```
#include<stdio.h>
typedef struct
{ int num;double s;}REC;
void fun1(REC x)
{ x.num=23;x.s=88.5;}
int main(void)
{ REC a={16,90.0};
  fun1(a);
  printf("%d\n",a.num);
  return 0;
}
```

输出结果为_____。

实验 13　自定义数据类型的应用

1. 请找出并更正下列语句中的错误。

（1）struct A{int a,b,c}

```
        struct A x,y;
(2)   struct B{int a;char c;};
      B x,y;
(3)   struct B{int a;char c;};
      B.a=101;B.c='M';
(4)   struct B{int a;char c;}x={102,'F'},*p;
      p=&x;
      printf("%d %c",x.a,*p->c);
(5)   union C
      { char job[10];
        char class[20];}a={"teacher","jsj2010-1"};
(6)   enum {sun,mon,tue ,wed,thu,fri,sat}a,b;
      a=6;b=mon;
(7)   typedef struct POINT {int x,y;};
      POINT a,b;
```

2. 编写两个函数 Input 和 Output，分别用于输入、输出 N 种商品的信息。每一种商品的信息包括编号、名称、数量、价格四个成员。

3. 定义三维空间中坐标点的坐标数据类型，包含 x，y，z 坐标。任意输入两个坐标点 a 和 b 的三维坐标值，求两点间的距离。

4. 编写程序实现通讯录的查询。用结构体数组存储 N 个人的联系信息，每个人的联系信息包括姓名、手机号、办公室电话、家庭电话等信息。要求输入姓名，输出相应的联系信息。

5. 用结构体数组存储五位学生的学号、姓名及三门课程成绩，计算每位学生的平均成绩并将平均成绩也存入该结构体数组，然后输出该数组中存储的成绩表。

6. 用结构体数组存储三本图书信息，每本书包含以下几项信息：编号、书名、作者、出版日期、价格、总册数、借出册数等。利用结构体指针变量访问各成员，要求除 main 函数以外，编写以下函数：

（1）输出图书信息表的函数；

（2）借书操作的函数。输入要借的图书"编号"，修改"借出册数"，输出所借图书的信息。

（3）还书操作的函数。输入要还的图书"编号"，修改"借出册数"，输出所还图书的信息。

7. 定义表示月份的枚举类型 enum month，它的枚举元素为 Jan、Feb、…、Dec。要求编写函数：输入一个月份，输出上一个月和下一个月的名称。并在 main 函数中调用该函数。

实验 14　链　表

1. 设已定义单链表数据类型如下，请找出并更正下列语句中的错误。

```
typedef struct Node{int data;struct Node *next;}LNode,*List;
```

（1）LNode s; List p=(List)malloc(sizeof(LNode));

　　　, p.data=256; p->next=&s;

（2）LNode s;

　　　s.data=1024; s->next=NULL;

（3）LNode s,*p;

　　　p=s; p->data=100; p->next=&s;

　　　printf("%d %d",s.data,*p.data);

2. 编写函数实现有序链表的创建，即对于按任意顺序输入的数据，链表中的每个结点中数据均按升序排列。设每个结点仅存储一个整数和指向下一个结点的指针。

3. 编写程序实现从键盘输入 n 个整数，将其逆序存入一个单链表 head，即实现带头结点单链表的逆向建立（每生成一个新的结点都将其插入到头结点之后，成为新的首元结点）。

4. 编写函数实现单链表的就地逆置，即仅修改结点间的链接关系就将表头变表尾。

5. 建立一个单链表，每个结点存储一种商品的信息，包括编号、名称、数量、价格四个成员。从键盘输入一个编号，输出该商品的相关信息，如该商品不存在，则提示"该商品不存在!"。

6. （用链表实现）约瑟夫环问题：有 n 个人围成一圈，给他们从 1 开始编号。现指定从第 x 个人开始报数，报到 m 时出列。然后从下一个人开始重新报数，报到 m 时出列，一直重复到所有人都出列。输出依次出列的人的编号。

7. 用单链表表示一元多项式，每个结点需存储某一项的系数、指数和指向下一个结点的指针，单链表中的结点按指数升序排列。

例如：有两个多项式：$A(x)=7+3x+9x^8+5x^{17}$，$B(x)=8x+22x^7-9x^8$；

　　　则多项式和为：$C(x)=7+11x+22x^7+5x^{17}$。

A、B、C 这三个多项式用单链表表示的示意图如下图所示。每个链表的头结点的"系数域"不存储数据，"指数域"用 -1 表示。

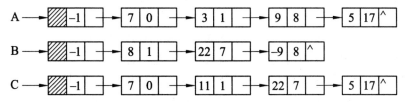

编写程序实现：

（1）一元多项式链表的建立。

（2）一元多项式链表的顺序输出（遍历）。

（3）两个一元多项式的求和。

第 9 章　文　件

学习目标
◆理解文件的基本概念
◆掌握文件指针的定义、文件的打开和关闭
◆掌握文本文件的读写
◆掌握二进制文件的读写

9.1　文件的基本概念

　　文件是数据的组织形式，是存放在外部存储介质上的数据集合。计算机操作系统以文件为单位对这一组数据进行管理，按文件名对文件进行各种操作。比如，要读取数据，必须按文件名找到该文件，才能对它进行操作；而要存储数据时，也必须事先建立一个文件，再向它输出数据。本节将介绍文件的基本概念。

1. 磁盘文件和标准设备文件

　　磁盘文件是以磁盘为对象的数据文件，其内容通常是程序运行过程中所得到的一些中间数据或最终结果。磁盘文件没有记录的概念，无文件类型的区别，文件空间也不预先确定，另外文件也无顺序存取和随机存取的区别。例如，源程序、目标程序、一篇文章等都是磁盘文件。

　　标准设备文件（标准 I/O 文件）是以终端为对象的标准化设备文件。从操作系统的角度来看，每一个与文件相关联的输入输出设备都可看做是一个文件。它将键盘定义为标准输入文件，从键盘上输入的任何内容都表示是从标准输入文件输入；显示器或打印机定义为标准输出文件，在屏幕或打印机上显示信息就意味着向标准输出文件输出。

2. 缓冲文件系统和非缓冲文件系统

　　缓冲文件系统对每一个正在使用的文件，都由系统自动在内存中为其开辟一个缓冲区。缓冲区的大小由不同的 C 版本决定，一般为 512 字节。数据先被送入缓冲区，待缓冲区满后，再向内存或磁盘传送。

　　非缓冲文件系统，系统不自动开辟缓冲区，而是由程序为每一个文件设定缓冲区。ANSI C 标准不采用非缓冲文件系统，而只采用缓冲文件系统。

3. 二进制文件和 ASCII 文件

　　C 语言把文件看作字符的序列，即把文件看作是由一个一个的字符顺序组成的。这些字符数据的存储方式有两种形式。

ASCII 文件（也称文本文件或 text 文件）的字符数据采用 ASCII 码存储方式，它的每一个字符占用一个字节，其内容就是该字符的 ASCII 码。例如，整数 2134，是由 4 个字符组成的，那么在内存中就会占用 4 个字节，每一个字符以其 ASCII 码存放，存储形式如图 9.1(a)所示。

二进制文件则不相同，它是把内存中的数据按规定的二进制码形式存储。同样是整数 2134，以二进制形式存储只占 2 个字节，如图 9.1(b)所示。

| 00110010 | 00110001 | 00110011 | 00110100 |

（a）ASCII 文件存储形式

| 00001000 | 01010110 |

（b）二进制文件存储形式

图 9.1　整数 2134 在文件中的存储形式

由此可见，二进制码形式比 ASCII 码形式所占用的空间少，而且与数据在内存中的存储形式一致，文件无须转换即可存放，但不能直接输出字符形式；而 ASCII 码形式与字符一一对应，便于字符的输出，也便于处理字符，但占用空间较多，并且将其转换为二进制会花费较多的转换时间。

不管是二进制文件还是 ASCII 文件，它们都是以字节为单位进行读取的，都是将存储的内容看成数据"流"。输入输出数据流的开始和结束只受程序的控制，而不受数据本身物理符号（如换行符等）的控制。这种文件又称为流式文件，可以看做是一个字节流或是二进制流。C 语言允许以一个字符为单位对文件进行存取，从而增加了处理的灵活性。

9.2　文件的打开与关闭

在 C 语言中，用文件指针标志文件，对文件进行操作之前要先打开文件，然后才能进行文件的读写操作，操作结束后要关闭文件。

9.2.1　文件指针

文件指针是贯穿缓冲文件系统的主线，一个文件指针是指向文件有关信息的指针。在缓冲文件系统中，每个被使用的文件都要在内存中开辟一个区域，用来存放与文件有关的信息，包含文件名、文件状态、缓冲区状态等信息。用来存放文件相关信息的是一个 FILE 类型的结构体变量，FILE 类型在头文件 stdio.h 中声明，不同的编译器对 FILE 的声明不是一样的，但均包含文件操作所需的各种信息。

在 C 语言程序中，编程者一般不直接定义 FILE 类型的结构体变量，而是定义一个文件类型的指针变量。文件指针定义的一般形式为：

　　　　FILE *指针变量名;

如，一个文件指针变量通常定义如下：

        FILE *fp;

其中，fp 是一个指向 FILE 类型结构体变量的指针变量，通常简称文件指针。当要访问某个文件时，可以通过 fp 找到该文件的结构体变量，然后再通过结构体变量中的文件信息找到该文件，从而实施对文件的操作。

    若想从一个输入文件读入数据，操作结果输出到另一个文件，则可定义两个文件指针变量，定义如下：

        FILE *fin,*fout;

其中，文件指针 fin 指向输入文件，fout 指向输出文件。

    若有 N 个文件，则应有 N 个文件指针，分别指向各自存放信息的结构体变量。可以定义一个 FILE 类型的指针数组，用来存放 N 个文件指针（N 为常数）。定义如下：

        FILE *fp[N];

其中，数组元素 fp[0]、fp[1]、…、fp[N−1]是分别指向 N 个文件的文件指针，确切地说是指向 FILE 类型结构体变量的指针变量。

    特别说明：

    （1）文件类型名 FILE 的各个字符是英文大写字符。文件指针变量的名字不一定为 fp，只要是合法的标识符即可，但命名时要尽量做到"见名知意"。

    （2）在 C 语言程序开始运行时，系统会自动打开三个标准设备文件：标准输入文件（通常指键盘，用文件指针 stdin 指向）、标准输出文件（通常指显示器，用文件指针 stdout 指向）、标准出错输出文件（一般也指显示器，用文件指针 stderr 指向）。

9.2.2　文件的打开

    打开文件是将文件的内容从磁盘上读入到内存缓冲区，建立文件的各种信息，并使文件指针指向该文件，以备对其进行读写操作。文件的打开是通过 fopen 函数实现的，该函数是 ANSI C 标准库函数，在头文件 stdio.h 中声明。

    函数原型为：

        FILE *fopen(FILE *filename, char *mode);

其中，filename 为文件名，可以是字符串常量、字符型数组名或指向字符串的字符指针，文件名的结构为"主文件名.扩展名"，其中"扩展名"不能省略，必要时还可包括路径名称。mode 是文件的使用方式，是由一些特定的符号来表示的，具体含义见表 9.1。

    功能：按指定文件使用方式(mode)打开指定文件(filename)。如果打开操作成功，返回值是指向文件结构体的文件指针，否则返回一个空指针 NULL。

    使用 fopen 函数的常用格式如下：

    FILE *fp;

    fp=fopen("file1.txt","r");

表示以"只读"方式打开当前路径下的文本文件"file1.txt"，并使文件指针变量 fp 指向该文件。

    说明：

    （1）文件的使用方式中各字符的含义：r(read)：读；w(write)：写；a(append)：添加；t(text)：

文本文件，可省略不写；b(binary)：二进制文件；+：可读和写。

（2）"r"方式用于打开一个已存在的文本文件，且只能由文件向计算机输入数据，而不能由计算机向文件输出数据。

（3）"w"方式可以建立并打开一个文本文件，若文件不存在，则按指定文件名先建立再打开；若文件已存在，则会删去原文件中的内容，该方式只能向文件输出数据，而不能由它向计算机输入数据。

（4）"a"方式和"r"方式一样，打开的也是一个已存在的文本文件，表示在文件末尾追加数据。

（5）用"r+"、"w+"和"a+"方式打开的文件都可输入输出数据。区别在于："r+"要求文件事先已存在，"w+"可建立新文件，"a+"在文件末尾追加数据，原有内容不删除。

（6）另外的几种含"b"的方式与上述六种类似，只是操作对象为二进制文件。

表 9.1 文件的使用方式表

文件使用方式	作　用
"r"	打开一个输入文本文件，只读
"w"	打开一个输出文本文件，只写
"a"	在文本文件末尾添加数据
"r+"	打开一个读/写文本文件
"w+"	建立一个新的读/写文本文件
"a+"	打开一个读/写文本文件
"rb"	打开一个输入二进制文件，只读
"wb"	打开一个输出二进制文件，只写
"ab"	在二进制文件末尾添加数据
"rb+"	打开一个读/写二进制文件
"wb+"	建立一个新的读/写二进制文件
"ab+"	打开一个读/写二进制文件

特别说明：

（1）要打开的文件名 filename，可以包含盘符和路径。如：

    FILE *fp=fopen("c:\\temp\\file1.txt","r");

如不包含盘符和路径，则默认为程序当前路径。

（2）在程序中使用 fopen 函数时，可能会出现一些出错情况，因此我们通常在打开文件的同时作如下判断：

```
if((fp=fopen("file1.txt","r"))==NULL)
{
    printf("Can not open this file!\n");
    exit(0);
}
```

如果文件打开出错，则显示出错提示"Can not open this file!"，并调用 exit 函数关闭所有文件，终止程序的执行。exit 函数原型为：void exit(int state);，功能是：中止整个程序，无条件返回到操作系统。参数 state 为 0 表示正常中止，非 0 表示非正常中止。使用 exit 函数，需要用宏命令#include<stdlib.h>将所需头文件包含到源程序文件中。

（3）在使用 fopen 函数等与文件相关的库函数时，需要使用宏命令#include<stdio.h>将所需头文件包含到源程序文件中。

9.2.3 文件的关闭

在使用完一个文件后，关闭文件是非常有必要的。不关闭文件就退出程序可能会导致数据的丢失。文件的关闭是通过 fclose 函数实现的。

函数原型为：

    int fclose(FILE *fp);

其中，fp 是指向一个已打开文件的文件指针。

功能：关闭 fp 指向的文件。将使用完后的文件写回到磁盘，切断缓冲区与该文件的所有联系，同时释放文件指针变量。如果关闭操作成功，返回值为 0，否则返回 EOF（EOF 值为 −1，是在头文件 stdio.h 中预定义的符号常量）。

使用 fclose 函数的一般形式为：

    fclose(fp);

9.3 文件的读写

成功的打开一个文件之后，会返回一个指向该文件的文件指针，通过这个指针便可对文件进行读写操作。常用的文件读写操作可通过调用以下函数来实现。

（1）字符读写函数：fgetc 和 fputc。

（2）字符串读写函数：fgets 和 fputs。

（3）格式化读写函数：fscanf 和 fprintf。

（4）数据块读写函数：fread 和 fwrite。

（5）随机读写函数：fseek、ftell 和 rewind。

9.3.1 字符读写

标准设备文件的字符输入输出用 getchar 和 putchar 函数来实现，而磁盘文件的字符输入和输出可用 fgetc 和 fputc 函数来实现。

1. 读字符函数 fgetc

函数原型为：

    int fgetc(FILE *fp);

其中，fp 是指向一个已打开文件的文件指针。

功能：从 fp 所指向的文件的当前位置读取一个字符，并将文件位置指针移到下一个位置。函数返回值为读入的字符。当读入的字符为文件结束符或出错时，返回文件结束标志 EOF。

说明：调用此函数要求该文件必须是以读或读写方式打开的。

fgetc 函数的常见调用形式为：

c=fgetc(fp);

其中，c 是字符型变量，用于存放读入的字符，fp 是文件指针。

2. 写字符函数 fputc

函数原型为：

int fputc(int ch,FILE *fp);

其中，ch 是字符型变量或字符常量，fp 是指向一个已打开文件的文件指针。

功能：在文件的当前位置写入一个字符。将字符 ch 输出到 fp 所指文件的当前位置。操作成功则返回输出的字符 ch，否则返回 EOF。

说明：调用此函数要求该文件必须是以写或读写方式打开的。

fputc 的常见调用形式为：

fputc(c,fp);

其中，c 是写入文件的字符型变量或字符常量，fp 是文件指针。

3. 读写字符实例

【例 9.1】 将从键盘输入的 N 行字符逐个写入指定的文件。

```c
#include <stdio.h>
#include <stdlib.h>
#define N 5
int main(void)
{
    FILE *fp;                      /*定义文件指针变量*/
    char filename[30];             /*定义存放文件名的字符数组*/
    char line[80],*p;              /*line 用于存放一行字符*/
    int i;                         /*定义循环变量*/

    printf("请输入存储数据的文件名(filename)!\n");
    gets(filename);
    if((fp=fopen(filename,"w"))==NULL)    /*打开文件失败*/
    {
        printf("Can not open file \"%s\"!\n",filename);
        exit(0);                   /*退出程序*/
    }

    printf("请输入%d 行字符!\n",N);
    for(i=1;i<=N;i++)
```

```
    {
        gets(line);                        /*输入一行字符*/
        p=line;                            /*指针 p 指向数组 line*/
        while(*p!='\0')                    /*逐个字符写入文件*/
        {
            fputc(*p,fp);
            p++;
        }
        fputc('\n',fp);                    /*写入换行符*/
    }
    fclose(fp);                            /*关闭文件*/
}
```

```
请输入存储数据的文件名(filename)!
file1.c
请输入5行字符!
#include<stdio.h>
int main(void)
{
    printf("Create file success!\n");
}
```

程序运行时，将在程序当前所在路径以"w"方式打开文件"file1.c"，然后将输入的 N（此处预定义为 5）行字符写入该文件。此处建立的文件"file1.c"为 C 语言源程序，整个程序运行过程类似于 C 语言程序的编辑和保存，可用 C 语言编译器对 file1.c 进行编译、连接和运行，运行结果是在屏幕上显示"Create file success!"。存储数据的文件名可以由用户自己定义，扩展名也可以是".txt"、".dat"、".cpp"等，不同扩展名表示不同文件类型。

特别说明：

（1）每次将读入的一行字符写入文件后，要用 fputc('\n',fp);写入一个换行符，否则 N 行字符将连接在一行。

（2）每一行字符处理之前，都要用语句 p=line;使得行指针 p 指向行缓冲区 line 的起始地址，否则会出错。

若删除程序中的语句 p=line; ，将出现如图 9.2 所示的错误。

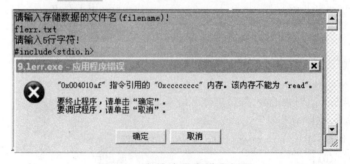

图 9.2　字符读写出错实例图

【例 9.2】　将例 9.1 建立的文件逐个字符复制到另外一个文件，并在屏幕上显示。

```
#include <stdio.h>
#include <stdlib.h>
```

```c
int main(void)
{
    FILE *fin,*fout;
    char filein[30],fileout[30];
    char c;

    /*打开源文件和目标文件*/
    printf("请输入源文件名(filein)!\n");
    gets(filein);
    if((fin=fopen(filein,"r"))==NULL)
    {
        printf("Can not open file \"%s\"!\n",filein);
        exit(0);
    }
    printf("请输入目标文件名(fileout)!\n");
    gets(fileout);
    if((fout=fopen(fileout,"w"))==NULL)
    {
        printf("Can not open file \"%s\"!\n",fileout);
        exit(0);
    }
    /*实现文件的复制和显示*/
    printf("\n 源文件和目标文件中的内容相同，具体如下：\n");
    c=fgetc(fin);                        /*从源文件读入第一个字符，存入 c*/
    while(c!=EOF)                        /*c 中字符不是文件结束符*/
    {
        fputc(c,fout);                   /*将 c 中字符写入目标文件*/
        putchar(c);                      /*将 c 中字符显示在屏幕上*/
        c=fgetc(fin);                    /*从源文件读入下一个字符，存入 c*/
    }

    /*关闭文件*/
    fclose(fin);
    fclose(fout);
}
```

```
请输入源文件名(filein)!
file1.c
请输入目标文件名(fileout)!
file2.txt

源文件和目标文件中的内容相同，具体如下：
#include<stdio.h>
int main(void)
{
    printf("Create file success!\n");
}
```

说明：文件结束符 EOF，只适用于判断文本文件是否结束，而用于判断二进制文件是否结束不适用，原因是对二进制文件，读入的一个字节的二进制数据的值有可能是−1（EOF）。

9.3.2 字符串读写

对文件的输入输出，除了以字符为单位进行处理之外，还可以字符串为单位进行处理，也称作"行处理"。磁盘文件中的一行字符可以通过调用 fgets 函数和 fputs 函数进行读和写。

1. 读字符串函数 fgets

函数原型为：

　　　char *fgets(char *str,int num,FILE *fp);

其中，str 是指向字符串的指针（字符数组的内存地址），num 是允许读取的最大字符个数（实际上最多 num−1 个字符，然后在末尾添加一个串结束符'\0'），fp 是要读取数据的文件指针。

功能：从 fp 所指向的文件中读取一行字符（字符数不大于 num−1），存放于 str 指向的数组中。读取过程中若遇换行符或文件结束符 EOF，则停止读取，并将遇到的换行符也作为一个字符送入 str 数组。函数调用成功则返回值是数组 str 的起始地址，如读到文件尾或出错时，则返回空指针 NULL。

由此可见，函数 fgets 从文件中读取字符时，只要遇到以下条件之一，读取立即结束，函数返回：

（1）已经读取了 num−1 个字符；（2）读取到换行符；（3）已到文件尾。

因此，尽管参数中指定了读取字符的个数 num，但实际上读到的字符串长度常常比指定长度要短。

fgets 函数的常见调用形式为：

　　　fgets (str,n,fp);

表示从 fp 所指文件中读取一行字符串（最多读取 n−1 个字符），末尾添加'\0'，然后存入字符数组 str。

2. 写字符串函数 fputs

函数原型为：

　　　int fputs(char *str,FILE *fp);

其中，str 是指向字符串的指针（字符数组的内存地址），fp 是要写入数据的文件指针。

功能：将 str 指向字符串的内容写入 fp 所指文件中。但对于串末的字符串结束符'\0'会自动舍去而不写入到文件中。这一点与 fgets 函数在输入字符串的末尾追加字符'\0'的特性是相呼应的。函数操作成功返回 0 值，否则返回非零值。

fputs 函数的常见调用形式为：

　　　fputs (str,fp);

其中，str 是指向字符串的指针或字符数组名、字符串常量，fp 是所要写入文件的文件指针。表示将字符串 str 存入 fp 所指文件的当前位置。

3. 读写字符串实例

【例 9.3】 将从键盘输入的 N 行字符逐行写入指定的文件。

```
#include <stdio.h>
#include <stdlib.h>
#define N 5
int main(void)
{
    FILE *fp;
    char filename[30];
    char line[80];
    int i;

    printf("请输入存储数据的文件名(filename)!\n");
    gets(filename);
    if((fp=fopen(filename,"w"))==NULL)        /*打开文件失败*/
    {
        printf("Can not open file \"%s\"!\n",filename);
        exit(0);                              /*退出程序*/
    }

    printf("请输入%d 行字符!\n",N);
    for(i=1;i<=N;i++)
    {
        gets(line);                           /*输入一行字符*/
        fputs(line,fp);                       /*逐行写入文件*/
        fputc('\n',fp);                       /*写入换行符*/
    }
    fclose(fp);                               /*关闭文件*/
}
```

```
请输入存储数据的文件名(filename)!
file3.txt
请输入5行字符!
1.define file pointer
2.open the file
3.operate file
4.output result
5.close file
```

由于 gets 将读取到的回车符转换成'\0'字符，因此，函数调用 gets(line);并未在数组 line 中存储回车符，因此用 fputs 将 line 中字符写入文件后，还要用 fputc('\n',fp);写入换行符，否则 N 行字符将连接在一行。

【例 9.4】 将例 9.3 建立的文件逐行复制到另外一个文件，并在屏幕上显示。

```
#include <stdio.h>
#include <stdlib.h>
#define N 5
int main(void)
{
    FILE *fin,*fout;
```

```
    char filein[30],fileout[30];
    char line[80];
    int i;

    /*打开源文件和目标文件*/
    printf("请输入源文件名(filein)!\n");
    gets(filein);
    if((fin=fopen(filein,"r"))==NULL)
    {
        printf("Can not open file \"%s\"!\n",filein);
        exit(0);
    }
    printf("请输入目标文件名(fileout)!\n");
    gets(fileout);
    if((fout=fopen(fileout,"w"))==NULL)
    {
        printf("Can not open file \"%s\"!\n",fileout);
        exit(0);
    }
    /*实现文件的复制*/
    for(i=1;i<=N;i++)
    {
        fgets(line,80,fin);              /*从源文件读入一行字符*/
        fputs(line,fout);               /*逐行写入目标文件*/
        puts(line);                     /*将该行字符显示在屏幕上*/
    }

    /*关闭文件*/
    fclose(fin);
    fclose(fout);
}
```

```
请输入源文件名(filein)!
file3.txt
请输入目标文件名(fileout)!
file4.txt
1.define file pointer

2.open the file

3.operate file

4.output result

5.close file
```

该程序运行后，文件 file4.txt 中只有 5 行字符，而屏幕上用 puts 函数输出一行字符就有一个空行，共输出 10 行。其原因是：**fgets** 是将读取到的回车符作为换行符'\n'存储，然后在末尾追加串结束符'\0'。第 1 次执行语句 fgets(line,80,fin);后数组 line 中的内容为：

| 1 | . | d | e | f | i | n | e | | f | i | l | e | | p | o | i | n | t | e | r | \n | \0 |

fputs 函数向文件写入数据时会将串尾的'\n'转换为回车符，并舍弃字符串末尾的'\0'字符；而 puts 则把串尾的'\n'和'\0'都转换成回车符输出，因此屏幕上每输出一行字符就输出一个空行。

9.3.3 格式化读写

标准设备文件的格式化输入输出用 scanf 和 printf 函数来实现，而磁盘文件的格式化输入输出可通过 fscanf 函数和 fprintf 函数来完成。

1. 格式化读函数 fscanf

函数原型为：

```
int fscanf(FILE *fp,char *format,arg_list);
```
其中，fp 是指向输入文件的文件指针，format 是输入格式，arg_list 是参数表。

功能：按指定格式从 fp 指向的文件中读取信息。使用方式与 scanf 函数类似，区别在于 scanf 从键盘缓冲区读取数据，而 fscanf 读取的对象是文件。该函数返回值为实际被赋值的参数的个数。

说明：fscanf 后两个参数与 scanf 函数中的参数含义相同。当 fp 指定为标准输入 stdin 时，函数 fscanf 与 scanf 在功能上完全相同。如：fscanf(stdin,"%d",&n);等价于 scanf("%d",&n);。

fscanf 的常见调用形式为：

```
fscanf (fp,"%d%s",&n,name);
```
表示从 fp 所指文件中读一个整数值，赋值给变量 n，再读入一个字符串，存入字符数组 name。

2. 格式化写函数 fprintf

函数原型为：

```
int fprintf(FILE *fp,char *format,arg_list);
```
其中，fp、format、arg_list 与 fscanf 函数中的参数含义相同。

功能：将参数表 arg_list 内的各参数值以 format 所指定的格式输出到 fp 指向文件中。如果操作成功，则返回被写入的字符个数，否则返回一个负值。

说明：fprintf 后两个参数与 printf 函数中的参数含义相同。当 fp 指定为标准输出 stdout 时，fprintf 与 printf 在功能上完全相同。如：fprintf(stdout,"%d",n);等价于 printf("%d",n);。

fprintf 的常见调用形式为：

```
fprintf (fp,"%d,%s",n,name);
```
表示先将变量 n 以有符号十进制整数格式存入 fp 所指文件，再将字符数组 name 中存放的字符串存入 fp 所指文件，中间以逗号间隔。

3. 格式化读写实例

【例 9.5】 将 N 个学生的成绩表写入一个文本文件，并显示在屏幕上。

```
#include <stdio.h>
#include <stdlib.h>
#define N 5
```

```
struct student
{
    unsigned id;
    char name[10];
    int score;
}stu[N]={{20100001,"王维",98},
         {20100002,"李云龙",56},
         {20100003,"陈子寒",32},
         {20100010,"刘星",63},
         {20100007,"白玛珠木",85}};

int main(void)
{
    FILE *fp;
    char file[30];
    int i;

    /*打开目标文件*/
    printf("请输入存储成绩表的文件名(file)!\n");
    gets(file);
    if((fp=fopen(file,"w"))==NULL)
    {
        printf("Can not open file \"%s\"!\n",file);
        exit(0);
    }

    /*将数据写入文件并显示在屏幕上*/
    printf("学生成绩表如下:\n");
    for(i=0;i<N;i++)
    {
        /*逐条记录写入目标文件*/
        fprintf(fp,"%u %s %d\n",stu[i].id,stu[i].name,stu[i].score);
        /*逐条将记录显示在屏幕上*/
        printf("%-9u%-10s%4d\n",stu[i].id,stu[i].name,stu[i].score);
    }

    fclose(fp); /*关闭文件*/
}
```

```
请输入存储成绩表的文件名(file)!
file5.txt
学生成绩表如下:
20100001 王维       98
20100002 李云龙     56
20100003 陈子寒     32
20100010 刘星       63
20100007 白玛珠木   85
```

运行程序后，文件 file5.txt 中将保存 5 行数据，每行记录一个学生的学号、姓名和成绩，中间用空格隔开。

【例 9.6】 将例 9.5 建立的学生成绩表中的不及格学生信息写入文件 fail.txt。

```c
#include <stdio.h>
#include <stdlib.h>

int main(void)
{
    FILE *fin,*fout;
    char filein[30];
    long id;
    char name[10];
    int score;
    /*打开源文件和目标文件*/
    printf("请输入源文件名(filein)!\n");
    gets(filein);
    if((fin=fopen(filein,"r"))==NULL)
    {
        printf("Can not open file \"%s\"!\n",filein);
        exit(0);
    }
    if((fout=fopen("fail.txt","w"))==NULL)
    {
        printf("Can not open file !\n");
        exit(0);
    }
    /*从源文件逐条读取记录，将不及格学生记录写入 fout 所指文件*/
    printf("不及格学生成绩表如下:\n");
    while(!feof(fin))
    {
        fscanf(fin,"%ld %s %d\n",&id,name,&score);/*逐条读取记录*/
        if(score<60)   /*不及格记录写入 fout 所指文件，并显示在屏幕上*/
        {
            fprintf(fout,"%ld %s %d\n",id,name,score);
            printf("%ld %s %d\n",id,name,score);
        }
    }

    /*关闭文件*/
    fclose(fin);
    fclose(fout);
}
```

请输入源文件名(filein)!
file5.txt
不及格学生成绩表如下：
20100002 李云龙 56
20100003 陈子寒 32

特别说明：

（1）此程序中调用的 feof 函数，其功能是测试文件指针所指文件的当前状态是否为"文件结束"。若是，则返回 1；否则，返回 0。feof 的函数原型为：int feof(FILE *fp);该函数对测试文本文件和二进制文件是否为"文件结束"均可使用。

（2）用 fscanf 和 fprintf 函数读写文件使用方便、容易理解，但系统要将输入的 ASCII 码形式转换为二进制码形式存储在内存中，输出时又要将二进制码形式转换成字符形式，比较浪费时间。若数据量较大，则不推荐使用。

9.3.4　数据块读写

在编程求解具体问题时，常常要求一次读入一组数据（如结构体变量各成员的值），ANSI C 提供 fread 和 fwrite 这两个函数用于数据块的读写。如果文件以二进制形式打开，用 fread 和 fwrite 函数读写文件，则在输入输出时不需要进行 ASCII 码和二进制码的转换，可直接传送二进制形式的数据，提高数据读写的速度。

1. 数据块读函数 fread

函数原型为：

　　　int fread(void *buf,int size,int count,FILE *fp);

其中，buf 是存放读入数据的指针，size 是要读数据块的字节数，count 是数据块的个数，fp 是所要读入文件的文件指针。

功能：从 fp 所指文件的当前位置开始读取 size*count 个字节的数据。实质为对 fp 所指向的文件读 count 次，每次读一个数据块，该数据块为 size 个字节的一组数据，它们可以是一个实数或是一个结构体变量的值。若函数调用成功，则返回 count 的值，若返回值小于 count，则说明读到了文件尾或出错。

fread 的常见调用形式为：

　　　fread (buf,sizeof(int),20,fp);

表示从 fp 所指文件当前位置开始读取 20 个整数，存入内存的 buf 缓冲区中。

2. 数据块写函数 fwrite

函数原型为：

　　　int fwrite (void *buf, int size,int count,FILE *fp);

其中，各参数含义与 fread 函数的参数类似。

功能：往 fp 所指文件的当前位置开始写入 size*count 个字节的数据。实质为对 fp 所指向的文件写 count 次，每次写一个数据块，该数据块为 size 个字节的一组数据，它们可以是一个实数或是一个结构体变量的值。若函数调用成功，则返回 count 的值。

fwrite 的常见调用形式为：

```
fwrite (buf,sizeof(int),20,fp);
```
表示从内存的 buf 缓冲区中读取 20 个整数，写入 fp 所指文件的当前位置。

3. 数据块读写实例

【例 9.7】 从键盘输入 N 个学生信息（学号、姓名和 3 门课成绩），将其存入一个二进制文件。再从文件中读取数据，输出到屏幕。

```c
#include <stdio.h>
#include <stdlib.h>
#define N 3
struct student
{
    long id;
    char name[10];
    float score[3];
}stu[N];

int main(void)
{
    FILE *fp;
    char file[30];
    int i;
    /*以写方式打开一个二进制文件*/
    printf("请输入文件名(file)!\n");
    gets(file);
    if((fp=fopen(file,"wb"))==NULL)
    {
        printf("Can not open file \"%s\"!\n",file);
        exit(0);
    }
    /*从键盘输入 N 个学生信息*/
    printf("请输入%d 个学生信息(学号、姓名和 3 门课成绩):\n",N);
    for(i=0;i<N;i++)
    {
        scanf("%d%s",&stu[i].id,stu[i].name);
        scanf("%f%f%f",&stu[i].score[0],&stu[i].score[1],&stu[i].score[2]);
    }
    /*将 N 块学生信息写入文件*/
    for(i=0;i<N;i++)
        fwrite(&stu[i],sizeof(struct student),1,fp);
    fclose(fp);/*关闭文件*/
    /*以读方式重新打开刚才建立的二进制文件*/
    if((fp=fopen(file,"rb"))==NULL)
    {
```

```
        printf("Can not open file \"%s\"!\n",file);
        exit(0);
    }
    /*从二进制文件中读取 N 块数据*/
    for(i=0;i<N;i++)
        fread(&stu[i],sizeof(struct student),1,fp);
    /*将数据输出到屏幕*/
    printf("输出%d 个学生信息(学号、姓名和 3 门课成绩):\n",N);
    for(i=0;i<N;i++)
    {
        printf("%-10d %-10s ",stu[i].id,stu[i].name);
        printf("%5.1f ",stu[i].score[0]);
        printf("%5.1f ",stu[i].score[1]);
        printf("%5.1f\n",stu[i].score[2]);
    }
    fclose(fp);/*关闭文件*/
}
```

```
请输入文件名(file)!
file7.dat
请输入3个学生信息(学号、姓名和3门课成绩):
101 LiHua 78 96 85
102 FanWei 85 67 75
103 ChenLinLin 88 65 94
输出3个学生信息(学号、姓名和3门课成绩):
101        LiHua       78.0  96.0  85.0
102        FanWei      85.0  67.0  75.0
103        ChenLinLin  88.0  65.0  94.0
```

9.3.5 随机读写

1. 文件指针定位函数 fseek

函数原型为:

    int fseek(FILE *fp,long offset,int origin);

其中，fp 是文件指针，offset 是偏移量，origin 是起始地址。

功能：按照偏移量和起始地址的值，设置与 fp 指向的文件的位置指针的位置。操作成功返回 0 值，否则返回非零值。

起始地址 origin 指出以什么地方为基准进行移动，它的取值为 0、1、2。其中 0 表示文件开始，1 表示当前位置，2 表示文件末尾。为方便用户记忆和使用，在头文件 stdio.h 中还为 origin 定义了三个宏名，见表 9.2。

表 9.2 起始地址

起始地址	宏名	值
文件开始	SEEK_SET	0
文件当前位置	SEEK_CUR	1
文件末尾	SEEK_END	2

　　偏移量 offset 指从起始地址 origin 到要确定的新位置之间的字节数，也就是以起始地址为基点，向文件尾方向移动的字节数。大多数 C 版本要求 offset 必须是一个长整型量（long），以支持大于 64K 字节的文件。按 ANSI C 标准规定在数字末尾加一个字母 L 或 l，就表示是长整型了。这样，当文件很长时（比如，大于 64K 时），偏移量仍在长整型数据所表示的范围内，不会出错。

　　由于文本文件要发生字符转换，计算位置时会发生混乱，因此 fseek 函数一般只用于二进制文件。

　　下面是几个 fseek 函数调用的例子：

　　（1）fseek(fp,30L,0); 表示将位置指针向文件末尾方向移动到离文件开始 30 个字节处。

　　（2）fseek(fp,−20L,1); 表示将位置指针从当前位置向文件开始方向移动 20 个字节。

　　（3）fseek(fp,−10L,2); 表示将位置指针从文件末尾向文件开始方向移动 10 个字节。

　　使用中可以用 fseek 把文件的位置指针移到文件内的任意位置，甚至超出文件尾部，但不能把它移到文件开始之前，否则会出现错误。

2. 文件指针当前值函数 ftell

　　函数原型为：

　　　　long ftell(FILE *fp);

　　功能：获得 fp 所指文件的位置指针的当前值。这个值是文件位置指针从文件开始到当前位置的位移量字节数，是一个长整型数据。

　　当调用 ftell 函数出错时（如文件不存在等），函数返回值为 −1L。若指定的文件不能被随机搜索，则返回值没有意义。

　　例如：

　　　　long i;
　　　　if((i=ftell(fp))==−1L)
　　　　　　printf("File error!\n");

当返回值为 −1L 时，输出"File error!"，用来指出调用 ftell 函数出错。

3. 文件指针复位函数 rewind

　　函数原型为：

　　　　int rewind(FILE *fp);

　　功能：使文件位置指针重新返回到文件开始处，并清除文件结束标志和错误标志。函数操作成功返回 0 值，否则返回非零值。

4. 随机读写实例

　　【例 9.8】 根据例 9.7 中所得二进制文件中存储的数据，求出学生人数，分别输出文件中奇数行的学生信息和偶数行的学生信息。

```
#include <stdio.h>
#include <stdlib.h>
#define N 10
struct student
```

```
{
        long id;
        char name[10];
        float score[3];
}stu[N];

int main(void)
{
        FILE *fp;
        char file[30];
        int i,n;

        /*以读方式打开一个二进制文件*/
        printf("请输入文件名(file)!\n");
        gets(file);
        if((fp=fopen(file,"rb"))==NULL)
        {
            printf("Can not open file \"%s\"!\n",file);
            exit(0);
        }

        fseek(fp,0L,SEEK_END);                /*将文件位置指针移至文件尾*/
        n=ftell(fp);                          /*求文件数据占用的总字节数*/
        n=n/sizeof(struct student);           /*求学生数据的个数，即人数*/
        printf("该文件存储了%d 个学生的信息。\n",n);

        rewind(fp);                           /*将文件位置指针移至文件头*/
        for(i=0;i<n;i++)
            fread(&stu[i],sizeof(struct student),1,fp);

        printf("\n 输出文件中奇数行的学生信息(学号、姓名和 3 门课成绩):\n");
        for(i=0;i<n;i=i+2)
        {
            printf("%-10d %-10s ",stu[i].id,stu[i].name);
            printf("%5.1f ",stu[i].score[0]);
            printf("%5.1f ",stu[i].score[1]);
            printf("%5.1f\n",stu[i].score[2]);
        }

        rewind(fp);                           /*将文件位置指针移至文件头*/
        printf("\n 输出文件中偶数行的学生信息(学号、姓名和 3 门课成绩):\n");
        for(i=1;i<n;i=i+2)
        {
```

```
        fseek(fp,sizeof(struct student),SEEK_CUR);
        fread(&stu[i],sizeof(struct student),1,fp);
        printf("%-10d %-10s ",stu[i].id,stu[i].name);
        printf("%5.1f ",stu[i].score[0]);
        printf("%5.1f ",stu[i].score[1]);
        printf("%5.1f\n",stu[i].score[2]);
    }
    fclose(fp);                              /*关闭文件*/
}
```

```
请输入文件名(file)!
f7.dat
该文件存储了3个学生的信息。

输出文件中奇数行的学生信息(学号、姓名和3门课成绩):
101       LiHua       78.0  96.0  72.0
103       ChenLinLin  84.0  85.0  78.0

输出文件中偶数行的学生信息(学号、姓名和3门课成绩):
102       FanWei       85.0  64.0  96.0
```

9.4　文件检测函数

1. 文件结束检测函数 feof

函数原型为:

　　　　int feof(FILE *fp);

功能: 测试文件指针 fp 所指文件的位置指针是否到达文件末尾。返回值为 0,表示未到文件尾;返回非 0 值,表示到达文件尾。该函数对测试文本文件和二进制文件是否为"文件结束"均适用。

2. 文件出错检测函数 ferror

函数原型为:

　　　　int ferror(FILE *fp);

功能: 检测文件指针 fp 所指文件最近一次的操作是否发生错误。返回值为 0 表示未出错,否则表示出错。要检测文件读写过程是否出错,就可在调用某读写函数后,再调用 ferror 函数来检查。

3. 清除出错标记函数 clearerr

函数原型为:

　　　　void clearerr(FILE *fp);

功能: 清除对 fp 所指文件进行读写操作时出现的错误。因为调用 fopen 时文件的出错标记会设置为 0,文件读写操作一旦出错,就修改出错标记,并将一直保持到对同一个文件执行 clearerr 或 rewind 等操作为止。

9.5　小　结

本章主要介绍了文件的打开、关闭、读写等的基本函数的使用。当要处理大量的数据，并需要保存这些数据到磁盘文件时，就可以调用文件的基本操作来实现数据的存储；反之，也可以从文件中读取数据，通过程序进行数据的加工处理。掌握文件的基本操作对实际问题的求解将有很大帮助。

文件是指存储在外部介质上的数据集合，从用户角度上来看，文件可以分为磁盘文件和标准输入输出文件。常用的磁盘文件按照处理方法的不同又可分为缓冲文件系统和非缓冲文件系统。ANCII C 重点研究缓冲文件系统。根据文件中数据的存储形式不同，又可将文件分为文本文件和二进制文件。

用户需要根据文件类型的不同，使用不同的函数来实现文件的操作。格式化读写函数 fscanf 和 fprintf，一般用于文本文件的读写。数据块读写函数 fread、fwrite 和随机读写函数 fseek、ftell，一般用于二进制文件的读写。本章介绍的其他关于文件的函数对文本文件和二进制文件均适用。

习　　题

1. 选择题

(1) 有以下程序

```c
#include <stdio.h>
int main(void)
{ FILE *fp;
  int a[10]={1,2,3},i,n;
  fp=fopen("dl.dat","w");
  for(i=0;i<3;i++)  fprintf(fp,"%d",a[i]);
  fprintf(fp,"\n");
  fclose(fp);
  fp=fopen("dl.dat","r");
  fscanf(fp,"%d",&n);
  fclose(fp);
  printf("%d\n",n);
  return 0;
}
```

程序的运行结果是（　　）。

(A) 12300　　　　　(B) 123　　　　　(C) 1　　　　　(D) 321

(2) 有以下程序

```c
#include <stdio.h>
int main(void)
{ FILE *pf;
  char *s1="China",*s2="Beijing";
  pf=fopen("abc.dat","wb+");
```

```
        fwrite(s2,7,1,pf);
        rewind(pf);
        fwrite(s1,5,1,pf);
        fclose(pf);
        return 0;
    }
```

以上程序执行后 abc.dat 文件的内容是（　　）。

(A) China   (B) Chinang

(C) ChinaBeijing   (D) BeijingChina

(3) 有以下程序

```
    #include <stdio.h>
    int main(void)
    { FILE *f;
      f=fopen("a.txt","w");
      fprintf(f,"%s","abc");
      fclose(f);
      return 0;
    }
```

若文本文件 a.txt 中原有内容为：hello，则运行以上程序后，文件 a.txt 中的内容为（　　）。

(A) helloabc   (B) abclo

(C) abc   (D) abchello

(4) 下列关于 C 语言文件的叙述中正确的是（　　）。

(A) 文件由一系列数据依次排列组成，只能构成二进制文件

(B) 文件由结构序列组成，可以构成二进制文件或文本文件

(C) 文件由数据序列组成，可以构成二进制文件或文本文件

(D) 文件由字符序列组成，只能是文本文件

(5) 以下程序

```
    #include<stdio.h>
    int main(void)
    { FILE *fp;char str[10];
      fp=fopen("myfile.dat","w");
      fputs("abc",fp);fclose(fp);
      fp=fopen("myfile.dat","a+");
      fprintf(fp,"%d",28);
      rewind(fp);
      fscanf(fp,"%s",str); puts(str);
      fclose(fp);
      return 0;
    }
```

程序运行后的输出结果是（　　）。

(A) abc   (B) 28c   (C) abc28   (D) 因类型不一致而出错

2. 填空题

（1）以下程序用来判断指定文件是否能正常打开，请填空。

```
#include <stdio.h>
int main(void)
{ FILE *fp;
  if ((((fp=fopen("test.txt","r"))==_____))
  printf("未能打开文件！\n");
  else printf("文件打开成功！\n");
  return 0;
}
```

（2）以下程序从名为 **filea.dat** 的文本文件中逐个读入字符并显示在屏幕上。请填空。

```
#include<stdio.h>
int main(void)
{ FILE *fp;
  char ch;
  fp=fopen(_____);
  ch=fgetc(fp);
  whlie(!feof(fp)) { putchar(ch); ch=fgetc(fp);}
  putchar('\n');
  fclose(fp);
  return 0;
}
```

实验 15　文件基本操作

1. 请找出并更正下列语句中的错误。

（1）#include<stdio.h>

file *fp;

fp=fopen("c:\file1.txt","r");

（2）char c[10]="abc";

fputc(c,fp);

（3）FILE *fp=fopen("abc.dat","r");

fprintf(fp,"%d,%s",1024,"China");

2. 文件简单加密：从键盘输入 N 行字符，将其中的所有字符都转换为 ASCII 码表中其后第 3 个字符，然后保存到 D 盘根目录下的文本文件 encrypt.txt 中。

3. 文件解密：将上一题中所得文件 encrypt.txt 中的字符还原为从键盘输入的 N 行字符，存入 D 盘根目录下的文本文件 decrypt.txt。

4. 编写程序：统计一个 C 语言程序文件中的字符总数和行数。

5. 编写程序：统计一篇英文文章中的单词个数。

6. 编写程序：从键盘输入 5 个学生的信息，包括：学号、姓名、四门课程的成绩，计算出每个学生的总分，并将原来的数据和总分一起存入文件 stu.txt。

7. 编写程序：从键盘输入 3 个人的联系信息，包括：姓名、手机号、办公室电话、家庭电话等。然后将这 3 人的信息存入文件 phone.txt。

8. 编写程序：将上一题中得到的文件 phone.txt 中的姓名和手机号信息提取出来，存入二进制文件 mobile.dat。

9. 编写程序：在上一题中得到的二进制文件 mobile.dat 末尾添加 2 个联系人的姓名和手机号。然后将文件 mobile.dat 中的数据在屏幕上输出。

第 10 章　位运算

学习目标
◆掌握二进制位逻辑运算符、移位运算符
◆了解二进制位运算的应用
◆了解位段的意义

10.1　引　言

　　C 语言允许直接访问物理地址，能进行位（bit）运算，可以直接对硬件进行操作，因此被称为"高级语言中的低级语言"。位运算本来属于汇编语言的功能，由于 C 语言最初是为了编写系统程序而设计的，因此，它提供了很多类似于汇编语言的处理能力，如前面介绍的指针和现在将要介绍的位运算等，这些很适合编写系统软件的需要。

　　位运算是指对二进制位进行的运算。它的运算对象不是以一个数据为单位，而是对组成数据的二进制位进行运算。每个二进制位只能存放 0 或 1。图 10.1 表示一个占两个字节的短整型数据 0x1234（0x 开头为十六进制表示，对应十进制数 4660）的 16 个二进制位，数据中最左边的二进制位是最高位，数据最右边的二进制位是最低位（第 0 位）。正确使用二进制位运算，将有助于节省内存空间和编写复杂的程序。

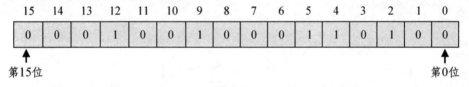

图 10.1　一个短整型数据的二进制位（2 字节）

10.2　二进制位运算

　　C 语言中一共提供了 6 种位运算符。其中，位逻辑运算符有 4 个，移位运算符 2 个，见表 10.1。

表 10.1　位运算符

表 10.1　位运算符

分　类	位运算符	含　义
位逻辑运算符	~	按位取反
	&	按位与
	|	按位或
	^	按位异或
移位运算符	<<	左移
	>>	右移

除了"按位取反"运算符~是单目（只有一个运算对象）运算符之外，其他的都是双目（有两个运算对象）运算符。

位运算是对字节或字中的实际位进行检测、设置或移位。位运算的运算对象只能是字符型数据或整型数据（包括 int, short int, unsigned int 和 long int），对 float、double、long double、void 或其他更复杂的数据类型不能进行位运算。

位运算符与 C 语言中其他运算符相比，其优先级比较分散。

（1）"按位取反"~运算符的优先级高于算术运算符和关系运算符的优先级，是所有位运算符优先级最高的；

（2）"左移"<<和"右移">>运算符的优先级高于关系运算符的优先级，但低于算术运算符；

（3）"按位与"&、"按位或"|和"按位异或"^运算符的优先级都低于算术运算符和关系运算符的优先级。

10.2.1　位逻辑运算

1．"按位取反"运算符 ~

"按位取反"的运算规则是：将运算对象中的各位的值取反，即将 1 变 0，将 0 变 1。

"按位取反"运算符是单目运算符，用~表示。

"按位取反"可能的运算组合及其结果如下：

$$\sim 0 = 1 \qquad \sim 1 = 0$$

例如，若 x = 0x23，则~ x 的计算结果如下：

```
~    0010 0011   (x)
     1101 1100
```

即~ x = 0xDC，用十进制表示即为：~ x =~35=220。

特别说明：位逻辑运算~与逻辑非!的区别。

（1）若 x 为真，则!x 为假。如：若 x = 0x23，则!x=0。

（2）若 x 为真，~x 的值不一定为假。如：若 x = 0x23，而~ x =220。

2．"按位与"运算符&

"按位与"的运算规则是：如果两个运算对象的对应二进制位都是 1，则结果的对应位是

1，否则为 0。

"按位与"运算符用 **&** 表示。

"按位与"可能的运算组合及其运算结果如下：

$$0 \& 0 = 0 \qquad 0 \& 1 = 0 \qquad 1 \& 0 = 0 \qquad 1 \& 1 = 1$$

例如，若 x=0x23，y=0x06，则 x&y 的计算结果如下：

```
      0010 0011   (x)
&     0000 0110   (y)
      0000 0010
```

即：x & y = 0x02，用十进制表示即为：35&6=2。

特别说明：位逻辑运算 **&** 与逻辑与 **&&** 的区别。

（1）若 x 和 y 为真，则 x&y 不一定为真。如：若 x = 0x23，y=0x04，而 x&y=0。

（2）若 x 和 y 为真，则 x&&y 必定为真。如：若 x = 0x23，y=0x04，而 x&&y=1。

"按位与"运算有如下一些用途：

（1）将数据中的某些位清零。

例如，设 x 是字符型变量（占 8 个二进制位），要将 x 第 1 位置 0，可进行如下运算：

　　x = x & 0xFD;　　或写成：　　x & = 0xFD;

若 x=0x23，则 x & 0xFD 的计算结果如下：

```
      0010 0011   (x)
&     1111 1101   (0xFD)
      0010 0001
```

即，0x23&0xFD=0x21，用十进制表示即为：35&253=33。

（2）可取出数据中的某些位。

例如，为了判断 x 的第 5 位是否为 0，可进行如下运算：

　　if((x & 0x20) !=0) …

若条件表达式 (x & 0x20) !=0 为真（即不为 0），则 x 的第 5 位为 1，否则为 0。这里需要注意的是，由于"按位与"运算符的优先级低于"关系运算符" **!=** 的优先级，因此，上面 if 语句中的表达式 (x&0x20) 外面的圆括号不能省略。

【例 10.1】从键盘上输入一正整数，判断该数是奇数还是偶数。

```c
#include <stdio.h>
int main(void)
{
    int n;
    while(1)
    {
        printf("Input a number:");
        scanf("%d",&n);
        if(n>0)  break;
    }
    if((n&0x01)==0)
```

```
        printf("%d 是偶数.\n",n);
    else printf("%d 是奇数.\n",n);
}
```

```
Input a number:5
5 是奇数.
Input a number:1024
1024 是偶数.
```

说明：一个数是奇数还是偶数可通过判断其第 0 位的值来确定，若第 0 位为 0，则为偶数，第 0 位为 1，则为奇数。因此，如果条件((n&0x01)==0)为真，说明 n 为偶数，否则为奇数。此处如果不使用位运算，判断偶数的条件((n&0x01)==0)也可表示为(n%2==0)。

3."按位或"运算符|

"按位或"的运算规则是：只要两个运算对象的对应位有一个是 1，则结果的对应位是 1，否则为 0。

"按位或"的运算符用 | 表示。

"按位或"可能的运算组合及其运算结果如下：

$$0 \mid 0 = 0 \qquad 0 \mid 1 = 1 \qquad 1 \mid 0 = 1 \qquad 1 \mid 1 = 1$$

例如，若 x=0x23，y=0x06，则 x|y 的计算结果如下：

```
      0010 0011   (x)
  |   0000 0110   (y)
      0010 0111
```

即：x | y = 0x27，用十进制表示即为：35|6=39。

特别说明：位逻辑运算|与逻辑或||的异同。若 x 和 y 为真，则 x|y 和 x||y 均为真。

"按位或"运算通常用于对一个数据（变量）中的某些位置 1，而其余位不发生变化。如将 x 中的第 6 位置 1 可进行如下运算：

x = x | 0x40; 　　　或写成：　　　x | = 0x40;

【例 10.2】 从键盘上输入一正整数，若此数是偶数，则将其转换为大于此偶数的最小奇数，并显示出来。

```
#include <stdio.h>
int main(void)
{
    int n,m;
    while(1)
    {
        printf("Input a number:");
        scanf("%d",&n);
        if(n>0)  break;
    }
    m=n;
    if(n%2==0)  m=n|0x01;          /*将 n 的最低位从 0 变为 1，即偶数变奇数 */
    printf("%d,%d\n",n,m);
}
```

```
Input a number:15
15,15
Input a number:16
16,17
```

说明：当输入的数不是偶数时，所显示的两个数字是一样的；当输入的数是偶数时，所显示的第一个数是输入的偶数，第二个数是转换后的奇数。当 n 为偶数时，位运算 n|0x01，也可表示为 n+1。

4."按拉异或"运算符 ^

"按位异或"的运算规则是：如果两个运算对象的对应位不同，则结果的对应位为 1，否则为 0。

"按位异或"运算符用 ^ 表示。

"按位异或"可能的运算组合及其结果如下：

$$0 \wedge 0 = 0 \qquad 0 \wedge 1 = 1 \qquad 1 \wedge 0 = 1 \qquad 1 \wedge 1 = 0$$

例如，若 x=0x23，y=0x06，则 x^y 的计算结果如下：

```
      0010 0011   (x)
^     0000 0110   (y)
      0010 0101
```

即：x ^ y = 0x25，用十进制表示即为：35^6=37。

"按位异或"运算有如下一些应用：

（1）使数据中的某些位取反，即 0 变 1，1 变 0。

例如，要将 x 中的第 5 位取反，可进行如下的运算：

        x=x^0x20;   或写成：   x^=0x20;

（2）同一个数据进行"异或"运算后，结果为 0。

例如，要将 x 变量清 0，可进行如下运算：

        x^=x;

（3）"异或"运算具有如下的性质，即

        (x^y)^y=x

如，若 x=0x23，y=0x06，则 x ^ y = 0x25，0x25 ^ y = 0x23。

有时利用这些性质可以简化对某些数据的处理过程。

【例 10.3】 求 1+2+3+…+50 的值，并显示结果。

```c
#include <stdio.h>
int main(void)
{
    int i,sum;
    sum^=sum;                    /*sum 清零*/
    for(i=1;i<=50;i++)
        sum+=i;
    printf("1+2+3+……+50=%d\n",sum);
}
```

```
1+2+3+......+50=1275
```

说明：此程序中的位运算 sum^=sum 的功能是使 sum 值为 0，等同于 sum=0。

10.2.2　移位运算

1.“左移”运算符<<

“左移”的运算规则是：将运算对象中的每个二进制位向左移动若干位，从左边移出去的高位部分被丢失，右边空出的低位部分补零。

“左移”运算符用<<表示。

例如，若 x=0x23，则语句

　　　　x=x<<2;

表示将 x 中的每个二进制位左移 2 位后存入 x 中。由于 0x23 的二进制表示为 00100011，因此，左移 2 位后，将变为 10001100，即 x=x<<2 的结果为 0x8C。其中，语句

　　　　x=x<<2;　　　可以写成：　　　x<<=2;

采用十进制表示，则 x=35，x=x<<2=140。

由上述运算结果不难看出，在进行“左移”运算时，如果移出去的高位部分不包含 1，则左移 1 位相当于乘以 2，左移 2 位相当于乘以 4，左移 3 位相当于乘以 8，依此类推。因此，在实际应用中，经常利用“左移”运算进行乘以 2 倍的操作。

2.“右移”运算符>>

“右移”的运算规则是：将运算对象中的每个二进制位向右移动若干位，从右边移出去的低位部分被丢失。对无符号数来讲，左边空出的高位部分补 0。对有符号数来讲，如果符号位为 0（即正数），则空出的高位部分补 0，否则，空出的高位部分补 0 还是补 1，与所使用的计算机系统有关，有的计算机系统补 0，称为“逻辑右移”，有的计算机系统补 1，称为“算术右移”。

“右移”运算符用>>表示。

例如，若 x = 0x08，则语句

　　　　x=x>>2;

表示将 x 中的每个二进制位右移 2 位后存入 x 中。由于 0x08 的二进制表示为 00001000，因此，右移 2 位后，将变为 00000010，即 x = x >> 2 的结果为 0x02，其中，语句

　　　　x=x>>2;　　　可写成：　　　x>>=2;

采用十进制表示，则 x=8，x=x>>2=2。

由上述运算结果不难看出，在进行“右移”运算时，如果移出去的低位部分不包含 1，则右移 1 位相当于除以 2，右移 2 位相当于除以 4，右移 3 位相当于除以 8，依此类推。因此，在实际应用中，经常利用“右移”运算进行除以 2 的操作。

10.2.3　位运算实例

【例 10.4】　输出一个 4 位十六进制整数的低 2 位数值。

```
#include <stdio.h>
```

```
int main(void)
{
    unsigned n, x;
    printf("请输入一个 4 位十六进制整数 x=");
    scanf("%X", &x);
    n=(x&0xff);
    printf("该 4 位整数的低 2 位数值 n=0x%X\n", n);
    printf("十进制形式：x=%u, n=%u\n", x, n);
}
```

```
请输入一个4位十六进制整数x=AB12
该4位整数的低2位数值n=0x12
十进制形式：x=43794,n=18
```

说明：语句 n=(x&0xff);的作用为取出 4 位十六进制数 x 的低 2 位（即对应二进制的低 8 位）。

【例 10.5】 编程检查所用的计算机的 C 编译系统在执行右移时是"逻辑右移"还是"算术右移"。

```
#include <stdio.h>
int main(void)
{
    unsigned n;
    int x, y;
    n=sizeof(int);
    printf("整型数据占用字节数=%d 字节=%d 位 \n", n, n*8);
    n=n*8/2;
    x=(0)>>n;
    y=(~0)>>n;
    printf("x=%X, y=%X\n", x, y);
}
```

```
整型数据占用字节数=4字节=32位
x=0,y=FFFFFFFF
```

说明：由于 0 取反后得到二进制位全为 1 的数。对有符号数来讲，如果符号位为 0（即正数），则空出的高位部分补 0，否则，空出的高位部分补 0 还是补 1，与所使用的计算机系统有关，有的计算机系统补 0，称为"逻辑右移"，有的计算机系统补 1，称为"算术右移"。本程序中 y 的高位全补 1，因此该 C 编译系统的右移为"算术右移"。若 y=0x0000FFFF，则为"逻辑右移"。

【例 10.6】 输入两个 4 字节整数存入 a，b 中，并由 a，b 两个数生成新的数 c，其生成规则是，将 a 的高字节作为 c 的高字节，将 b 的高字节作为 c 的低字节，并显示出来。

```
#include <stdio.h>
int main(void)
{
    unsigned a, b, c;
    printf("Input a, b(4 字节十六进制):");
    scanf("%X %X", &a, &b);
```

```
        c=(a&0xFFFF0000)|(b&0xFFFF0000)>>16;
        printf("c=%X(十六进制)\n",c);
}
```

```
Input a,b(4字节十六进制):ABCD1234 98765432
c=ABCD9876(十六进制)
```

【**例 10.7**】 输入一个无符号整数存入 a，对其进行循环左移 k 位的运算。

```
#include <stdio.h>
int main(void)
{
        unsigned a,n,k;
        n=sizeof(unsigned);                 /*求无符号整数占用的字节数，存入 n*/
        printf("Input a(%d 位十六进制):",n<<1);/*提示输入 a，及十六进制表示的位数*/
        scanf("%X",&a);                     /*输入一个无符号整数 a*/
        n=n<<3;                             /*求占用的二进制位数，等价于 n=n*8；  */
        printf("Input k(0-%d):",n);         /*提示输入循环左移的位数 k，及 k 的取值范围*/
        scanf("%d",&k);                     /*输入循环左移的位数 k*/
        a=a<<k|a>>n-k;                       /*循环左移 k 位的运算*/
        printf("a=%X(十六进制)\n",a);        /*输出循环左移 k 位的结果*/
}
```

```
Input a(8位十六进制):ABCD1234
Input k(0-32):12
a=D1234ABC(十六进制)
```

【**例 10.8**】 输入一个无符号整数存入 a，对其进行循环右移 k 位的运算。

```
#include <stdio.h>
int main(void)
{
        unsigned a,n,k;
        n=sizeof(unsigned);                 /*求无符号整数占用的字节数，存入 n*/
        printf("Input a(%d 位十六进制):",n<<1);/*提示输入 a，及十六进制表示的位数*/
        scanf("%X",&a);                     /*输入一个无符号整数 a*/
        n=n<<3;                             /*求占用的二进制位数，等价于 n=n*8；  */
        printf("Input k(0-%d):",n);         /*提示输入循环右移的位数 k，及 k 的取值范围*/
        scanf("%d",&k);                     /*输入循环右移的位数 k*/
        a=a>>k|a<<n-k;                       /*循环右移 k 位的运算*/
        printf("a=%X(十六进制)\n",a);        /*输出循环右移 k 位的结果*/
}
```

```
Input a(8位十六进制):ABCD1234
Input k(0-32):12
a=234ABCD1(十六进制)
```

10.3 位　段

上面介绍的位运算，经过组合后，能够进行各种复杂的二进制位运算，这些位运算经常用于处理一个数据项（如变量）中包含多种信息的场合。在程序设计过程中，经常要设置一些标志信息（如，"真"、"假"值等），这些标志信息往往仅占一个或几个二进制位，如果用一个变量表示一个标志信息，则将浪费存储空间。因此，通常的做法是将程序中的多个标志设置在一个变量中的不同的二进制位上。图 10.2 给出了这种标志设置方法的一个例子。

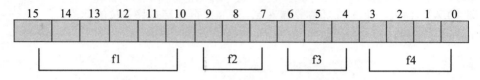

图 10.2 4 个标志信息共用 2 个存储单元示例

图 10.2 中，标志 f1，f2，f3，f4 分别占用 6，3，3，4 个二进制位，它们共占用 16 个二进制位，相当于一个整型变量所占用的位数。

尽管可以利用上面介绍的位运算处理这些标志信息，但其处理过程显得很麻烦。为了简洁而有效地处理这些标志信息，C 语言提供了位段操作。

将上述标志信息 f1，f2，f3 和 f4 组合在一个位段结构中，其定义如下：

```
struct packed_data
{
    unsigned int f1:6;
    unsigned int f2:3;
    unsigned int f3:3;
    unsigned int f4:4;
};
```

上面定义了位段结构类型 struct packed_data，它共包含 4 个成员（又称为位段），每个成员的数据类型都是 unsigned int。每个成员（位段）所占用的二进制位数由冒号后面的数字来指定，至于这些位段所存放的具体位置，将由编译系统分配，程序设计人员不必考虑。

由 struct packed_data 位段结构类型，可以定义相应的位段结构类型的变量。例如：

```
struct packed_data data;
```

对位段结构成员的引用方式，与引用一般结构体成员的方式相同。如：

```
data.f2=3;
```

它表示将 3 赋给 data 位段变量中的 f2 位段（成员）中。

需要注意的是，在对位段赋值时，应该考虑到每个位段所占用的二进制位数。如果所赋的数值超过了位段的表示范围，则自动取其低位数字。如，若有如下赋值语句：

```
data.f2=8;
```

由于 f2 位段仅占 3 个二进制位，因此，实际赋给 f2 位段的是 8 的二进制表示（即 1000）的低 3 位，也就是 000。

在定义和使用位段时，应该注意以下几点：

（1）在位段结构中可以定义无名位段，这种无名位段具有位段之间的分隔作用。如：

```
struct packed_data1
{
    unsigned int a:2;
```

```
        unsigned int :3;
        unsigned int b:3;
    };
```

此位段结构定义中的第二个位段（成员）是无名位段，它占用 3 个二进制位，在 a 和 b 位段之间起分隔作用。无名位段所占用的空间不起作用。

（2）每个位段（成员）所占用的二进制位通常不能超过一个字长。位段不能说明为数组，不能用指针指向位段。

（3）在位段结构定义中，可以包含非位段成员。如：

```
struct packed_data2
{
    unsigned int a:3;
    unsigned int b:4;
    unsigned int c:6;
    int length;
};
```

其中非位段成员 length 在 a，b 和 c 位段之后从另一个字节开始存放。length 的引用方式完全同于普通结构体成员的引用方式。

（4）位段可以在一般的表达式中被引用，并被自动转换为相应的整数。如下列表达式是合法的：

```
n=4*data.f1 + data.f3/2 +100;
```

10.4　小　结

本章主要介绍了二进制位的位逻辑运算和移位运算，正确使用二进制位运算，将有助于节省内存空间和编写复杂的程序，适合硬件编程和系统软件编写的需要。

位运算符除按位取反运算符（~）是单目运算符外，其他运算符均为二目运算符。位运算符与 C 语言中其他运算符相比，其优先级比较分散，因此在进行不同运算符混合运算时，可以适当的使用括号来确定计算的优先顺序，以免出错。

习　题

1. 选择题

（1）变量 a 中的数据用二进制表示形式是 01011101，变量 b 中的数据用二进制表示形式是 11110000。若要求将 a 的高 4 位取反，低 4 位不变，所要执行的运算是（　　）。

(A) a^b　　　　　(B) a|b　　　　　(C) a&b　　　　　(D) a<<4

（2）有以下程序

```
#include <stdio.h>
int main(void)
```

```
{ char a=4;
  printf("%d\n", a=a<<1);
  return 0;
}
```

程序的运行结果是（　　）。

(A) 40　　　　　　(B) 16　　　　　　(C) 8　　　　　　(D) 4

(3) 有以下程序

```
#include <stdio.h>
int main(void)
{ int a=5,b=1,t;
  t=(a<<2|b); printf("%d\n",t);
  return 0;
}
```

程序运行后的输出结果是（　　）。

(A) 21　　　　　　(B) 11　　　　　　(C) 6　　　　　　(D) 1

(4) 有以下程序

```
int r=8;
printf("%d\n",r>>1);
```

输出结果是（　　）。

(A) 16　　　　　　(B) 8　　　　　　(C) 4　　　　　　(D) 2

(5) 有以下程序

```
#include <stdio.h>
int main(void)
{ int a=2,b=2,c=2;
  printf("%d\n",a/b&c);
  return 0;
}
```

程序运行后的结果是（　　）。

(A) 0　　　　　　(B) 1　　　　　　(C) 2　　　　　　(D) 3

附录 I 标准 ASCII 码字符集

十进制码	字符	十进制码	字符	十进制码	字符	十进制码	字符
0	NUL	32	(space)	64	@	96	`
1	SOH	33	!	65	A	97	a
2	STX	34	"	66	B	98	b
3	ETX	35	#	67	C	99	c
4	EOT	36	$	68	D	100	d
5	END	37	%	69	E	101	e
6	ACK	38	&	70	F	102	f
7	BEL	39	'	71	G	103	g
8	BS	40	(	72	H	104	h
9	HT	41	)	73	I	105	i
10	LF	42	*	74	J	106	j
11	VT	43	+	75	K	107	k
12	FF	44	,	76	L	108	l
13	CR	45	-	77	M	109	m
14	SO	46	.	78	N	110	n
15	SI	47	/	79	O	111	o
16	DLE	48	0	80	P	112	p
17	DC1	49	1	81	Q	113	q
18	DC2	50	2	82	R	114	r
19	DC3	51	3	83	S	115	s
20	DC4	52	4	84	T	116	t
21	NAK	53	5	85	U	117	u
22	SYN	54	6	86	V	118	v
23	ETB	55	7	87	W	119	w
24	CAN	56	8	88	X	120	x
25	EM	57	9	89	Y	121	y
26	SUB	58	:	90	Z	122	z
27	ESC	59	;	91	[	123	{
28	FS	60	<	92	\	124		
29	GS	61	=	93	]	125	}
30	RS	62	>	94	^	126	~
31	US	63	?	95	_	127	Del

附录 II 控制字符含义

控制字符	含 义	控制字符	含 义
NUL(null)	空字符	SOH(start of handing)	标题开始
STX(start of text)	正文开始	ETX(end of text)	正文结束
EOT(end of transmission)	传输结束	ENQ(enquiry)	请求
ACK(acknowledge)	收到通知	BEL(bell)	响铃
BS(backspace)	退格	HT(horizontal tab)	水平制表符
LF(NL line feed, new line)	换行键	VT(vertical tab)	垂直制表符
FF(NP form feed, new page)	换页键	CR(carriage return)	回车键
SO(shift out)	不用切换	SI(shift in)	启用切换
DLE(data link escape)	数据链路转义	DC1(device control 1)	设备控制1
DC2(device control 2)	设备控制2	DC3(device control 3)	设备控制3
DC4(device control 4)	设备控制4	NAK(negative acknowledge)	拒绝接收
SYN(synchronous idle)	同步空闲	ETB(end of trans block)	传输块结束
CAN(cancel)	取消	EM(end of medium)	介质中断
SUB(substitute)	替补	ESC(escape)	溢出
FS(file separator)	文件分割符	GS(group separator)	分组符
RS(record separator)	记录分离符	US(unit separator)	单元分隔符

附录 Ⅲ　运算符的优先级和结合性

优先级	运算符	含　义	要求运算对象的个数	结合方法
1	( ) [ ] → .	圆括号 下标运算标 指向结构体成员运算符 结构体成员运算符		自左至右
2	! ~ ++ － － － (类型) * & sizeof	逻辑非运算符 按位取反运算符 自增运算符 自减运算符 负号运算符 类型转换运算符 指针运算符 取地址运算符 长度运算符	1 (单目运算符)	自右至左
3	* / %	乘法运算符 除法运算符 求余运算符	2 (双目运算符)	自左至右
4	+ －	加法运算符 减法运算符	2 (双目运算符)	自左至右
5	<< >>	左移运算符 右移运算符	2 (双目运算符)	自左至右
6	<　<=>　>=	关系运算符	2 (双目运算符)	自左至右
7	== !=	等于运算符 不等于运算符	2 (双目运算符)	自左至右
8	&	按位与运算符	2 (双目运算符)	自左至右
9	^	按位异或运算符	2 (双目运算符)	自左至右
10	|	按位或运算符	2 (双目运算符)	自左至右
11	&&	逻辑与运算符	2 (双目运算符)	自左至右
12	||	逻辑或运算符	2 (双目运算符)	自左至右
13	?:	条件运算符	2 (双目运算符)	自右至左
14	=　+=　－= *=　/=　%= >>=　<<= &=　^=　|=	赋值运算符	2 (双目运算符)	自右至左
15	,	逗号运算符(顺序求值运算符)		自左至右

说明：

（1）同一优先级的运算符优先级别相同，运算次序由结合方向决定。例如，*与/具有相同的优先级别，其结合方向为自左至右，因此，3*5/4 的运算次序是先乘后除。－和++为同一优先级，结合方向为自右至左，因此－i++相当于－(i++)。

（2）不同的运算符要求有不同的运算对象个数，如+（加）和－（减）为双目运算符，要求在运算符两侧各有一个运算对象（如 3+5、8－3 等）。而++和－（负号）运算符是单目运算符，只能在运算符的一侧出现一个运算对象（如－a、i++、－－i、(float)i、sizeof(int)、*p 等）。条件运算符是 C 语言中唯一的一个三目运算符，如 x?a:b。

（3）从上述表中可以大致归纳出各类运算符的优先级：

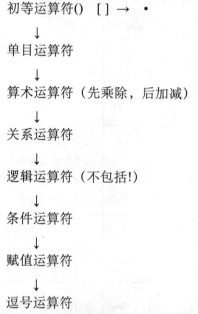

初等运算符() ［ ］ → ·
↓
单目运算符
↓
算术运算符（先乘除，后加减）
↓
关系运算符
↓
逻辑运算符（不包括!）
↓
条件运算符
↓
赋值运算符
↓
逗号运算符

以上的优先级别由上到下递减。初等运算符优先级最高，逗号运算符优先级最低。位运算符的优先级比较分散。为了容易记忆，使用位运算符时可加圆弧号。

附录Ⅳ　printf 函数与 scanf 函数使用介绍

printf 格式字符

格式字符	说　　明	举例	输出结果
d 或 i	以带符号的十进制形式输出整数（整数不输出符号）	printf("%d",32); printf("%i",32);	32 32
u	以无符号十进制形式输出整数	printf("%u",32);	32
o	以八进制无符号形式输出整数	printf("%o",32);	40
x 或 X	以十六进制无符号形式输出整数，用 x 时字母用（a~f），用 X 时字母用（A~F）	printf("%x",255); printf("%X",255);	ff FF
c	以字符形式输出一个字符	printf("%c",'A');	A
s	输出字符串	printf("%s","hello");	hello
e 或 E	以指数形式输出实数。默认精度 6 位小数。指数部分占 5 位（如 e+005），其中 e 占 1 位，指数符号占 1 位，指数占 3 位。数值规范化（小数点前有且仅有 1 位非零数字）	printf("%e",123.4567); printf("%E",123.4567);	1.234567e+002 1.234567E+002
f	以小数形式输出实数，默认精度 6 位小数	printf("%f",123.4567);	123.456700
g 或 G	选用%f 和%e 格式中输出宽度较短的一种格式，不输出无意义的 0	printf("%g",123.4567);	123.4567
p	以无符号十六进制整数表示变量的指针值	int a=10; printf("%p",&a);	0012FF7C
%	输出符号%本身	printf("%%");	%

printf 宽度指示符

宽度指示符	说　　明	举例	输出结果
n	输出至少占 n 个字符，若不足 n 个，空位用空格填充（有标志字符 '－'，右边填空格，否则左边填空格）	printf("%5d",123); printf("%－5d",123);	□□123 123□□
0n	输出至少占 n 个字符，若不足 n 个，则左边填 0	printf("%5d",123); printf("%－5d",123);	00123 123□□

printf 精度指示符

精度指示符	说　明	举例	输出结果
无	默认精度	参见表"printf格式字符"	
.0	对 d、i、o、u、x 格式符为默认精度，对 e、E、f 格式符则不输出小数点	printf("%.0d",10) printf("%.0f",10.5)	10 11
.n	对实数，表示输出 n 为小数；对字符串，表示截取的字符个数	printf("%.2f",1.234); printf("%.2s","hello");	1.23 he
.*	在待转换数据前的数据中指定待转换数据的精度。右例中意思为待转换数据 1.5 的转换精度为 3 位小数	printf("%.*f",3,1.5);	1.500

printf 格式修饰符

格式修饰符	说　明	举例	输出结果
h	表示 short。输出 short int 和 short unsigned int 型数据	short int i=100; printf("hd",i);	100
l	表示 long，用于输出 long int 和 double 型数据	long i=32768; printf("%ld",i);	32768
L	用于输出 long double 型数据		

printf 标志符

标志符	说　明	举例	输出结果
无	输出结果右对齐，左边填空格	printf("%5d",32)	□□□32
−	输出结果左对齐，右边填空格	printf("%−5d",32)	32□□□
+	带符号的转换，结果为非负以正号（+）开头，否则以负号（−）开头	printf("%+5d",32) printf("%−+5d",−32)	□□+32 −32□□
空格	结果为非负数，输出用空格代替正号，否则以负号开头	printf("%⊔5d",32) printf("%⊔5d",−32)	□□□32 □□−32

scanf 格式字符

格式字符	说　明
d	输入有符号的十进制整数
i	输入有符号的八、十或十六进制整数
u	输入无符号的十进制整数
o	输入无符号的八进制整数
x	输入无符号的十六进制整数
c	输入单个字符
s	输入字符串，将字符串送到一个字符数组中，输入时以非空白字符开始，以第一个空白字符结束，字符串以串结束标志'\0'作为其最后一个字符
f	输入实数，可以用小数或指数形式输入
e，E，g，G	与 f 作用相同，e 与 f、g 可相互替换（大小写作用相同）

scanf 的格式修饰符

格式修饰符	说　明
l	输入长整型数据（可用%ld，%lo，%lx，%lu，%li）以及 double 型数据（用%lf 或%le）
L	输入 long double 型数据（用%Lf 或%Le）
h	输入短整型数据（可用%hd，%ho，%hx，%hi）
width	指定输入数据所占宽度（列数），域宽应为正整数
*	表示本输入项在读入后不赋给相应的变量

附录Ⅴ   C 语言常用标准库函数

　　库函数并不是 C 语言的一部分，它是由人们根据一般用户的需要编制并提供用户使用的一组程序。每一种 C 编译系统都提供了一批库函数，不同的编译系统所提供的库函数的数目和函数名以及函数功能是不完全相同的。ANSI C 标准提出了一批建议提供的标准库函数。它包括了目前多数 C 编译系统所提供的库函数，但也有一些是某些 C 编译系统未曾实现的。考虑到通用性，本书列出 ANSI C 标准建议提供的部分常用库函数。

　　由于 C 库函数的种类和数目很多（例如：还有屏幕和图形函数、时间日期函数、与本系统有关的函数等，每一类函数又包括各种功能的函数），限于篇幅，本附录不能全部介绍，只从教学需要的角度列出最基本的。读者在编制 C 程序时可能要用到更多的函数，请查阅所用系统的手册。

1. 数学函数

使用数学函数时，应该在源文件中使用命令：

#include<math.h>　　或者　#include"math.h"

函数名	函数与形参类型	功　　能	返回值
abs	int abs(int x);	求整数 x 的绝对值	计算结果
acos	double acos(double x);	计算 $\cos^{-1}(x)$ 的值 $-1<=x<=1$	计算结果
asin	double asin(double x);	计算 $\sin^{-1}(x)$ 的值 $-1<=x<=1$	计算结果
atan	double atan(double x);	计算 $\tan^{-1}(x)$ 的值	计算结果
atan2	double atan2(double x, double y);	计算 $\tan^{-1}(x/y)$ 的值	计算结果
cos	double cos(double x);	计算 $\cos(x)$ 的值 x 的单位为弧度	计算结果
cosh	double cosh(double x);	计算 x 的双曲余弦 $\cosh(x)$ 的值	计算结果
exp	double exp(double x);	求 e^x 的值	计算结果
fabs	double fabs(double x);	求 x 的绝对值	计算结果
floor	double floor(double x);	求出不大于 x 的最大整数	该整数的双精度实数
fmod	double fmod(double x, double y);	求整除 x/y 的余数	返回余数的双精度实数
frexp	double frexp(double val, int *eptr);	把双精度数 val 分解成数字部分(尾数)和以 2 为底的指数，即 $val=x*2^n$,n 存放在 eptr 指向的变量中	数字部分 x $0.5<=x<1$
log	double log(double x);	求 $\log_e x$ 即 lnx	计算结果
log10	double log10(double x);	求 $\log_{10} x$	计算结果
modf	double modf(double val, int *iptr);	把双精度数 val 分解成整数部分和小数部分,把整数部分存放在 iptr 指向的变量中	val 的小数部分

pow	double pow(double x, double y);	求 xʸ 的值	计算结果
sin	double sin(double x);	求 sin(x)的值 x 的单位为弧度	计算结果
sinh	double sinh(double x);	计算 x 的双曲正弦函数 sinh(x)的值	计算结果
sqrt	double sqrt (double x);	计算 $\sqrt{x}$,x≥0	计算结果
tan	double tan(double x);	计算 tan(x)的值 x 的单位为弧度	计算结果
tanh	double tanh(double x);	计算 x 的双曲正切函数 tanh(x)的值	计算结果

2. 字符函数

在使用字符函数时，应该在源文件中使用命令：

#include<ctype.h> 或者　#include"ctype.h"

函数名	函数和形参类型	功　　能	返回值
isalnum	int isalnum(int ch);	检查 ch 是否字母或数字	是字母或数字返回 1；否则返回 0
isalpha	int isalpha(int ch);	检查 ch 是否字母	是字母返回 1；否则返回 0
iscntrl	int iscntrl(int ch);	检查 ch 是否控制字符(其 ASCⅡ 码在 0 和 0xlF 之间)	是控制字符返回 1；否则返回 0
isdigit	int isdigit(int ch);	检查 ch 是否数字（0～9）	是数字返回 1；否则返回 0
isgraph	int isgraph(int ch);	检查 ch 是否是可打印字符(其 ASCⅡ 码在 0x21 和 0x7e 之间)，不包括空格	是可打印字符返回 1；否则返回 0
islower	int islower(int ch);	检查 ch 是否是小写字母(a～z)	是小字母返回 1；否则返回 0
isprint	int isprint(int ch);	检查 ch 是否是可打印字符(其 ASCⅡ 码在 0x21 和 0x7e 之间)，不包括空格	是可打印字符返回 1；否则返回 0
ispunct	int ispunct(int ch);	检查 ch 是否是标点字符(不包括空格)即除字母、数字和空格以外的所有可打印字符	是标点返回 1；否则返回 0
isspace	int isspace(int ch);	检查 ch 是否空格、跳格符(制表符)或换行符	是，返回 1；否则返回 0
issupper	int isalsupper(int ch);	检查 ch 是否大写字母(A～Z)	是大写字母返回 1；否则返回 0
isxdigit	int isxdigit(int ch);	检查 ch 是否一个 16 进制数字（即 0～9，或 A～F，a～f）	是，返回 1；否则返回 0
tolower	int tolower(int ch);	将 ch 字符转换为小写字母	返回 ch 对应的小写字母
toupper	int touupper(int ch);	将 ch 字符转换为大写字母	返回 ch 对应的大写字母

3. 字符串函数

使用字符串中函数时，应该在源文件中使用命令：

#include<string.h> 或者　#include"string.h"

函数名	函数和形参类型	功　　能	返回值
strcat	char *strcat(char *str1, char *str2);	把字符 str2 接到 str1 后面, 取消原来 str1 最后面的串结束符`\0`	返回 str1
strchr	char *strchr(char *str s, int ch);	找出 str 指向的字符串中第一次出现字符 ch 的位置	返回指向该位置的指针，如找不到，则应返回 NULL
strcmp	int *strcmp(char *str1, char *str2);	比较字符串 str1 和 str2	str1<str2，为负数 str1=str2，返回 0 str1>str2，为正数
strcpy	char *strcpy(char *str1, char *str2);	把 str2 指向的字符串拷贝到 str1 中去	返回 str1
strlen	unsigned intstrlen(char *str);	统计字符串 str 中字符的个数(不包括终止符`\0`)	返回字符个数
strncat	char *strncat(char *str1, char *str2; unsigned int count);	把字符串 str2 指向的字符串中最多 count 个字符连到串 str1 后面, 并以 null 结尾	返回 str1
strncmp	int strncmp(char *str1, char *str2, unsigned int count);	比较字符串 str1 和 str2 中至多前 count 个字符	str1<str2，为负数 str1=str2，返回 0 str1>str2，为正数
strncpy	char *strncpy(char *str1, char *str2, unsigned int count);	把 str2 指向的字符串中最多前 count 个字符拷贝到串 str1 中去	返回 str1
strnset	void *setnset(char *buf, char ch, unsigned int count);	将字符 ch 拷贝到 buf 指向的数组前 count 个字符中。	返回 buf
strset	void *setnset(void *buf, char ch);	将 buf 所指向的字符串中的全部字符都变为字符 ch	返回 buf
strstr	char *strstr(char *str1, char *str2);	寻找 str2 指向的字符串在 str1 指向的字符串中首次出现的位置	返回 str2 指向的字符串首次出现的地址。否则返回 NULL

4. 内存操作函数

使用字符串中函数时，应该在源文件中使用命令：

#include<string.h> 　 或者 　 #include"string.h"

函数名	函数和形参类型	功　　能	返回值
memcmp	int memcmp(void *buf1, void *buf2, unsigned int count);	按字典顺序比较由 buf1 和 buf2 指向内存的前 count 个字符	buf1<buf2，为负数 buf1=buf2，返回 0 buf1>buf2，为正数
memcpy	void *memcpy(void *to, void *from, unsigned int count);	将 from 所指内存的前 count 个字符拷贝到 to 所指内存中。from 和 to 指向内存不允许重叠。	返回指向 to 的指针

函数名	函数和形参类型	功　　　能	返回值
memove	void *memove(void *to, void *from, unsigned int count);	将 from 所指内存的前 count 个字符拷贝到 to 所指内存中。from 和 to 所指内存不允许重叠。	返回指向 to 的指针
memset	void *memset(void *buf, char ch, unsigned int count);	将字符 ch 拷贝到 buf 所指内存的前 count 个字节中。	返回 buf

5. 输入输出函数

在使用输入输出函数时，应该在源文件中使用命令：

#include<stdio.h>　或者　#include"stdio.h"

函数名	函数和形参类型	功　　　能	返回值
clearerr	void clearerr(FILE *fp);	清除文件指针错误指示器	无
close	int close(int fp);	关闭文件(非 ANSI 标准)	关闭成功返回 0，不成功返回 −1
creat	int creat(char *filename, int mode);	以 mode 所指定的方式建立文件。(非 ANSI 标准)	成功返回正数，否则返回 −1
eof	int eof(int fp);	判断 fp 所指的文件是否结束。(非 ANSI 标准)	文件结束返回1，否则返回0
fclose	int fclose(FILE *fp);	关闭 fp 所指的文件，释放文件缓冲区	关闭成功返回 0，不成功返回非 0
feof	int feof(FILE *fp);	检查文件是否结束	文件结束返回非 0，否则返回 0
ferror	int ferror(FILE *fp)	测试 fp 所指的文件是否有错误	无错返回 0；否则返回非 0
fflush	int fflush(FILE *fp);	将 fp 所指的文件的全部控制信息和数据存盘	存盘正确返回 0；否则返回非 0
fgets	char *fgets(char *buf, int n, FILE *fp);	从 fp 所指的文件读取一个长度为(n−1)的字符串，存入起始地址为 buf 的空间	返回地址 buf；若遇文件结束或出错则返回 EOF
fgetc	int fgetc(FILE *fp);	从 fp 所指的文件中取得下一个字符	返回所得到的字符；出错返回 EOF
fopen	FILE *fopen(char *filename, char *mode);	以 mode 指定的方式打开名为 filename 的文件	成功，则返回一个文件指针；否则返回 0
fprintf	int fprintf(FILE *fp, char *format,args,…);	把 args 的值以 format 指定的格式输出到 fp 所指的文件中	实际输出的字符数
fputc	int fputc(char ch, FILE fp);	将字符 ch 输出到 fp 所指的文件中	成功则返回该字符；出错返回 EOF
fputs	int fputs(char str, FILE *fp);	将 str 指定的字符串输出到 fp 所指的文件中	成功则返回 0；出错返回 EOF
fread	int fread(char *pt, unsigned size, unsigned n, FILE *fp) ;	从 fp 所指定文件中读取长度为 size 的 n 个数据项，存到 fp 所指向的内存区	返回所读的数据项个数，若文件结束或出错返回 0

函数名	函数和形参类型	功　　能	返回值
fscanf	int fscanf(FILE *fp,char *format,args,…);	从 fp 指定的文件中按给定的 format 格式将读入的数据送到 args 所指向的内存变量中(args 是指针)	已输入的数据个数
fseek	int fseek(FILE *fp,long offset,int base) ;	将 fp 指定的文件的位置指针移到 base 所指出的位置为基准、以 offset 为位移量的位置	返回当前位置;否则,返回−1
ftell	long ftell(FILE *fp);	返回 fp 所指定的文件中的读写位置	返回文件中的读写位置;否则,返回 0
fwrite	int fwrite(char *ptr,unsigned size, unsigned n,FILE *fp);	把 ptr 所指向的 n*size 个字节输出到 fp 所指向的文件中	写到 fp 文件中的数据项的个数
getc	int getc(FILE *fp);	从 fp 所指向的文件中的读出下一个字符	返回读出的字符;若文件出错或结束返回 EOF
getchar	int getchat();	从标准输入设备中读取下一个字符	返回字符;若文件出错或结束返回−1
gets	char *gets(char *str);	从标准输入设备中读取字符串存入 str 指向的数组	成功返回 str,否则返回 NULL
open	int open(char *filename, int mode) ;	以 mode 指定的方式打开已存在的名为 filename 的文件 (非 ANSI 标准)	返回文件号(正数);如打开失败返回−1
printf	int printf(char *format, char *args,…);	在 format 指定的字符串的控制下,将输出列表 args 的值输出到标准设备	输出字符的个数;若出错返回负数
putc	int putc(int ch, FILE *fp);	把一个字符 ch 输出到 fp 所指的文件中	输出字符 ch;若出错返回 EOF
putchar	int putchar(char ch);	把字符 ch 输出到标准输出设备	输出字符 ch;若失败返回 EOF
puts	int puts(char *str);	把 str 指向的字符串输出到标准输出设备;将'\0'转换为回车行	返回换行符;若失败返回 EOF
putw	int putw(int w, FILE *fp);	将一个整数 w(即一个字)写到 fp 所指的文件中 (非 ANSI 标准)	返回输出的字符;若文件出错或结束返回 EOF
read	int read(int fd, char *buf, unsigned int count;)	从文件号 fd 所指定文件中读 count 个字节到由 buf 指示的缓冲区(非 ANSI 标准)	返回真正读入的字节个数, 如文件结束返回 0, 出错返回−1
remove	int remove(char *fname);	删除以 fname 为文件名的文件	成功返回 0;出错返回−1
rename	int remove(char *oname, char *nname);	把 oname 所指的文件名改为由 nname 所指的文件名	成功返回 0;出错返回−1
rewind	void rewind(FILE *fp);	将 fp 指定的文件指针置于文件头,并清除文件结束标志和错误标志	无
scanf	int scanf(char *format, char *args,…);	从标准输入设备按 format 指示的格式字符串规定的格式,输入数据给 args 所指示的单元。args 为指针	读入并赋给 args 数据个数。如文件结束返回 EOF;若出错返回 0

函数名	函数和形参类型	功　　能	返回值
write	int write(int fd, char *buf, unsigned count);	从 buf 指示的缓冲区输出 count 个字符到 fd 所指的文件中(非 ANSI 标准)	返回实际写入的字节数，如出错返回 −1

6. 动态存储分配函数

在使用动态存储分配函数时，应该在源文件中使用命令：

#include<stdlib.h>　　或者　　#include"stdlib.h"

函数名	函数和形参类型	功　　能	返回值
callloc	void *calloc(unsigned n, unsigned size);	分配 n 个数据项的内存连续空间，每个数据项的大小为 size	分配内存单元的起始地址。如不成功，返回 0
free	void free(void *p);	释放 p 所指内存区	无
malloc	void *malloc(unsigned size);	分配 size 字节的内存区	所分配的内存区地址，如内存不够，返回 0
realloc	void *reallod(void *p, unsigned size);	将 p 所指的已分配的内存区的大小改为 size。Size 可以比原来分配的空间大或小	返回指向该内存区的指针。若重新分配失败，返回 NULL

7. 其他函数

"其他函数"是 C 语言的标准库函数，由于不便归入某一类，因此单独列出。使用这些函数时，应该在源文件中使用命令：

#include<stdlib.h>　　或者　　#include"stdlib.h"

函数名	函数和形参类型	功　　能	返回值
atof	double atof(char *str);	将 str 指向的字符串转换为一个 double 型的值	返回双精度计算结果
atoi	int atoi(char *str);	将 str 指向的字符串转换为一个 int 型的值	返回转换结果
atol	long atol(char *str);	将 str 指向的字符串转换为一个 long 型的值	返回转换结果
exit	void exit(int status);	终止程序运行。将 status 的值返回调用的过程	无
itoa	char *itoa(int n, char *str, int radix);	将整数 n 的值按照 radix 进制转换为等价的字符串，并将结果存入 str 指向的字符串中	返回一个指向 str 的指针
labs	long labs(long num);	计算长整数 num 的绝对值	返回计算结果
ltoa	char *ltoa(long int n, char *str, int radix);	将长整数 n 的值按照 radix 进制转换为等价的字符串，并将结果存入 str 指向的字符串	返回一个指向 str 的指针
rand	int rand()	产生 0 到 RAND_MAX 之间的伪随机数。RAND_MAX 在头文件中定义	返回一个伪随机(整)数
random	int random(int num);	产生 0 到 num 之间的随机数。	返回一个随机(整)数

函数名	函数和形参类型	功　　能	返回值
randomize	void randomize()	初始化随机函数，使用时包括头文件 time.h。	
strtod	double strtod(char *start, char **end);	将 start 指向的数字字符串转换成 double，直到出现不能转换为浮点的字符为止，剩余的字符串符给指针 end　　*HUGE_VAL 是 turboC 在头文件 math.H 中定义的数学函数溢出标志值	返回转换结果。若未转换则返回 0。若转换出错返回 HUGE_VAL 表示上溢，或返回 -HUGE_VAL 表示下溢
strtol	Long int strtol(char *start, char **end, int radix);	将 start 指向的数字字符串转换成 long，直到出现不能转换为长整形数的字符为止，剩余的字符串符给指针 end。转换时，数字的进制由 radix 确定。　　*LONG_MAX 是 turboC 在头文件 limits.h 中定义的 long 型可表示的最大值	返回转换结果。若未转换则返回 0。若转换出错返回 LONG_MAX 表示上溢，或返回 -LONG_MAX 表示下溢
system	int system(char *str);	将 str 指向的字符串作为命令传递给 DOS 的命令处理器	返回所执行命令的退出状态

附录Ⅵ　用 Visual Studio 2008 调试 C 程序步骤

现在很多用户使用的是 Windows7 操作系统，在安装 Visual C++ 6.0 时存在兼容性的问题。在 Windows7 中可以选择使用功能强大的 Visual Studio 2008 作为 C 程序的调试工具。下面是使用 Visual Studio 2008 编辑、调试 C 程序的简单操作过程。

第 1 步：启动 Microsoft Visual Studio 2008，启动后界面如图Ⅵ.1 所示。

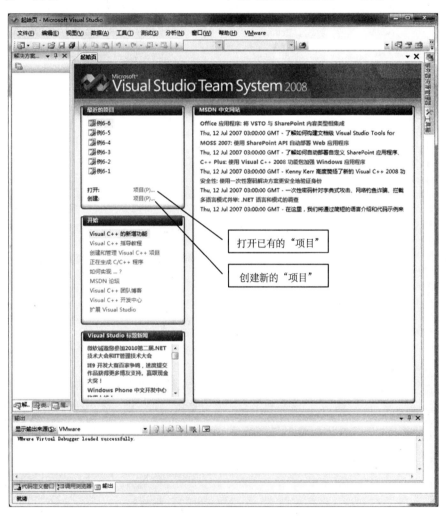

图Ⅵ.1　Visual Studio 2008 启动后界面

第 2 步：若是打开已有的项目，则点击图Ⅵ.1 中打开"项目(P)…"；若是创建新的项目，则点击图Ⅵ.1 中创建"项目(P)…"，然后可见"新建项目"对话框，如图Ⅵ.2 所示。

在图Ⅵ.2 中可以选择项目类别，如 Visual Basic，Visual C#等。我们选择的是 Visual C++，并点击图Ⅵ.2 右侧"模板"列表中的"Win32 控制台应用程序"，并在图Ⅵ.2 下部"名称(N):"输入框中输入要创建的项目名称，如 TestC，在"位置(L):"输入框中输入或者通过"浏览(B)…"命令按键确定项目的存盘位置。

图Ⅵ.2 "新建项目"对话框

第 3 步：在图Ⅵ.2 中设置好后，点击"确定"即可进入下一步，如图Ⅵ.3 所示。

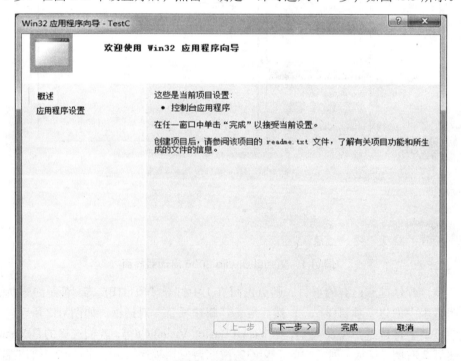

图Ⅵ.3 设置向导 A

第 4 步：在图Ⅵ.3 中，点击命令按钮"下一步>"，进入如图Ⅵ.4 所示界面。

图Ⅵ.4 设置向导 B

第 5 步：在图Ⅵ.4 中，一定要确认"应用程序类型"是"控制台应用程序(O)"，"附加选项"一定要勾选"空项目(E)"。最后点击"完成"，即创建新的项目 TestC，如图Ⅵ.5 所示。

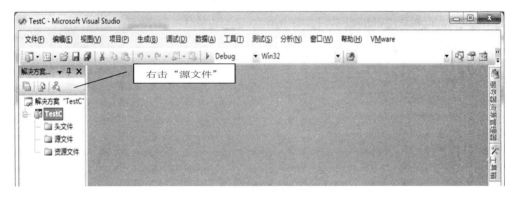

图Ⅵ.5 解决方案 TestC 创建成功

第 6 步：在图Ⅵ.5 左侧"解决方案"中，找到 TestC，并右击"源文件"，打开图Ⅵ.6，选择"添加"→"新建项"，即打开"添加新建项"对话框，如图Ⅵ.7 所示。

图Ⅵ.6 添加"新建项"

第 7 步：在图 Ⅵ.7 中，单击"模板"中的"C++文件(.cpp)"，然后在图 Ⅵ.7 下面的"名称(**N**)"输入框中输入要创建的 C++源代码的文件名，如 TestC.c，并点击"添加(**A**)"，进入源代码编辑窗口，如图 Ⅵ.8 所示。

特别注意：若需要创建的是 C 文件，必须加上扩展名.C，否则默认扩展名.CPP

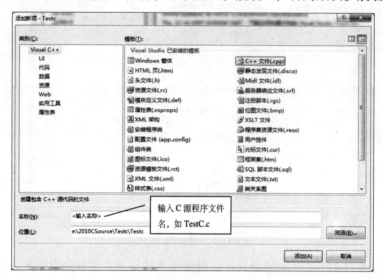

图 Ⅵ.7　创建 C 源代码文件

第 8 步：图 Ⅵ.8 是代码编辑窗口，在光标处输入源程序，如图 Ⅵ.9 所示。

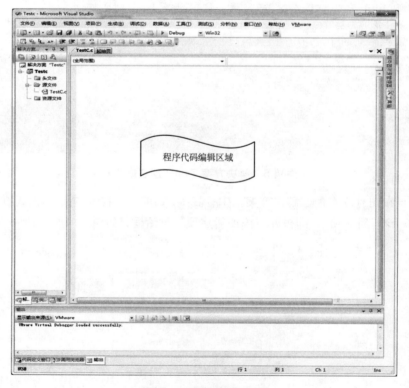

图 Ⅵ.8　代码编辑窗口

第 9 步：输入完成后，编译、运行程序，可通过图Ⅵ.9 中的命令按钮 ▶ 进行。若有错误，反复修改并 ▶，直到达到程序目的为止。

图Ⅵ.9　编译、运行源程序

第 10 步：图Ⅵ.9 中程序运行结果如图Ⅵ.10 所示。

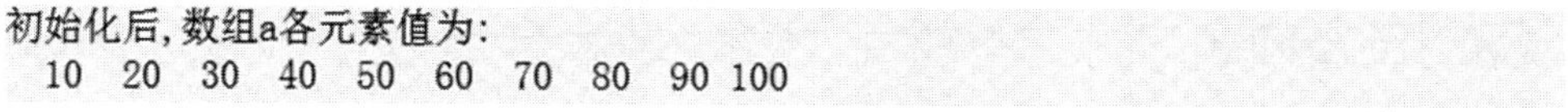

初始化后,数组a各元素值为:
　10　20　30　40　50　60　70　80　90 100

图Ⅵ.10　程序运行结果

特别注意：用 Visual Studio 2008 调用 C 或 C++程序时，若要暂停结果窗口，如图Ⅵ.10，则需要在程序的 main()函数的 return 0;语句前加上函数 getch();，否则是看不到结果窗口的。并且 getch()函数需要头文件#include<conio.h>。

第 11 步：完成一个程序后，若需要进行下一个程序，则要选择菜单"文件"→"关闭解决方案(T)"，如图Ⅵ.11 所示。

图Ⅵ.11　关闭解决方案

关闭当前项目的解决方案后，就可以开始新的项目的创建或打开已有的项目了。

参考文献

[1] P J Deitel, H M Deitel. C 大学教程[M]. 5 版. 苏小红，李东，王甜甜，等，译. 北京：电子工业出版社，2008.

[2] 刘维富. C 语言程序设计一体化案例教程[M]. 北京：清华大学出版社，2009.

[3] 谭浩强. C 程序设计[M]. 3 版. 北京：清华大学出版社，2006.

[4] 李丽娟. C 语言程序设计教程[M]. 2 版. 北京：人民邮电出版社，2009.

[5] 赵永哲. C 语言程序设计[M]. 北京：科学出版社，2005.

[6] 靳桅. C 语言程序设计[M]. 成都：西南交通大学出版社，2001.

[7] 林锐. 高质量 C/C++编程[M]. 北京：电子工业出版社，2003.

[8] 王琳艳. C 语言程序设计实训教程[M]. 武汉：华中科技大学出版社，2008.

[9] 杨有安. 程序设计基础教程（C 语言）[M]. 北京：人民邮电出版社，2009.

[10] 廖湖声. C 语言程序设计案例教程[M]. 北京：人民邮电出版社，2005.

[11] 严蔚敏. 数据结构（C 语言版）[M]. 北京：清华大学出版社，1997.

[12] 戴敏. 数据结构[M]. 北京：机械工业出版社，2008.

[13] 徐金梧. TURBO C 实用大全[M]. 北京：机械工业出版社，1996.